Python 程序设计基础教程

龙胜春 主 编
李 强 江 颉 副主编

清華大学出版社
北 京

内容简介

本书共8章，以程序设计初学者为教学对象，从程序设计基本概念出发，引入大量案例，由浅入深、循序渐进地讲述Python语言的编程环境、基本语法、流程控制、数据类型、函数定义及调用、文件操作和面向对象程序设计的基本概念。

本书既可作为高等院校非计算机专业学生通识教育阶段的计算机程序设计课程教材，也可作为计算机、大数据等专业学生和Python语言爱好者快速自学Python语言的参考书。

图书在版编目（CIP）数据

Python程序设计基础教程 / 龙胜春主编. -- 北京 ：
清华大学出版社，2024. 9. -- ISBN 978-7-302-67099-5

Ⅰ. TP311.561

中国国家版本馆CIP数据核字第2024DH6896号

责任编辑：孟毅新
封面设计：傅瑞学
责任校对：刘　静
责任印制：沈　露

出版发行：清华大学出版社
网　　址：https://www.tup.com.cn，https://www.wqxuetang.com
地　　址：北京清华大学学研大厦A座　　**邮　　编**：100084
社 总 机：010-83470000　　**邮　　购**：010-62786544
投稿与读者服务：010-62776969，c-service@tup.tsinghua.edu.cn
质量反馈：010-62772015，zhiliang@tup.tsinghua.edu.cn
课件下载：https://www.tup.com.cn，010-83470410
印 装 者：北京鑫海金澳胶印有限公司
经　　销：全国新华书店
开　　本：185mm×260mm　　**印　　张**：14　　**字　　数**：334千字
版　　次：2024年9月第1版　　**印　　次**：2024年9月第1次印刷
定　　价：49.00元

产品编号：104936-01

前　言

党的二十大报告指出，“教育、科技、人才是全面建设社会主义现代化国家的基础性、战略性支撑”，为我国科技创新和人工智能技术应用的发展提出了新的要求和目标。本书紧扣国家战略和党的二十大精神，旨在培养高校学生的计算思维，为在更加信息化的将来所从事的专业活动打下分析问题、解决问题，甚至在自己专业领域独立完成程序设计的扎实基础，从而推进数字化、智能化、网络化、信息化的发展进程，为推动高质量发展做出新的贡献。

本书主要面向非计算机专业零基础的初学者，由浅入深、循序渐进地介绍 Python 语言的基本语法，并通过各种案例，将实际问题提炼出可计算部分，利用 Python 语言训练读者的思维逻辑。为了突显 Python 语言优雅、简单的风格，许多案例采用了多种解决方案对比式地完成程序设计。

全书共 8 章，内容包括概述、变量和简单数据类型、程序流程控制、列表与元组、字典与集合、函数、文件、面向对象程序设计。在许多 Python 教材中，会出现知识“死锁”现象。例如，如果先介绍列表，那么还没有介绍的循环语句和选择语句一定会提前出现在列表章节的示例中；反之，如果先讲了循环语句和选择语句，则一定会在程序流程控制案例中出现列表、元组等序列化对象；大多数教材在一开始就介绍各种运算符，在不了解 ASCII 的前提下，为什么字符可以用关系运算符比大小，怎么比？诸如此类的问题都会造成读者阅读困难。本书通过介绍字符串，让读者了解 ASCII 的概念；通过介绍与字符串相关的大量方法，让读者了解函数与方法的区别；通过介绍字符串序列来学习程序流程控制逻辑；然后在后续的列表、元组、字典等章节中，利用大量案例反复练习流程控制逻辑，解决了知识死锁的问题。

无论是网上还是现实，总是有很多人说 Python 很简单。其实这句话是有前提的，前提就是首先要学会基本语法，然后才是应用起来很简单。学习任何一门计算机语言的过程都是一样的，需要从最简单的语法开始，都需要经历基础理论的学习。所以，想学好一门语言是没有捷径的，每天都要跟计算机交流，你才能真正掌握一门计算机语言。

本书由龙胜春任主编,李强、江颉任副主编。其中,江颉老师负责习题部分;李强老师负责第8章和部分习题;其余部分由龙胜春老师编写。

由于编者水平有限,书中难免存在不足之处,敬请广大读者批评指正。

编　者

2024年6月

目　录

第 1 章　概　　述

计算机的基本工作模式是运行预先存放在计算机内部的程序来控制计算机中各个部件协同工作,完成用户期望的任务。这种将预定任务用程序表现出来的过程称为程序设计。本章介绍计算机硬件的基本组成、实现程序设计的计算机语言的发展,以及 Python 语言的编程环境。

1.1　计算机基础知识

世界上第一台通用电子计算机是 1946 年由美国宾夕法尼亚大学莫尔电气工程学院研制成功的 ENIAC(electronic numerical integrator and computer)。当时的计算机主要使用穿孔卡片和穿孔带存储程序,这种机械式的输入远远跟不上电子运算的节奏,同时编程是一件非常复杂的难事。

在 ENIAC 的总体设计已经完成并进入硬件实现阶段时,冯·诺依曼加入了 ENIAC 团队,与团队的另外两位主要负责人——普雷斯伯·埃克特和约翰·莫奇利一起讨论对 ENIAC 的改进,而这三位负责人早在 1944 年就开始研制一款名为 EDVAC(electronic discrete variable automatic computer)的电子离散变量自动计算机。1945 年 6 月由冯·诺依曼起草书写了长达 101 页,影响现代计算机历史走向的《EDVAC 报告书的第一份草案》。该草案不仅详述了 EDVAC 的设计,还为现代计算机的发展指明了道路。其要点如下。

(1) 计算机中的指令和数据均以二进制形式存储,指令由操作码和地址码组成。

(2) 像存储数据一样存储程序。

(3) 指令的执行是顺序的,即一般按照指令在存储器中存放的顺序执行,程序分支由转移指令实现。

(4) 计算机由运算器、控制器、存储器、输入模块和输出模块五部分组成。

运用“存储程序”和“程序控制”相结合原理,将程序和数据存放在内存中,在程序的控制下自动完成操作。

这种结构一直延续至今,所以现在一般计算机被称为冯·诺依曼结构计算机,冯·诺依曼也被誉为“现代电子计算机之父”。

1.1.1　计算机组成

计算机作为 20 世纪最伟大的发明之一,其结构和工作原理相比传统的计算工具(如算盘、计算尺等)要复杂得多。一个完整的计算机系统可以分为硬件系统和软件系统两大模块。计算机硬件系统就是被称为冯·诺依曼结构的五大物理设备组件;而计算机软件系统通常包含系统软件和应用软件,是能完成一定功能的各种算法、数据的集合。计算机系统组成如图 1-1 所示。

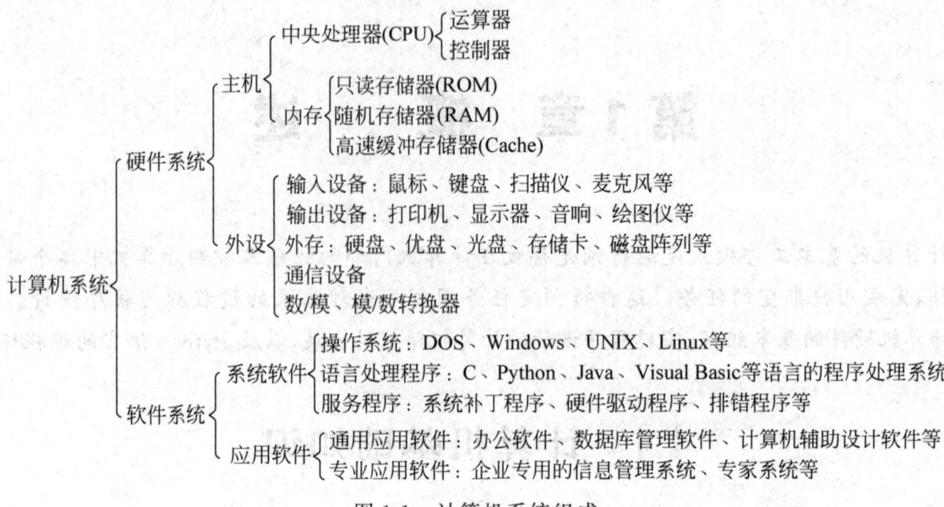

图 1-1　计算机系统组成

1.1.2　计算机语言

英文单词 computer 后缀 er 通常是指人，如 teacher、leader 等，computer 最早是指专门负责计算的人，后来演变为用于计算的设备，也就是计算机。

计算机是能够根据一组指令操作数据的机器，它具有两个特性：功能性和可编程性。功能性是指计算机可以进行数据计算，可编程性是指计算机可以根据一组指令来执行操作。无论哪种特性，都需要给出能够完成这些特性的所有细节，描述计算机执行操作的所有动作和执行顺序。为了描述这些动作，需要一个系统的描述方式，这就形成了计算机语言。

计算机语言是人与计算机之间交换信息的工具，是用于指挥或控制计算机工作的"符号系统"。为使计算机能按照人的意图工作，能够接受人向它发出的命令和信息就必须使用计算机语言，把待解决的问题按处理步骤写成一条条计算机能够识别和执行的语句。所有语句的集合称为程序。因而计算机语言也被称为程序设计语言或编程语言。

人与人之间的交流采用人类自然语言，不同的国家使用不同的语言，如汉语、英语、法语等；人与计算机之间的交流采用计算机语言，同样，计算机语言也有很多类型，如 Python 语言、C 语言、Java 语言等。

无论从语言设计还是语言使用上，计算机语言与人类自然语言有着极其相似的语言模型，图 1-2 所示为计算机语言模型图。

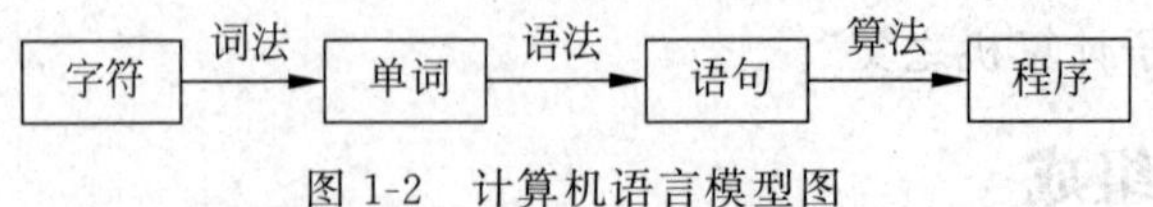

图 1-2　计算机语言模型图

提示： 程序设计语言跟人类自然语言一样，都需要经历字符、单词、造句、写作的一系列学习过程，大众意识中的 Python 语言很简单，但同样需要在掌握了词法、语法、算法之后，在应用的时候相比其他程序设计语言才会更简单，前期的基础知识学习对所有语言都是一样的。

1. 机器语言

计算机究其实质是一台电子设备，之所以能完成数据计算、过程控制等功能，是因为它可以将数据和指令转换成相应的电信号，并由物理元器件完成各种信号处理。物理元器件的工作由电信号控制，典型的电信号为高电平和低电平，用数字信号 1 和 0 描述。也就是说计算机能够工作，核心指令就是代表 1 和 0 的高、低电平，在计算机内部被表示为二进制数字形式，这就是机器语言。机器语言也可以被看作控制计算机执行操作的最直接的程序设计语言。

机器语言由 1 和 0 二进制代码按一定规则组成，是能够被计算机直接理解和执行指令的集合。机器语言的每一条指令都是一条二进制形式的指令代码，指令代码中包含操作码和操作数。操作码指出执行何种操作，操作数指定被操作的数值或某数值在内存中的地址。

例如，执行数据计算 1+1，采用机器语言的程序如下。

```
10111000 00000001 00000000          ;将被加数 1 放入累加器 AX 中
00000101 00000001 00000000          ;将加数 1 与累加器中数据相加,结果仍放入 AX 中
```

不难看出，用这样的机器语言编写程序，其工作量大，难学、难记、难调试，只能由专业人员使用。计算机指令系统不同，机器语言也不同，因此通用性差，其唯一的优势就是这是控制机器工作的最直接指令，执行速度最快，占用存储空间最少。

2. 汇编语言

汇编语言的诞生源于机器语言因难理解、难编程、难记忆而阻碍了计算机行业的发展。汇编语言采用符号和数字代替二进制指令码，每一条指令采用英文助记符，又称为符号语言，将难以记忆的机器指令转换成助记符，方便记忆、理解和调试，极大地提高了工作效率。同样是完成 1+1 的数据计算，采用汇编语言的程序如下。

```
MOV AX, 1          ;将被加数 1 放入(move)累加器 AX 中
ADD AX, 1          ;将加数 1 与累加器中数据相加(add),结果仍放入 AX 中
```

相比于机器语言，汇编语言在一定程度上改善了机器语言存在的难读、难记等问题，同时汇编语言是仅次于机器语言的执行速度最快、占用存储空间最少的语言。但是汇编语言要求用户详细了解所用的计算机硬件性能、指令系统、寻址方式以及其他相关知识，对机器硬件的依赖性很大。汇编程序的通用性、可移植性都较差。

机器语言和汇编语言都被称为低级语言。由于机器语言晦涩难懂，普通程序开发人员一般接触不到；汇编语言虽然可以依赖助记符编写程序，但除了与硬件相关的程序开发人员外，大多数开发者也不会使用这种语言，更多的程序开发者使用高级语言来编写程序。

3. 高级语言

从 1954 年由 IBM 公司推出的第一门高级语言 FORTRAN 至今，已经出现过 COBOL、BASIC、LISP、Pascal、C、C++、FoxPro、Java、Visual Basic、Python、C# 等多种高级语言。高级语言之所以称为高级，是因为这类语言更贴近人类自然语言和数学语言，更方便人的理解和认知。比如上面执行的数学运算，可以直接输入 1+1 就能完成计算操作。但是计算机实质是一台电子设备，要控制其工作，依然需要 1 和 0 表示的高、低电平控制信号。也就是说，所有的高级语言都需要翻译成机器语言才能被计算机识别并执行，这个翻译过程称为编译(compile)或解释(interpret)。

用高级语言编写的程序被称为源文件(source file)或源代码(source code)。编译是指将源代码一次性翻译成机器语言格式的目标文件(object file)的过程。此时的代码还不能运行起来。因为目标文件还需要和操作系统提供的组件(如标准库)结合起来,而这些组件都是程序运行所必需的。例如,要在屏幕中输出字符,这类操作必须调用系统提供的库才能够实现,这就是连接。经过连接才会生成可执行程序 (如 Windows 平台上的. exe 文件),这个可执行文件可以直接被加载运行。编译程序把一个源代码翻译成目标程序的工作过程分为五个阶段:词法分析、语法分析、中间代码生成、代码优化、目标程序生成。虽然过程相对烦琐,但是只要源代码不发生修改,编译过程只需要一次即可。C 语言属于编译型语言。

解释是指在程序运行时对源代码进行逐条语句的翻译并运行。它的执行过程是解释器翻译一句就执行一句,并且不会生成目标程序。因此解释型语言的主要缺点是速度慢,但是解释型语言提供了极佳的调试支持,并且具有高安全性和平台独立性。一般情况下,动态语言都属于解释型语言,Python 语言和 Java 语言都属于解释型语言。

采用高级语言编写程序,程序开发者不需要过多关注计算机硬件,不需要过多了解计算机的指令系统,这样开发者可以将更多的精力集中在解决问题本身上,而不必受机器制约,可以极大地提高编程效率。也正因为高级语言与具体的计算机硬件关系不大,因而所写出来的程序可移植性好,复用率高。当然因为所有的高级语言都要经过编译或解释才能控制计算机工作,其执行速度相对较慢,占用的资源多。

1.2 Python 语言简介

1.2.1 Python 语言的发展史

Python 语言是一种面向对象、解释型的计算机程序设计语言,其起源是圭多·范·罗苏姆(Guido van Rossum)于 1989 年开发的一个新的脚本解释程序。Python 的英文意思是蟒蛇,其实这个语言跟蟒蛇没有什么关系,只是因为开发者 Guido van Rossum 是英国 BBC 电视剧——蒙提·派森的飞行马戏团(Monty Python's Flying Circus)的爱好者。Python 的第一个公开发行版本发行于 1991 年。1999 年,Guido van Rossum 向美国国防部高级研究计划局 DARPA(Defense Advanced Research Projects Agency)提交了名为 Computer Programming For Everybody 的资金申请,并在后面说明了他对 Python 语言的想法。

(1) 一门简单直观的语言并与主要竞争者一样强大。

(2) 开源,以便任何人都可以为它作贡献。

(3) 代码像纯英语那样容易理解。

(4) 适用于短期开发的日常任务。

这些想法现在基本都已经成为现实,Python 已经成为一门流行的程序设计语言。

本书使用的 Python 3. x 最初版本发行于 2008 年 12 月。Python 3. x 增加了对 Unicode 的支持,解决了处理字符编码的问题,但是由于语句与动态连接库之间的变更,破坏了其向后兼容性,导致许多基于 Python 2. x 的程序无法直接在 Python 3. x 的环境中运行。

全国计算机等级考试二级从 2018 年 3 月开始新增科目"Python 语言程序设计",采用的版本是 Python 3. 5. 2,本书采用更新于 2019 年 12 月的 Python 3. 7. 6 版本。

1.2.2 Python语言的特点和应用

在Python的世界里有一句很经典的话："人生苦短，我用Python。"这句看似戏言的话实际上恰恰反映了Python的语言特性与其在开发者心里的分量。同样一个问题，采用不同的程序设计语言解决，代码量差距太大了，一般情况下Python是Java的1/5。

除了拥有大多数主流编程语言的优点（面向对象、语法丰富）外，Python的直观特点是简明优雅、易于开发，可以用更少的代码完成更多的工作。尽管Python是一种解释型语言，与传统的编译型语言相比机器执行效率较低，但是处理器的处理速度与环境速度（如网络环境）的差异在大多数场景中完全抵消了上述劣势。牺牲部分运行效率带来的好处则是提升了开发效率，在跨平台的时候无须移植和重新编译。所以Python的显著优点在于速成，对于时间短、变化快的需求而言尤为胜任。

Python最强大的地方体现在它的两个称号上：一个是"内置电池"；另一个是"胶水语言"。前者的意思是，Python官方本身提供了非常完善的标准模块库，包括针对网络编程、输入/输出、文件系统、图形处理、数据库、文本处理等领域。模块库相当于已经编写完成打包供开发者使用的代码集合，程序员只需通过加载、调用等操作手段即可实现对库中函数、功能模块的利用，从而省去了自己编写大量代码的过程，让编程工作看起来更像是在"搭积木"。除了内置库，开源社区和独立开发者长期为Python贡献了大量的第三方库，其数量远超其他主流编程语言，可见Python的语言生态已然相当壮大。

"胶水语言"是Python的另一个亮点。Python本身具有可扩展性，它提供了丰富的API和工具，能够把用其他语言制作的各种模块（尤其是C/C++）很轻松地结合在一起。就像使用胶水一样把用其他编程语言编写的模块黏合过来，让整个程序同时兼备其他语言的优点，起到了黏合剂的作用。常见的一种应用情形是，使用Python快速生成程序的原型（有时甚至是程序的最终界面），然后对其中有特别要求的部分，用更合适的语言改写。例如，3D游戏中的图形渲染模块，由于对性能要求特别高，因此可以用C/C++重写，而后封装为Python可以调用的扩展类库。正是这种多面手的角色让Python近几年在开发者世界中声名鹊起，因为互联网与移动互联时代的需求量急速倍增，大量开发者急需一种极速、敏捷的工具来助其处理与日俱增的工作，Python发展至今的形态正好满足了他们的愿望。

Python语言的特点如下。

（1）简单易学。Python语言关键字少，结构简单，语法清晰，方便阅读。

（2）免费开源。任何一个开发者都能够自由地分发相关副本，阅读其源代码并把它运用到新的开源软件中，就好像所有的程序开发者都是Python源代码的bug检测员，一个功能会一直被优秀的程序员改进的语言一定是越来越优秀的。

（3）自动内存管理。Python语言可以随意声明变量而无须提前申请内存，解释器承担了程序的内存管理工作，使程序员从内存事务中解脱出来，能够更集中精力到实际程序功能的开发中，从而提高开发效率。

（4）可移植。基于其开放源代码的特性，Python可以被移植（也就是使其工作）到许多平台包括Linux、Windows、FreeBSD、macOS、Solaris、OS/2、Amiga、AROS、AS/400、BeOS、OS/390、z/OS、Palm OS、QNX、VMS、Psion、Acorn RISC OS、VxWorks、PlayStation、Sharp Zaurus、Windows CE等。

(5) 解释型语言。Python 程序不需要被编译成二进制代码即可直接运行。在内部,Python 将源代码转换成一种称为字节码的中间格式,然后将其翻译成计算机的机器语言。解释型语言的最大优点是不同系统之间的兼容性好。

(6) 丰富的类库。Python 标准库很大,并且是跨平台的,可以在 Windows、UNIX、macOS 之间兼容,能够帮助开发者完成许多工作,包括正则表达式、文档生成、单元测试、线程、数据库、网页浏览器、CGI(通用网关接口)、FTP(文件传送协议)、电子邮件、XML(可扩展置标语言)、XML-RPC(远程方法调用)、HTML(超文本置标语言)、WAV(音频格式)文件、加密、GUI(图形用户界面)以及其他系统相关的代码。

Python 的流行是与人工智能、大数据等领域的发展相关的。未来是 AI 的时代,Python 语言是擅长人工智能开发的语言。表 1-1 介绍了 Python 语言的主要应用领域及相关描述。

表 1-1　Python 语言的主要应用领域

应用领域	相关描述
科学计算	随着 Numpy(开源的数值计算扩展库,可用来存储和处理大型矩阵)、SciPy(专为科学和工程设计的 Python 工具包,包括统计、优化、整合、线性代数、傅里叶变换、信号和图像处理、常微分方程求解器等)、Matplotlib(二维绘图库,可以轻松绘制直方图、功率谱、条形图、错误图、散点图等)、Pandas(纳入了大量库和一些标准的数据模型,提供了高效地操作大型数据集所需的工具)、Enthought librarys(包含了之前所说的众多科学计算库)等众多程序库的开发,Python 语言越来越适用于科学计算
图形处理	TKinter GUI 库、图像处理库的 PIL、PyQt、PySide、wxPython、PyGTK、PyGObject、PyGUI 等非常优秀的 Python 图形应用 GUI 开发框架,是快速开发桌面应用程序的利器
文本处理	Python 提供了 jieba、re 等功能强大的文本处理模块,还提供了大量的第三方库用于文本处理,如 Gensim 模块用于从非结构化的文本中无监督地学习到文本隐层的主题向量表达;支持包括 TF-IDF、LSA、LDA 和 word2vec 在内的多种 NPL 模型,如 NLTK、Python-docx、PyPDF2 等
网络爬虫	Python 语言有网络爬虫功能库 Requests、网络爬虫框架 Scrapy、Web 页面爬取系统 Pyspider 等大量开源爬虫网络库、爬虫框架、解析库
人工智能	Python 在人工智能领域内的机器学习、神经网络、深度学习等方面都是主流的编程语言,大量的 AI 算法都是基于 Python 语言的,目前应用较广泛的机器学习工具有 Scikit-learn、TensorFlow、MXNet 等
多媒体应用	Python 的 PyOpenGL 模块封装了 OpenGL 应用程序编程接口,能进行 2D 和 3D 图像处理。Pygame、Pyglet 以及 Cocos 2D 等框架可用于编写游戏软件。Python 可以直接调用 Open GL 实现 3D 绘制,这是高性能游戏引擎的技术基础
Web 开发	Python 拥有许多免费的 Web 模板系统和与 Web 服务器进行交互的库,Django、flask、TurboGears、web2py 等 Web 开发框架逐渐成熟,支持 HTML、XML 等置标语言,程序员可以更轻松地开发和管理复杂的 Web 应用

1.3　安装与运行开发环境

正如之前所说,计算机只能执行机器语言设定的指令代码,Python 语言是一种解释型高级语言,要通过解释器才能将写好的程序翻译成机器语言控制计算机执行相关操作。一般在 Linux、UNIX 和 macOS 系统中都已经安装了 Python 解释器，不需要单独安装，只要用 Vim、Sublime 等编辑器编写好相应代码即可直接运行。Windows 系统没有这样的现成解释器，需要用户自行安装开发环境。开发环境包含解释器、库管理工具以及其他的辅助工具，可通过语法检查、代码格式自动生成等来提高编码效率。

经常有人问：我想学 Python，下载哪个开发环境好？这就好比美食家说，“我想做美食，用什么样的厨房好？西式？中式？集成厨房？农村三眼灶？”其实对于初学者而言，各种开发环境都可以，它们各有所长。但是不管用哪个，核心是“灶台”不能少，解释器就是核心，只要包含解释器，无论用哪种开发工具（常用的开发环境有 Python IDLE、Pycharm、Anaconda、Python Tutor 等）都能让计算机按指令操作。

本书采用的编程环境是 Python 官方网站（https://www.python.org）上可以直接下载的 Python IDLE（integrated development and learning environment）。下面介绍 Windows 操作系统、安装编程环境的具体步骤。

（1）进入官网下载中心 https://www.python.org/downloads/windows/，也可以在主页上单击 downloads 按钮，出现下拉菜单后单击 Windows 链接进入下载中心。通常首先出现的都是最新版本的开发环境，因为 Python 3.x 向后兼容，下载最新版本完全适用本书的学习内容。本书采用版本为 Python 3.7.6，建议安装此版本以后的任意版本。如果计算机为 64 位 Windows 系统，可以双击图 1-3 中方框所选项目，保存 EXE 安装包。

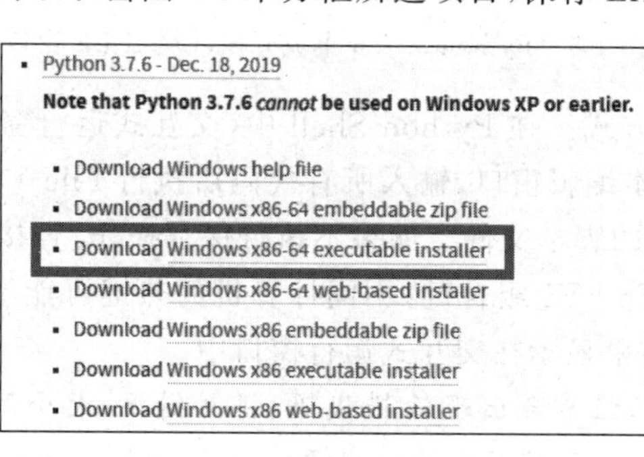

图 1-3 Python 3.7.6 安装包下载界面

（2）双击 EXE 安装包（默认文件名为 python-3.7.6-amd64.exe）进入安装界面，如图 1-4 所示。对于初学者，建议勾选 Add Python 3.7 to PATH，这样可以自动配置环境变量，确保 PATH 路径包含解释器 Python.exe。

（3）单击 Install Now，就可以自动安装 Python 3.7.6 开发环境了。

（4）安装结束后，可以在 Windows 桌面左下角“开始”菜单中找到 Python 3.7。双击 IDLE（Python 3.7 64-bit），打开的界面如图 1-5 所示，这就是 Python 集成开发环境 IDLE 窗口，也称为 Python Shell，这是一个交互式运行窗口。

在交互式运行窗口中，可以在命令提示符>>>后边输入一行代码，按 Enter 键能够立刻显示运行结果。但是命令提示符后面不能复制粘贴多行代码后再按 Enter 键运行，这是初学者很容易犯的错误。

Python 的集成开发环境支持两种运行方式：交互式和脚本式。交互式运行窗口主要功能是显示结果，或者测试一行代码的功能，不能作为程序的核心编写工具，因为这个窗口需要逐条编写并运行代码，且无法保存程序，也不方便调试。当需要编写较复杂的大段程序

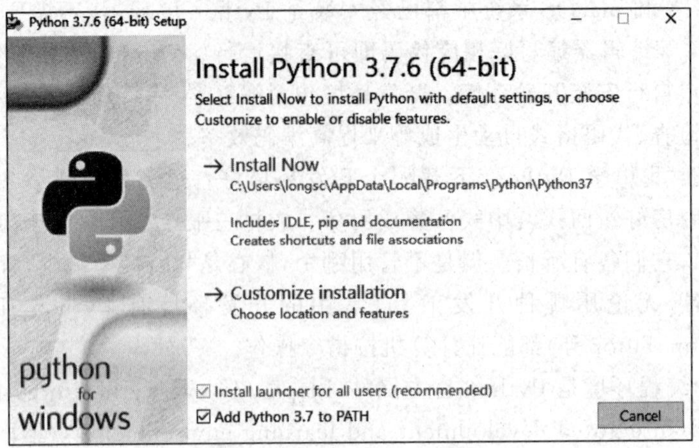

图 1-4　Python 3.7.6 安装界面

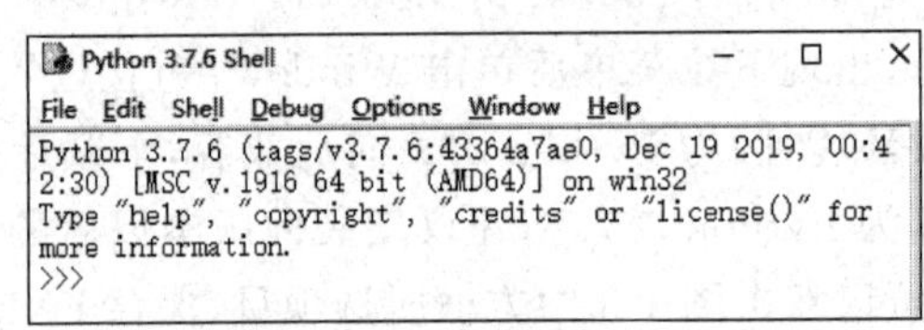

图 1-5　Python 3.7.6 集成开发环境 IDLE 窗口

时，可以采用脚本式运行方式。在 Python Shell 中(交互式运行窗口)选择 File→New File 命令，就可以打开一个文本编辑窗口，输入所有代码后执行 File→Save 或 Save As 命令，就能保存一个扩展名为.py 的脚本文件。如果不执行保存操作，直接选择 Run→Run Module 命令(也可以按 F5 键或 Fn+F5 组合键，不同计算机的热键可能不同)，则首先弹出保存界面，然后运行程序，运行结果显示在交互式运行窗口中。

提示：对初学者而言，经常会出现输错代码、拼写错误、大小写错误、混用中英文标点、混用空格和 Tab 键等问题。平时写程序一定要靠自己一个字符一个字符地输入，不仅能快速提高编程能力，更能解决多行代码一次性复制粘贴在交互式运行窗口报错的问题。

图 1-6 所示是部分在交互式运行窗口中逐行执行的非常简单的代码。命令提示符>>>后边为输入的代码，#后面为注释内容，用于说明代码功能。注释只能放在代码后面，不会被解释器解释，因此不用担心写错。每一个命令提示符下面是当前代码的运行结果。

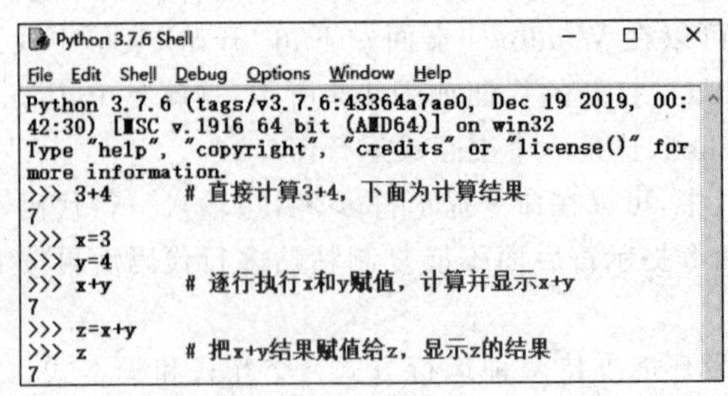

图 1-6　交互式运行窗口下逐行输入代码及运行结果

1.4 输入/输出函数

“巧妇难为无米之炊”，没有数据，就谈不上加工处理数据，更谈不上处理技巧，也就是算法。程序设计的本质就是“数据结构＋算法”。一般的程序结构都是基于 IPO（Input-Process-Output）的模式如图 1-7 所示。

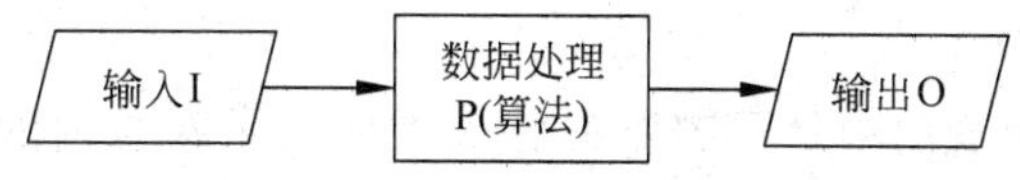

图 1-7 基于 IPO 模式的程序结构

为了方便程序与用户的交互，本节首先介绍 Python 语言的内置输入/输出函数。

1.4.1 输入函数

在程序设计中，数据的输入有很多种方式，如用户直接输入、通过文件输入、通过网络输入、通过随机数据输入、通过程序内部参数输入等。本小节主要介绍采用 Python 内置函数实现用户直接输入的方法。input()函数的语法格式如下。

```
变量 = input('提示信息：')
```

语法说明如下。

(1) input()函数引号中的提示信息可以省略不写，但是为了更好地跟用户交互，建议书写合适的提示信息，提示用户在这个信息后面输入相关内容。

(2) 提示信息可以使用字符串常量(必须用引号)或字符串变量。

(3) input()函数执行后用户输入的内容可以赋值给一个变量，变量的概念在后续章节会详细介绍。

(4) 利用 input()函数输入的数据类型必须是字符串。

下面为交互式运行窗口下，部分 input()函数的运行结果。

```
>>> x = input('请输入课程名称：')          # 显示提示信息，在后面输入内容
请输入课程名称：Python
>>> x                                      # 显示 x 的结果
'Python'
>>> y = input()                            # 没有任何提示信息，用户体验会变差
Python
>>> y                                      # 显示 y 的结果
'Python'
>>> z = '请输入课程名称：'                 # 给变量 z 赋值为一个字符串
>>> k = input(z)                           # 提示信息采用变量，注意 z 的两边没有引号
请输入课程名称：Python
>>> k                                      # 显示 k 的结果
'Python'
```

思考：尝试在交互式运行窗口利用 input()函数给变量 x 和 y 输入两个数字，然后运行 x+y，看看会发生什么？思考其原因。

1.4.2 输出函数

数据的输出也有很多方式，常见的数据输出模式有屏幕显示输出、文件输出、网络输出、操作系统内部变量输出等。本小节主要介绍利用 Python 的内置函数实现屏幕显示输出的方法。print()函数的语法格式如下。

```
print(value1, value2, ...[, sep = ' '][, end = '\n'][, file = sys.stdout][, flush = True|
False)]
```

语法说明如下。

(1) 在语法格式中出现的中括号若不做特殊说明表示括号内的参数可以缺省，缺省参数的值为系统默认值。

(2) print()函数是一个操作，因此不需要赋值给任何变量。

(3) value 表示输出的具体内容，省略号表示可以打印不止一个数据项，各个数据项之间用逗号分隔。

(4) sep 参数表示输出多个数据项时，用指定分隔符进行分隔，默认为一个空格。

(5) end 参数表示输出完 print()函数内的所有数据内容后光标的具体位置，默认为换行符'\n'，即换行到下一行等待后续输出。

(6) file 参数表示将文本输出到文件对象 file 中，file 对象可以是数据流、磁盘文件等，默认为 sys. stdout，即直接输出到控制台即交互式运行窗口。

(7) flush 参数用于内存管理，flush 为 True 会在 print()结束之后，立即将内存中的数据显示到屏幕上，并清空缓存，默认为 False。

为了更好地理解 Python 集成开发环境支持的两种运行方式，图 1-8 显示了文本编辑窗口中的程序代码及在交互式运行窗口中显示的运行结果（注意是两个窗口界面，上面是文本编辑窗口，下面是交互式运行窗口）。在文件编辑窗口的顶端会显示保存的文件名及相关路径；而在交互式运行窗口中则是在两个命令提示符之间显示当前运行结果来源，包含文件的路径、文件名及运行结果。

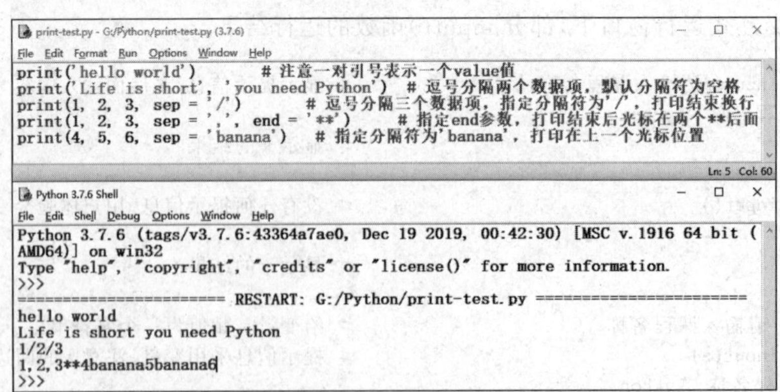

图 1-8 Python 支持两种运行方式

提示：如果将文本编辑窗口比喻为厨房，那么交互式窗口就是餐桌。可以在餐桌上简单地做一些凉拌菜，但是大菜还是需要厨房出品，而餐桌是用来放成品的。所以在开始学习

Python 时，对于简单的语句或测试性代码，可以采用交互式运行窗口直接运行，这种运行方式简单直接，但大多数情况都需要在文本编辑窗口中编写完所有程序代码后保存并运行，结果依然显示在交互式运行窗口中。

1.5　编写第一个程序

在很多程序设计语言的学习中，第一个程序经常是输出“hello world”。这是一个学习计算机语言的“梗”，就好比有些人到某地旅游的留言记录语“×××到此一游”一样，可以作为你学习编程语言的回忆。

下面就来略微调整一下，编写第一个程序：要求利用输入/输出函数完成输出“hello×××”的任务，其中“×××”的内容由用户输入。程序代码及两次运行结果如图 1-9 所示。

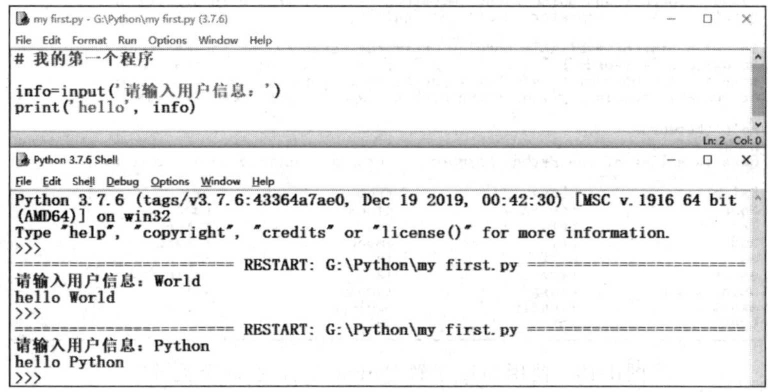

图 1-9　程序代码及两次运行结果

文本编辑窗口中，代码的第 1 行为注释，从注释符＃开始，到行尾结束，该行内容不参与编译或解释。

第 2 行为输入函数，运行后在提示信息提示下输入相关内容，并赋值给变量 info。

第 3 行为输出函数，执行屏幕输出操作，输出两项内容：①用引号引起来的字符串常量'hello'；②变量 info。由于 print()函数没有指定 sep 和 end，输出内容之间以空格分隔，输出后换行。由于代码中只有一个输出行，因此看不清光标是否换行，程序结束后运行结果下面直接显示命令提示符。

图 1-9 所示的交互式运行窗口中显示了两次运行结果，输入信息不同，显示结果不同。

在了解了交互式运行窗口和文本编辑窗口之后，在后续的章节中，除非有特殊必要，不再显示两个窗口，而是直接给出程序代码(文本编辑窗口)，或者命令提示符后的测试代码及显示结果(交互式运行窗口)。

任何一门程序设计语言都博大精深，可以这么说，没有一本著作可以把一门语言的全部功能都介绍完整。这里推荐给大家一个学习技巧，就是使用 Python 文档。这个文档提供了 Python 语言及相关模块的详细参考信息。使用方法：选择 Windows 菜单命令“开始”Python 3.7→Python3.7 Manuals(64-bit)；也可以在 IDLE 环境下，按 F1 键或选择 Help→Python Docs 命令。Python 文档是学习和使用 Python 语言编程不可或缺的工具。

当然还有一种简单的帮助程序员了解程序指令的方式：使用 help()函数或 dir()函数。这两个函数是初学者的必备工具。用户可以在交互式运行窗口中输入 help()，注意括号不能少，在 help>提示符后输入要了解的相关模块、标准库函数语法格式、关键字等信息。如图 1-10 所示，输入 keywords 将显示 Python 语言的 33 个关键字。也可以在交互式运行窗口输入 dir()，会提示可以查找的相关内容。如要显示'__builtins__'，提示用户可以输入 dir(__builtins__)查找 Python 的所有内置函数。

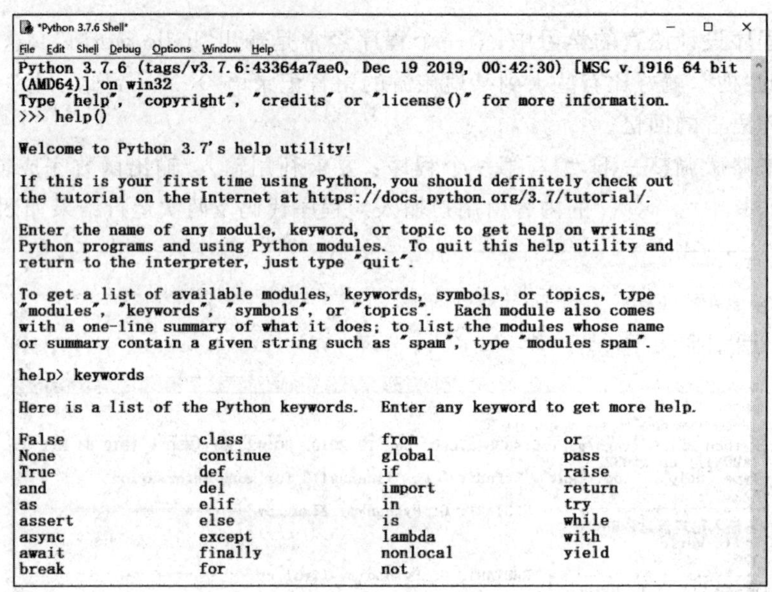

```
*Python 3.7.6 Shell*
File Edit Shell Debug Options Window Help
Python 3.7.6 (tags/v3.7.6:43364a7ae0, Dec 19 2019, 00:42:30) [MSC v.1916 64 bit
(AMD64)] on win32
Type "help", "copyright", "credits" or "license()" for more information.
>>> help()

Welcome to Python 3.7's help utility!

If this is your first time using Python, you should definitely check out
the tutorial on the Internet at https://docs.python.org/3.7/tutorial/.

Enter the name of any module, keyword, or topic to get help on writing
Python programs and using Python modules.  To quit this help utility and
return to the interpreter, just type "quit".

To get a list of available modules, keywords, symbols, or topics, type
"modules", "keywords", "symbols", or "topics".  Each module also comes
with a one-line summary of what it does; to list the modules whose name
or summary contain a given string such as "spam", type "modules spam".

help> keywords

Here is a list of the Python keywords.  Enter any keyword to get more help.

False               class               from                or
None                continue            global              pass
True                def                 if                  raise
and                 del                 import              return
as                  elif                in                  try
assert              else                is                  while
async               except              lambda              with
await               finally             nonlocal            yield
break               for                 not
```

图 1-10　使用 help 了解 Python 语言的 33 个关键字

图 1-11 所示为使用 help 显示函数 pow()的语法格式。根据下面语法的介绍，在命令提示符下测试：pow(2, 5)计算 2^5，pow(2, 5, 10)首先计算 2^5，再对 10 求余数。

```
help> pow
Help on built-in function pow in module builtins:

pow(x, y, z=None, /)
    Equivalent to x**y (with two arguments) or x**y % z (with three arguments)

    Some types, such as ints, are able to use a more efficient algorithm when
    invoked using the three argument form.

help>

You are now leaving help and returning to the Python interpreter.
If you want to ask for help on a particular object directly from the
interpreter, you can type "help(object)".  Executing "help('string')"
has the same effect as typing a particular string at the help> prompt.
>>> pow(2,5)
32
>>> pow(2,5,10)
2
```

图 1-11　使用 help 显示 pow()函数语法格式并在命令提示符下测试

1.6　熟悉开发环境

在经历了开发环境的安装及第一个程序编写后，相信各位初学者已经大概了解了如何使用 Python 的集成开发环境来编写程序。本节介绍开发环境提供的一些快捷键，合理使用这些快捷键，可以大大提高开发效率。

首先是跟 Windows 操作系统相同的常用快捷键，有撤销（Ctrl＋Z）、复制（Ctrl＋C）、粘贴（Ctrl＋V）、全选（Ctrl＋A）、剪切（Ctrl＋X）；其次还有一些 IDLE 中常用的快捷键，如表 1-2 所示。

表 1-2　IDLE 中常用快捷键

快 捷 键	说　　明
Alt＋P	在交互式运行窗口中浏览历史代码行（逐条向前查找）
Alt＋N	在交互式运行窗口中浏览历史代码行（逐条向后查找）
Alt＋3	在文本编辑窗口中将选中的所有代码一次性转换为注释
Alt＋4	在文本编辑窗口中一次性对选中的所有注释代码块取消注释
Ctrl＋]	在文本编辑窗口将选中的所有代码一次性缩进
Ctrl＋[	在文本编辑窗口将选中的所有代码取消缩进
Tab	在交互式运行窗口可以补全单词，在文本编辑窗口执行缩进
F1	打开 Python 的帮助文档

Python 的 IDLE 采用固定的颜色编码帮助使用者快速适应 Python 的语法格式，下面通过一个简单的例子熟悉 Python 的代码颜色。

【例 1-1】 输入一个圆的半径（假定半径为整数），计算并输出圆的面积。

程序运行情况如图 1-12 所示。

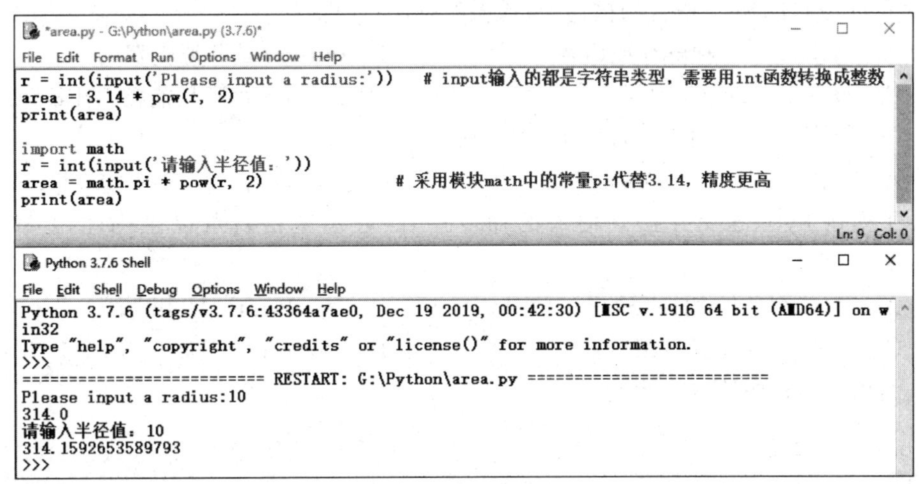

图 1-12　采用两种方法计算圆的面积

在这个例子中，采用了以下两种方法实现计算。

(1) 在 area.py 文件的前 3 行，首先输入一个半径给变量 r，由于利用 input()函数输入的任何数据都是字符串类型，因此数字字符必须利用 int()函数转换成整数。第 2 行计算面积，Python 内置函数 pow()的功能前面已经介绍过。第 3 行将结果输出到交互式运行窗口。

(2) 导入 math 模块，这是 Python 自带的内置模块，该模块中还有求正弦值、余弦值、对数等各种数学运算函数。这里采用了 math 模块中的圆周率，以标识符 pi 表示，输入半径同样为 10,输出结果精度比第一段代码要高。

在这个例子中,引号内的内容是绿色的,称为字符串常量。可以看到对这两种方法,input()函数的提示信息一个采用中文,一个采用英文,无论是什么内容,都按字符标识。Python 语言的所有函数如 int()、input()、pow()、print()都是紫色;程序注释和运行报错时的提示信息均显示为红色;IDLE 对用户命令的响应(即交互式运行窗口中的输出内容)为蓝色,导入模块指令 import 是 Python 的关键字。如图 1-10 所示,33 个关键字均为橙色,剩余代码为黑色,如交互式输入数据、代码中的数据对象、运算符、变量名等。

熟练掌握 Python 代码中的颜色分类,有助于初学者在开始写代码时及时发现代码的语法错误,提高开发效率。

习 题 1

1. 计算机完成特定任务所执行的一组命令被称为是(　　)。

A. 编程语言　　B. 编译器　　C. 解释器　　D. 程序

2. 下列选项中,负责对 Python 程序进行解释和执行的是(　　)。

A. 键盘　　B. 显示器

C. Python 解释器　　D. Python 编译器

3. 下列关于 Python 语言的描述中,错误的是(　　)。

A. Python 是一种解释型语言　　B. Python 是开源免费的

C. Python 是交互式语言　　D. Python 程序只能在 IDLE 中运行

4. 下列不属于高级编程语言的是(　　)。

A. C 语言　　B. 汇编语言　　C. Java 语言　　D. Python 语言

5. 下列在 Python 交互模式输入的命令中(␣ 表示空格),可以正确输出 Hello 的是(　　)。

A. >>>␣␣Print(Hello)　　B. >>> Print("Hello")

C. >>>␣␣print("Hello")　　D. >>> print("Hello")

6. 给出下列程序的运行结果。

```
print("11 + 22")
print(11 + 22)
print(11,22,33)
```

7. 给出下列程序的运行结果。

```
#print(" === ")
print("Hello")
print()
print("World")
#print(" === ")
```

8. 编写程序,用户分别输入两个整数,输出这两个整数的和。例如,用户分别输入 1 和 2,程序输出 3。

9. 编写程序，用户分别输入两个整数，输出以这两个整数为高位和低位组成的整数。例如，用户分别输入 123 和 4567，程序输出 1234567。

10. 编写程序，输出前 10 个正整数的和，即 1＋2＋3＋…＋10 的结果。

11. 编写程序，输出前 10 个正整数的乘积，即 1×2×3×…×10 的结果。

12. 编写程序，以“*”作为基本要素输出 ZJUT 的图案。

```
****** ****** *    * ******
    *     *   *    *    *
   *      *   *    *    *
  *    *  *   *    *    *
 *      * *   *    *    *
******   *     ****     *
```

第2章　变量和简单数据类型

不论是人类自然语言，还是计算机语言，都需要遵循其相应的语法规则。本章介绍Python语言的基本语法，从最简单的运算出发，详细介绍程序中参与运算的数值型数据和字符串、各种参与运算的运算符、常用内置函数和模块，构建合适的表达式来实现各种运算。

2.1　变　　量

程序的基本单位是指令(或称为语句)。一条指令通常包含执行控制的操作符及操作数。计算机程序通常用于处理各种类型的数据，数据即为对象。对象本质上是计算机内存单元中存储的特定数据块，可以支持各种特定类型的运算操作。例如，对数值100，可以在命令提示符后输入id(100)，结果会显示一个很大的数值，这个数值表示数值对象100的内存存储地址，而地址高度依赖于计算机和对象类型。对于编程人员而言，关心的是100这个数值对象本身，而不是对应的存储地址。

Python语言的每个对象都是由标识(identity)、类型(type)、值(value)构成。其中，标识就是对象在计算机内存的位置；类型用于表示对象属于的数据类型(类)，数据类型决定对象可以被执行的特定运算操作。

把含有标识、类型和值的数据对象从内存中取出来的操作称为对象的引用。通常采用变量与对象绑定实现对象的引用，这个绑定过程称为赋值。

在Python的世界，一切皆为对象。这句话换个方式说就是“Python，一切都可以赋值”，或者说“Python，一切皆有类型(type)”。在后面的学习中，可以更深入地理解数据类型的概念及多样性。

2.1.1　变量的命名规则

在程序开发过程中，所有编程人员自定义的名称，如变量名、函数名、模块名、类名等，都被称为“标识符”。无论是本节介绍的变量名，还是后续用到的其他名称，都要遵循标识符的命名规则。

Python语言对标识符的构成是有要求的，这里以变量的命名规则为例，后续出现的其他标识符都可以参照这个命名规则。

(1) 汉字可以作为变量名，但是一般不建议使用，以下规则将汉字排除在外。

(2) 变量首字符必须是字母或下画线“_”，后面可以包含字母、数字、下画线。

(3) Python对大小写有严格要求，比如Name与name是两个变量。

(4) 变量名称不可以跟Python语言的33个关键字(见图1-10)同名。

(5) 不建议使用系统内置的模块名、函数名或类型名以及已经导入的其他模块名及其成员作为变量名,会导致类型和功能改变。

对于第 5 条规则,简单举例说明如下。

```
>>> pow(2, 5)                  # 计算 2 的 5 次方
32
>>> pow = 100                  # 定义变量 pow,赋值 100
>>> pow                        # 显示变量值
100
>>> pow(2, 5)                  # 再次调用 pow 函数计算 2 的 5 次方,提示 pow()函数不能使用
TypeError: 'int' object is not callable
```

从上面的运行结果可以看到,当定义了一个整型变量 pow 后,函数 pow()的功能被破坏了,现在 pow()只是一个简单的整数 100。因此第 5 条规则中提到的只是不建议使用相关名称作为用户自定义变量名,但并不是绝对不能用。

变量命名时除了必须遵循必要的规则外,还应该尽量做到见名知意,采用描述性的变量名可增加程序的可读性。比较好的命名方法是"驼峰式"命名法。当变量名或其他标识符由一个或多个单词构成时,第一个单词以小写字母开始,第二个单词及其后面每个单词的首字母大写,如 mySchool、myFirstName,这种变量命名因为看上去像驼峰高低起伏而得名。

2.1.2 变量的赋值

变量在使用前必须先赋值,换句话说变量是由赋值语句创建的。一旦完成变量的赋值,就创建了对象,同时实现了对象与变量的绑定,即建立了变量与对象的引用关系。例如:

```
>>> x = 100
```

在以上语句中,"="称为赋值运算符,执行这条赋值语句,首先在计算机内存单元创建了一个数据对象 100,同时创建了变量 x,并建立了变量 x 对数据对象 100 的引用。

Python 语言的赋值格式主要有以下几种。

1. 基本赋值格式

基本赋值的语法格式如下。

```
变量 1,变量 2,…,变量 n = 表达式 1,表达式 2,…,表达式 n
```

语法说明如下。

(1) 要牢记赋值关系永远是赋值运算符右侧数据赋值给左侧变量。

(2) 赋值运算符右侧数据对象以位置一一对应的方式赋值给左侧变量。

(3) 表达式的值可以是简单的数据对象(如整数、字符串、列表等),也可以是含有各种运算符的表达式,或是函数的返回值。

(4) 当将多个数据对象分别赋值给多个变量时,称为序列解包。

基本赋值示例如下。

```
>>> a = 10
>>> b = 'Python'
>>> c = [1, 2, 3]
>>> print(a, b, c)
```

```
10 Python [1, 2, 3]
>>> x, y, z = 10, 'Python', [1,2,3]
>>> print(x, y, z)
10 Python [1, 2, 3]
```

从以上示例不难看出,多个变量可以并行赋值,赋值的数据类型也可以不同。

2. 增量赋值格式

增量赋值的语法格式如下。

```
变量 += 表达式
```

它相当于以下语法格式。

```
变量 = 变量 + 表达式
```

语法说明如下。

(1) 赋值运算符两侧变量名相同,依然满足右侧表达式计算结果赋值给左侧变量。

(2) 增量赋值格式不可以同时对多个变量赋值。

(3) 所有的算术运算符都可用于增量格式,如 *=、//=、%=等。注意运算符和等号之间不能有空格。

增量赋值示例如下。

```
>>> a = 1
>>> a += 1                    # 执行a = a + 1
>>> a
2
>>> a += 10                   # 执行a = a + 10
>>> a
12
>>> a *= 2                    # 执行a = a * 2
>>> a
24
```

提示:初学者使用增量赋值很容易犯的错误就是忘记对变量赋初值,如上例中的 a=1,如果没有这条语句,相当于赋值运算符右侧变量 a 没有原始值,在执行 a=a+1 时,就会由于变量没有赋值而报错。

3. 链式赋值格式

链式赋值的语法格式如下。

```
变量1 = 变量2 = … = 变量n = 表达式
```

这是一种对多个变量赋相同值的简单赋值操作。需要注意的是:对于可变序列数据对象,如列表、集合、字典等,不能轻易采用链式赋值方式,因为链式赋值后的对象均代表相同的地址,既按地址引用对象,一个变量的值发生变化可以引起其他链式赋值变量同时变化。

链式赋值示例如下,代码中的函数 id()用于显示数据对象在内存中的存储地址。

```
>>> a = b = c = 5
>>> print(a, b, c)
5 5 5
>>> print(id(a), id(b), id(c))                # 查看数据对象a、b、c的地址
```

```
140733848711568  140733848711568  140733848711568
>>> a = 10
>>> print(a, b, c)
10 5 5
>>> print(id(a), id(b), id(c))                    # a 的值改变后,a 的地址发生变化
140733848711728  140733848711568  140733848711568
>>> x = y = z = [1,2,3]
>>> print(x, y, z)
[1, 2, 3] [1, 2, 3] [1, 2, 3]
>>> print(id(x), id(y), id(z))                    # 列表型变量 x、y、z 的地址相同
2569612162376  2569612162376  2569612162376
>>> x.remove(3)                                   # x 值改变
>>> print(x, y, z)
[1, 2] [1, 2] [1, 2]                              # y、z 的值同时改变
>>> print(id(x), id(y), id(z))                    # x 的值改变,但 x、y、z 的地址不变
2569612162376  2569612162376  2569612162376
```

从上面示例可以看到,变量 a、b、c 被赋值为整数值 5 时,相当于将内存地址 140733848711568 中的数值对象 5 绑定到三个变量,三个变量都可以引用这个数值对象。但当变量 a 重新被赋值为 10 时,不是原来变量 a 的地址中的内容发生改变,而是变量 a 被绑定到新的内存地址 140733848711728 中的数值对象 10,而另外两个变量 b 和 c 没有发生改变。

但是对于 x、y、z 三个变量而言,它们被赋值的数据对象为可变数据类型——列表,通过链式赋值同时被绑定到内存地址 2569612162376 中的对象[1,2,3]。由于可变序列数据对象通过链式赋值为按地址引用寻找对象,也就意味着这三个变量绑定的地址不会变,因此当 x 的内容发生改变时(被删除元素 3),这个列表存储地址对应的内容发生改变。由于 y 和 z 依然根据同一地址引用对象,因此 y 和 z 的值也跟着 x 发生改变。同样,若变量 y 或 z 发生改变,则其他两个变量值也会跟着改变。链式赋值变量引用不同数据类型对象在内存中的访问模式如图 2-1 所示。从图 2-1 中不难发现,对于可变序列数据对象的链式赋值要谨慎使用。

地址	数据对象	
848711568	5	初始时a =b=c=5 执行a=10
⋮	⋮	a的值改变，则a改变地址
848711728	10	b、c地址不变，值也不变

地址	数据对象	
612162376	[1,2,3]→[1,2]	x =y=z=[1,2,3] 再执行x.remove(3)后，x改变内容，但地址不变 y、z的值随着x同时改变
⋮	⋮	
612162829	[4,5]	执行x=[4，5]，x改变地址，y、z保持原来地址不变，值不变

图 2-1　链式赋值变量引用不同数据类型对象访问内存模式

4. 变量赋值推广应用——两数交换

在变量的基本赋值格式中,利用位置赋值法可以将赋值运算符右边的表达式一一赋值给左边的变量。当表达式的值为变量时,这类赋值方式可以实现两数或多数交换。具体实

现如下。

```
>>> a = 5
>>> b = 8
>>> a, b = b, a                              # 两个数交换
>>> print(a, b)
8 5
>>> c = 10
>>> a, b, c = b, c, a                        # 三个数交换
>>> print(a, b, c)
5 10 8
```

从变量的各种赋值方式不难看出，Python 语言是动态类型语言，不需要事先声明变量的数据类型。Python 解释器会根据变量的赋值自动确定其数据类型。这种动态类型的风格被称为"鸭子类型"(duck typing)。duck typing 的概念源于 James Whitcomb Riley 的诗句："When I see a bird that walks like a duck and swims like a duck and quacks like a duck, I call that bird a duck."。意思是："当看到一只鸟走起来像鸭子、游泳起来像鸭子、叫起来也像鸭子，那么这只鸟就可以被称为鸭子。"在 Python 语言中，对象的类型不重要，只要对象具有类型 duck 的方法和属性，那么它就会被当作类型 duck 来使用（因此经常能够混用类型），这也是动态类型语言的特点。

【例 2-1】 变量的动态类型示例，利用函数 type 查看变量 a 的数据类型。实现代码如下。

```
>>> a = 1                                    # 整数类型
>>> type(a)
<class 'int'>
>>> a = 'hello'                              # 字符串类型
>>> type(a)
<class 'str'>
>>> a = (1,2,3)                              # 元组类型
>>> type(a)
<class 'tuple'>
>>> a = 1.2                                  # 浮点数类型
>>> type(a)
<class 'float'>
>>> a = [1,2,3]                              # 列表类型
>>> type(a)
<class 'list'>
>>> a = {'Ty':88,'Ay':99}                    # 字典类型
>>> type(a)
<class 'dict'>
```

例 2-1 是变量动态类型示例。从示例中不难看出，命令提示符后的变量 a 不断地被赋予各种类型的数据对象，其数据类型也不断变化。这里有一点要注意，a 被赋予新的数据后，前面绑定的数据对象如果没有绑定其他变量，会自动从内存中释放，也就是不需要用户管理，这个数据会自动删除(整数－5～256 除外)。

提示："鸭子"类型在 Python 语言中经常使用到。说明 Python 语言不关注对象的类型，而更关注对象具有的行为(方法)。

2.2　数值型数据

先来看两行代码运行结果。

```
>>> 520 + 1314
1834
>>> '520' + '1314'
'5201314'
```

从以上行代码不难发现，没有加引号的数字与加了引号的数字（确切地说是字符串）分别进行“＋”运算后得到的结果不同，这就是因为它们的数据类型不同。对数字而言，符号“＋”称为加号，对字符串而言，符号“＋”称为连接符。

同样地，Python 的变量本身是没有类型的，通过赋值绑定了数据对象后才有相应的数据类型。因此 Python 的变量看起来更像一个名字标签，通过这个标签可以直接找到对应的内存数据对象，根据数据对象的类型，执行特定的操作运算。

Python 能处理的基本数据类型之一是数值型数据，凡是可以使用算术运算符进行运算的数据都属于数值型数据类型。计算机最初的应用也是用来处理数值型数据的。虽然文本和媒体（音频、视频等）数据处理需求越来越大，但是数值型数据依然是不可或缺的重要数据类型。

数值型主要分为整数类型（整型）、浮点数类型（浮点型）、布尔类型和复数类型。数值型数据均属于不可变数据对象，不可变的意思就是一个数值型数据是不可分割的整体。如 x＝123，不能把其中的 2 改为 4，可以重新赋值 x＝143，但是不能用替换的方式修改其中的任何数字。

2.2.1　整型

简单地说，整型（int）就是平时所说的整数。Python 的整型数值没有长度限制，如果一定要有限制，那只受限于计算机的虚拟内存大小。

在 Python 中，默认的整数为十进制数，如果在数字前面添加特定的符号前缀，可以显式使用其他数制，常见的数制前缀如下。

(1) 0b 或 0B 表示二进制。

(2) 0o 或 0O 表示八进制。

(3) 0x 或 0X 表示十六进制。

当使用这些符号前缀时，Python 解释器会自动将后面的数值转换成对应的十进制数，例如，同样是 101，不同的前缀表示结果不同：

```
>>> 0b101          # 二进制
5
>>> 0x101          # 十六进制
257
>>> 0o101          # 八进制
```

```
65
>>> '101'              # 这不是数值,是字符串
'101'
```

2.2.2 浮点型

浮点型(float)就是平时所说的小数,因为 Python 语言是动态类型语言,不需要给变量声明是整数还是浮点数,因此对浮点型的判断唯一依据就是数据中是否含有小数点。另外,Python 解释器默认两数相除时,无论结果是否整除,都为浮点型数据,如 6/2=3.0。

对于浮点数的另一种显示模式是科学记数法,也称为 E 记法,用于表示特别大的数或特别小的数。

```
>>> x = 6 / 2
>>> print(x, type(x))                    # 能整除,但 x 是浮点型
3.0 <class 'float'>
>>> 1 / 3                                # 浮点数默认精度为小数点前后共 17 位数字
0.3333333333333333
>>> 0.000000000000012345                 # 特别小的数自动采用科学记数法
1.2345e-14
>>> 12345678901234567890.1234            # 特别大的数自动采用科学记数法
1.2345678901234567e+19
```

科学记数法(E 记法)可以采用 E 或 e,E(或 e)的意思为底数为 10 的指数,后面跟的数字为指数的幂值。如 12E5 表示 12×10^{5},1e-2 表示 1×10^{-2}。

提示: *以科学记数法表示的数均为浮点型数据。*

2.2.3 布尔类型

布尔类型(bool)数据是一种特殊的整型数据对象。通常布尔类型采用 True 和 False 表示真假,例如:

```
>>> x = 10 > 5             # 这样的赋值没有意义,这里是为了查看 x 的值和数据类型
>>> print(x, type(x))      # x 的值为 True,即将 10 > 5 的结果赋值给 x,类型为 bool 型
True <class 'bool'>
```

布尔类型可以被当成整型来看待,True 为整型值 1,False 为整型值 0。布尔类型数据之所以属于数值型数据,因为布尔类型数据可以使用算术运算符进行运算操作。例如:

```
>>> True + True + True
3
>>> True + False
1
>>> False * 100
0
>>> pow(100, False)
1
```

虽然上面示例说明了布尔类型的数值运算性质,但是,用布尔类型数据参与这样的运算是不妥当的,大家了解即可,实际应用时不要如此使用。

2.3 字　符　串

计算机对于操作和存储文本信息也很重要，文本在程序中的表现形式以字符串类型表示。字符串既可以是一个字符，也可以是一个字符序列。

2.3.1 ASCII

在计算机中，所有的数据在存储和运算时都要使用二进制数表示，究竟每个符号(字母、数字、标点符号等)采用什么二进制数表示，理论上都可以采用各自的约定方式(编码规则)，但是为了互相通信而不造成混乱，就必须采用相同的编码规则。

目前普遍采用的字符编码规则是美国信息交换标准代码(American Standard Code for Information Interchange，ASCII)，如表 2-1 所示。

表 2-1　ASCII 表

ASCII 值	字符	ASCII 值	字符	ASCII 值	字符	ASCII 值	字符
0	NUL	26	SUB	52	4	78	N
1	SOH	27	ESC	53	5	79	O
2	STX	28	FS	54	6	80	P
3	ETX	29	GS	55	7	81	Q
4	EOT	30	RS	56	8	82	R
5	ENQ	31	US	57	9	83	S
6	ACK	32	(space)	58	:	84	T
7	BEL	33	!	59	;	85	U
8	BS	34	"	60	<	86	V
9	HT	35	#	61	=	87	W
10	LF	36	$	62	>	88	X
11	VT	37	%	63	?	89	Y
12	FF	38	&	64	@	90	Z
13	CR	39	´	65	A	91	[
14	SO	40	(	66	B	92	\
15	SI	41	)	67	C	93	]
16	DLE	42	*	68	D	94	^
17	DC1	43	+	69	E	95	_
18	DC2	44	,	70	F	96	`
19	DC3	45	-	71	G	97	a
20	DC4	46	.	72	H	98	b
21	NAK	47	/	73	I	99	c
22	SYN	48	0	74	J	100	d
23	ETB	49	1	75	K	101	e
24	CAN	50	2	76	L	102	f
25	EM	51	3	77	M	103	g

续表

ASCII 值	字符	ASCII 值	字符	ASCII 值	字符	ASCII 值	字符
104	h	110	n	116	t	122	z
105	i	111	o	117	u	123	{
106	j	112	p	118	v	124	|
107	k	113	q	119	w	125	}
108	l	114	r	120	x	126	～
109	m	115	s	121	y	127	DEL

ASCII 采用指定的 7 位或 8 位二进制数组合来表示 128 或 256 种可能的字符。标准 ASCII 也称为基础 ASCII,使用 7 位二进制数(剩下的 1 位二进制为 0)来表示所有的大写和小写字母、数字 0～9、标点符号以及在美式英语中使用的特殊控制字符。

其中,0～31 及 127(共 33 个)是控制字符或通信专用字符,如控制符有 LF(换行)、CR(回车)、FF(换页)、DEL(删除)、BS(退格)、BEL(响铃)等;通信专用字符有 SOH(文头)、EOT(文尾)、ACK(确认)等;ASCII 值 8、9、10 和 13 分别转换为退格符、制表符、换行符和回车符。它们并没有特定的图形显示,但会依不同的应用程序,而对文本显示有不同的影响。

除上述 33 个 ASCII 值外,其余均为可显示字符。32～126(共 95 个)是字符(32 是空格)。其中,48～57 为 0 到 9 十个阿拉伯数字;65～90 为 26 个大写英文字母;97～122 为 26 个小写英文字母;其余为一些标点符号、运算符等。

字符间可以比大小,比如按姓名(英文字符)排序,这时比较的就是字符对应的 ASCII 值,如 'A' < 'a'、'123' < '2'。要注意这里的数字是字符,不是数值,因此是按首字符 '1' < '2' 比较 ASCII 值,而不是按数值 123 与 2 比较。

虽然用 ASCII 可以解决程序设计中字符型数据的编码问题,但是世界人民的文字太强大了,中国的汉字编码有 GB 2312 码、GBK 码、GB 18030 码,日本有 Shift_JIS 码,韩国有 Euc-kr 码等,很多国家或地区都研发了自成体系的编码系统。为了统一各种文字编码,方便通信,国际标准化组织(International Organization for Standardization,ISO)提出了 Unicode 编码,这个编码是计算机科学领域的一项“金”标准,它提供了字符集、编码规则等,不仅兼容 ASCII,还把世界各国的文字都放在同一字符集中进行统一编码,UTF-8、UTF-16、UTF-32 属于 Unicode 中不同的编码规则。Python 3. x 默认采用的是 UTF-8(8-bit unicode transformation format)的编码规则。

2.3.2 字符串常量与变量

与数值型数据相同的是,字符串也是不可变数据类型,无论是一个字符还是一个字符串序列,都是一个不可被修改的整体。当变量与字符串数据对象绑定后,除非变量重新赋值,否则不能任意修改变量中的字符串内容(如删除或添加字符等操作)。当然,如果一定要在原内存地址中强行修改字符串内容(unicode 数据对象),可以利用 io 模块的 io. StringIO() 方法对字符串对象进行修改。

字符串常量通常采用单引号、双引号或三引号进行界定,三种引号可以互相嵌套用于表示复杂文本格式。三引号支持换行输出或在程序中表示较长的注释。在一对相同的引号

（不能左边单引号，右边双引号这样的格式）中的所有符号都属于字符串常量内容。

Python 语言对于采用哪一种引号构成字符串并不作要求，但是如果字符串中出现单引号或双引号时，要注意格式，例如：

```
>>> " Tom said: "hello" "
SyntaxError: invalid syntax
```

这时会出现语法错误。有以两种方法可以实现字符串中包含引号。

（1）采用不同的界定符，如果字符串中需要出现双引号，那么字符串用单引号或三引号做界定符。

```
>>> ' Tom said: "hello" '
' Tom said:"hello" '
```

（2）采用转义符号\对字符串中的引号进行转义。

```
>>> " Tom said: \"hello\" "
' Tom said: "hello" '
```

转义符号除\'和\"外，常见的还有\n（换行符）、\t（制表符）、\\（表示一个反斜杠）。例如：

```
>>> filePath = 'c:\next\next.doc'
>>> filePath
'c:\next\next.doc'
>>> print(filePath)           # 输出时将字符串中的 \n 理解为换行符
c:
ext
ext.doc
```

上面的示例本义是给变量 filePath 赋值一个文件的路径字符串，然而实际输出时\n 被转义为换行符，因此输出结果出现错误。采用\\可以换回一个实际的反斜杠，例如：

```
>>> filePath = 'c:\\next\\next.doc'
>>> filePath                  # 在命令提示符下直接显示字符串，结果有单引号
'c:\\next\\next.doc'
>>> print(filePath)           # 采用 print()输出字符串时，结果没有单引号
c:\next\next.doc
```

用\\可以实现反斜杠对自身的转义，但是当字符串中含有多个反斜杠时，使用转义字符不但麻烦，而且容易使代码变得混乱。Python 提供了一个快捷的方式取消转义字符，即在原始字符串的前面添加字符 r，这样就认定后面的字符串中反斜杠为实际字符。例如：

```
>>> filePath = r'c:\next1\next2\next3\next.doc'  # 注意 r 与引号之间不能有空格
>>> filePath                  # 在命令提示符下直接显示字符串，结果为双斜杠
'c:\\next1\\next2\\next3\\next.doc'
>>> print(filePath)           # 相当于 print('c:\\next1\\next2\\next3\\next.doc')
c:\next1\next2\next3\next.doc
```

2.3.3　字符串的索引与切片

字符串是一个字符序列，对其中的一个或多个字符如何实现访问呢？在 Python 语言

中可以通过索引或切片的方式来实现访问操作。索引是指序列中每个字符对应的位置，Python 语言给出了两种索引方式：正向递增序号和反向递减序号。

如图 2-2 所示，正向递增序号从左往右编号，最左边索引号为 0，向右加 1 递增。反向递减序号从右往左编号，最右边索引号为 -1，向左减 1 递减。

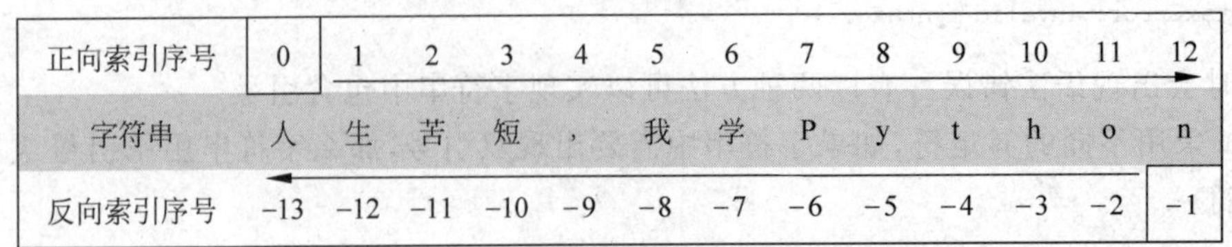

图 2-2 字符串正向递增索引及反向递减索引示例

提示：无论字符串长度如何，索引号为 0 一定是字符串最左边的字符，索引号为 -1 一定是字符串最右边的字符。无论采用哪种索引方式，索引号对应的字符一定是确定且唯一的。

如果将索引号看成一个个房间编号，那么字符串中的每个字符都有一个房间编号，有了这个编号，就不难找到房间中的字符。例如：

```
>>> s = '人生苦短,我学 Python'
>>> s[3]
'短'
>>> s[ - 10]
'短'
>>> s[0]
'人'
>>> s[ - 1]
'n'
```

利用索引号查询字符串内容必须使用一对中括号“[]”。这种索引方式只能查找字符串中的某一个字符。如果要访问查找一串字符，可以采用切片方式，也称为字符串的区间访问方式。具体语法格式如下。

```
字符串对象 [ 起始索引号 : 终止索引号 : 步长 ]
```

语法说明如下。

(1) 字符串对象可以是两边有引号的字符串常量，也可以是字符串变量。

(2) 起始索引号表示切片内容的起始位置。索引号可以缺省，但是冒号不能缺省。默认的起始位置由步长的正负决定。步长为正，默认起始为最左边第一个，就是索引为 0；步长为负，默认起始为最右边第一个，即索引为 -1。

(3) 终止索引号表示切片内容的结束位置(不包含终止索引号对应的字符)。当终止索引号缺省时，冒号不能缺省。默认的终止位置由步长的正负决定。步长为正，默认终止位置为字符串最右边的字符(默认包含该字符)；步长为负，默认终止位置为最左边的字符(含该字符)。

(4) 步长为切片操作时选择字符的索引递增或递减值，步长为正，从左向右操作；步长为负，从右向左操作；步长缺省则为 1。步长缺省时，最后一个冒号也可以缺省。

(5) 起始索引号、终止索引号和步长只有满足逻辑顺序才能切到实际内容，该逻辑为：

步长为正,从左往右切;步长为负、从右往左切。起始索引号和终止索引号位置决定是否满足逻辑,不满足则返回空字符串,不会报错。

【例 2-2】 字符串切片示例,对照图 2-2 的索引号先自行判断再检查结果。实现代码如下。

```
>>> s = '人生苦短,我学 Python'
>>> s[2 : 7 : 1]              # 步长为 1,可以缺省,等同于 s[2 : 7]
'苦短,我学'
>>> s[ - 2 : - 7 : - 1]       # 起始索引号在右,终止索引号在左,步长必须为负
'ohtyP'
>>> s[2 : - 7 : 1]            # 起始索引号在左,终止索引号在右,步长必须为正
'苦短,我'
>>> s[9 : - 10 : - 1]         # 起始索引号在右,终止索引号在左,步长必须为负
'tyP 学我,'
>>> s[ : - 10]                # 默认步长值为 1,为正,起始索引号默认为最左边
'人生苦'
>>> s[2 : : - 2]              # 步长为负,终止索引号默认为最左边(含)
'苦人'
```

切片操作是 Python 序列数据对象的一个典型操作,它使我们能够使用简单明了的语法来操作序列,不仅适用于字符串,还适用于后续要学习的其他序列数据对象:列表、元组。切片简单地说就是从序列中切取所需要的值,并生成一个新的序列。从理论上说,只要表达式正确,可以通过切片切取序列中的任意数据对象。

2.3.4　字符串运算符

前节介绍的字符串索引和字符串切片操作中,中括号属于字符串运算符。字符串运算符及其说明如表 2-2 所示。表格示例中变量 x 值为 'hello',变量 y 值为'Python'。

表 2-2　字符串运算符及说明

运算符	说　明	示　例
[]	通过索引号获取字符串中的一个字符	x[1]的输出结果为 e
[:]	通过切片获取字符串中的一部分子串	y[1:3]的输出结果 yt
+	字符串连接	x+y 的输出结果 helloPython
*	重复拼接字符串	x * 2 的输出结果 hellohello
in	成员运算符,如果字符串包含给定的字符子串,返回 True	'he' in x 的输出结果 True
not in	成员运算符,如果字符串不包含给定的字符子串,返回 True	'h e' not in x 的输出结果 True

表 2-2 中的所有运算符同样适用于后续章节中介绍的列表、元组等有序的可迭代对象。关键字 in 和 not in 适用于任何一个可迭代对象的元素查询。这是两个非常实用的关键字,用于成员资格判定,即用于判断一个对象是否为一个可迭代对象中的元素。对于字符串这种可迭代对象来说,不仅可以判断单一字符是否为字符串中的元素,还可以判断一串子串是否为字符串中的元素。

```
>>> s = 'I love python'
>>> 'I' in s                    # 判断字符在字符串中
True
>>> 'love' in s                 # 判断子串是否在字符串中
True
>>> 'ep' in s                   # 子串必须是连续的,原字符串中的空格也是字符
False
```

2.3.5 字符串格式化

在计算机系统中,字符串操作通俗的描述就是文本处理,文本处理除了要关注文本的内容外,还要考虑文本的格式。为了让输出的文本更加美观,满足用户需求的同时更要满足用户的视觉享受,本节介绍两种字符串格式化方式。

1. 格式化操作符:%

以例 1-1 为例,输出要求稍作修改。

【例 2-3】 已知圆的半径为 10,计算面积和周长,要求在一行中输出,输出格式如下。

```
圆的半径为 ** ,周长为 ** ,面积为 **
```

程序如下:

```
>>> r = 10
>>> c = 2 * 3.14 * r
>>> s = 3.14 * r ** 2
>>> print('圆的半径为 r, 周长为 c, 面积为 s')              # 输出结果不符合用户需求
圆的半径为 r, 周长为 c, 面积为 s
>>> print('圆的半径为', r, ',周长为', c, ',面积为', s)    # 输出结果正确,但是不美观
圆的半径为 10 ,周长为 62.800000000000004 ,面积为 314.0
```

在这个例子中,遇到了几个问题。首先是输出的中文为字符串常量,而 r、c、s 为变量,如果把字符串常量和变量放入一对引号中输出,那么变量不再是变量,而是被认定为字符串常量;如果输出时把中文字符串常量和变量用逗号分隔,形成例中的最后输出格式,输出结果没有错误,但是由于没有指定 sep 参数,没有指定小数点位数,输出的内容格式可以说是“惨不忍睹”。

为了解决这个问题,提出一种思路:如果输出依然是第一种输出方式,但是想办法把字符串中的变量值导入字符串中,那就可以满足结果输出要求和视觉要求了,于是采用如下的输出方式。

```
>>> print('圆的半径为 %d, 周长为 %f, 面积为 %f' % (r, c, s))
圆的半径为 10, 周长为 62.800000, 面积为 314.000000
```

在上面的代码中,运用了格式化操作符%。注意,字符串后面的%称为格式化操作符,引号中的字符串包含的%只是为了占位,确定格式化操作符后面的数据对象值应该放在字符串的对应位置。

使用格式化操作符的具体语法格式如图 2-3 所示。

Python 语言支持大量的格式字符,表 2-3 列出了部分常用的格式字符。

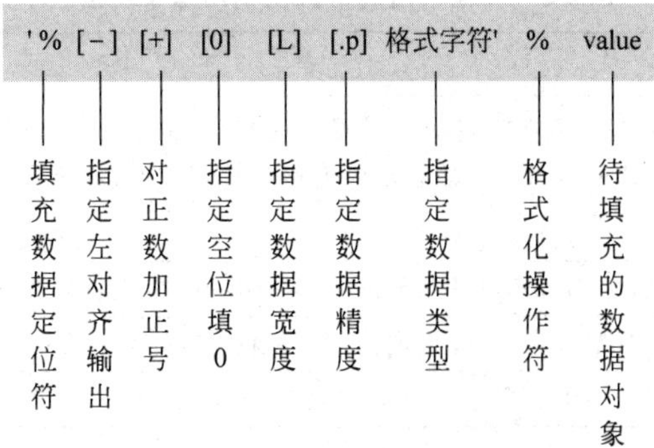

图 2-3　字符串格式化操作语法格式

表 2-3　格式字符及描述

格式字符	描　述
%s	格式化字符串，等同于 str()转换
%d	格式化十进制数，等同于 int()转换
%f、%F	格式化浮点数，默认小数点后有 6 位
%%	字符%
%e、%E	用科学记数法格式化浮点数
%c	格式化 ASCII 值或字符为单个字符
%o	格式化数字为八进制数
%x	格式化数字为十六进制数
%g	根据数值大小决定使用%f 或%e
%G	根据数值大小决定使用%F 或%E

下面用一些示例说明格式字符的使用。

```
>>> '十进制数 %d 转换为十六进制数为 %x' % (100,100)
'十进制数 100 转换为十六进制数为 64'
>>> '小明六门课总分为 %s, 平均分为 %f, 成绩提高了 %f%%' % (523, 523/6, 12.5)
'小明六门课总分为 523, 平均分为 87.166667, 成绩提高了 12.500000%'
```

在上面的示例中，小明六门课总分为数字 523，但是格式字符使用了%s，这是将后面的数字 523 直接转换成字符串显示。这种显示模式在有些场合是比较好用的，比如后面成绩提高了 12.5%，本身 12.5 是个比较规范的格式，但是一旦使用%f 就会出现小数点后 6 位的现象，反而显得累赘了。

当然很多场合下浮点数是计算获得的，比如上面的平均分，这时又要计算，又要格式，比较好的格式化方式是规定计算后数据的精度。图 2-3 中提供了数据精度的规定方式[.p]，p 为精度 precision，注意前面必须有“.”。例如：

```
>>> '小明六门课总分为 %d, 平均分为 %.2f, 成绩提高了 %s%%' % (523, 523/6, 12.5)
'小明六门课总分为 523, 平均分为 87.17, 成绩提高了 12.5%'
```

字符串格式化操作除了必需的定位符%、格式字符、格式化操作符%外，还可以采用.p 这样的辅助指令。图 2-3 中其他常用的格式化辅助指令功能如表 2-4 所示。

表 2-4　其他常用的格式化辅助指令及描述

符号	描　述
L. p	L(length)指定数据对象在字符串中的最小宽度；. p(precision)为精度，用于设置浮点数对象为小数点后保留的位数；对整数对象为整数有效长度，不足在高位添 0；对字符串对象则为字符串的截取长度
－	当指定数据对象宽度 L 后，如果实际宽度小于 L 值，默认右对齐；若添加负号则左对齐
＋	这个符号只对数值型对象有用，当数值为正数时，前面显示正号(＋)
0	当数值型对象长度小于 L 且右对齐时，高位添 0 取代空格

2. 字符串方法：format()

format()方法接收位置参数和关键字参数(参数将在函数章节有详细介绍)。无论哪种参数，都会被传递到字符串内大括号表示的插槽中。语法格式如下。

```
'{}'.format(value)
```

语法说明如下。

(1) 字符串对象中的一对大括号称为插槽，用于接收 format 的数据对象。

(2) 字符串中可以有多个插槽，format 传递的数据对象值也可以有多个，但是不一定需要一一对应。

(3) 插槽的内部样式为：{< value 索引号|关键字参数变量>：<格式控制标记>}。其中，value 索引号用来定位插槽中的数据来源于 format()方法传递的 value 值索引号。

(4) 格式控制标记用来控制数据对象显示时的格式，有 6 个字段，包括<填充>、<对齐>、<宽度>、<,>、<. 精度>、<类型>，具体功能如表 2-5 所示。

表 2-5　格式控制标记及描述

:	<填充>	<对齐>	<宽度>	,	<. 精度>	<类型>
引导符号	用于填充的单个字符取代多余空格	<：左对齐 >：右对齐 ^：中对齐	槽的设定输出宽度	数字的千位分隔符适用于整数	浮点数小数部分的精度或字符串的最大输出长度	整数类型 b、c、d、o、x、X； 浮点数类型 e、E、f、%； 字符串不用标注类型

注：只要插槽中有格式控制标记，引导符号"："不能缺省。

下面是部分 format 格式化示例。

(1) 使用位置参数实现字符串格式化。

```
>>> '小明六门课总分为{0}, 平均分为{1}, 成绩提高了{2}%'.format(523, 523/6, 12.5)
'小明六门课总分为 523, 平均分为 87.16666666666667, 成绩提高了 12.5%'
>>> 'I love {0}! You love {0}! We love {0}!'.format('Python')
'I love Python! You love Python! We love Python!'
```

相对于格式化操作符%，format()可以将一个参数多次传递到字符串中，使数据传递更简单。

（2）使用关键字参数实现字符串格式化。

```
>>> '六门课总分为{g}，平均分为{a}，成绩提高了{b}%'.format(g=523, a=523/6, b=12.5)
'六门课总分为523，平均分为87.16666666666667，成绩提高了12.5%'
```

关键字参数使数据传递可读性更高，只要 format 中的关键字变量与插槽中的变量名字相同，就没有位置要求。变量 g、a、b 就像三个标签，只需要将 format()中的参数对应的数据值替换到字符串中即可。

注意：当关键字参数和位置参数混合使用时，位置参数必须在关键字参数之前，否则会报错。

（3）使用格式控制标记实现字符串格式化。

```
>>> '总分为{0}，平均分为{1:.2f}，成绩提高了{2:.2f}%'.format(523, 523/6, 12.5)
'总分为523，平均分为87.17，成绩提高了12.50%'
>>> '总分为{0}，平均分为{1:>10.2f}，成绩提高了{2:<7.2f}%'.format(523, 523/6, 12.5)
'总分为523，平均分为     87.17，成绩提高了12.50  %'
>>> '今年的总收入超过{1:,},比去年增长了{0:.2%}'.format(0.12345, 10000000000)
'今年的总收入超过10,000,000,000元,比去年增长了12.35%'
```

提示：注意最后一行代码中，索引号与数据对应关系，逗号的作用及%在插槽中的作用。

2.3.6　字符串常用方法

切片操作是字符串操作的必备技能之一，除此以外，字符串还有很多专属方法和通用函数。当字符串对象以参数形式出现在一个标识符后面时，这个标识符必定是一个函数名，如 len(s)就是一个函数。函数的作用是统计字符串变量 s 的字符长度。当字符串对象以前缀的形式出现在一个标识符前面时，这个标识符必定是一个方法名，如 s.sort()，sort 就是一个方法名，方法的作用就是对字符串对象进行排序。

无论是方法还是函数，都是具有特定功能的程序段，用户不需要关注程序段内部是如何实现的，只须按语法格式拿来用即可。

表 2-6 给出了字符串的常用方法及其对应的描述。其中 s 表示一个字符串数据对象，可以是字符串变量，也可以是字符串常量。

表 2-6　字符串的常用方法及描述

方　法	描　述
s.capitalize()	将字符串 s 的第一个字母改为大写
s.center(width,fillchar=' ')	将字符串 s 以 width 为宽度居中，两边不足位置填充空格或指定字符
s.count(sub[,start[,end]])	返回子串 sub 在字符串 s 中出现的次数，也可指定起始和终止的查询范围
s.find(sub[,start[,end]])	搜索子串 sub 是否出现在字符串 s 中。若是则返回第一次出现的索引号；否则返回−1。也可指定起始和终止的搜索范围
s.index(sub[,start[,end]])	功能同 find，但是如果子串 sub 不在字符串 s 中，会抛出异常
s.isalnum()	如果字符串 s 中的所有字符都是字母或数字则返回 True；否则返回 False

续表

方　　法	描　　述
s. isalpha()	如果字符串 s 中的所有字符都是字母则返回 True；否则返回 False
s. isdecimal()	如果字符串 s 只包含数字(Unicode 数字、双字节全角数字)则返回 True；若为其他类型数字(汉字数字、罗马数字、小数)或非数字则返回 False。对单字节 byte 数字会报错(如 n=b'123'，判断 n. isdecimal()会报错)
s. isdigit()	如果字符串 s 只包含数字(Unicode 数字、单字节 byte 数字、双字节全角数字)则返回 True；若为其他类型数字(汉字数字、罗马数字、小数)或非数字则返回 False。这个方法不会出现报错
s. islower()	如果字符串 s 中至少包含一个可区分大小写的字母，并且这些字母都是小写，则返回 True；否则返回 False
s. isnumeric()	如果字符串 s 只包含数字字符(Unicode 数字、全角数字(双字节)、罗马数字、汉字数字)则返回 True；若为其他类型数字(小数)或非数字则返回 False。但是对于单字节 byte 数字会报错(如 n=b'123'，判断 n. isdecimal()也会会报错)
s. isupper()	如果字符串 s 中至少包含一个可区分大小写的字母，并且这些字母都是大写，则返回 True；否则返回 False
s. join(sub)	以字符串 s 为分隔符，插入 sub 字符串的所有字符之间，如果 sub 是其他数据类型如列表、元组或其他可迭代对象，则要求对象中的所有元素必须为字符串类型，s 插入所有元素之间形成一个完整的字符串返回
s. ljust(width，fillchar=' ')	返回一个左对齐字符串，默认使用空格填充 s，使其长度为 width，也可指定一个字符代替填充的空格
s. lower()	将字符串 s 中的所有大写字母转换为小写字母
s. lstrip([chars])	去除字符串 s 首部所有空字符(包括空格、制表符、换行符等)，也可删除左侧指定的字符 char 或 chars
s. partition(sub)	在字符串中找到子串 sub，把字符串分成一个三元组(pre_sub，sub，fol_sub)，如果字符串不包含 sub 则返回 s，''，''
s. replace(old，new[，count])	把字符串 s 中的 old 子串替换成 new 子串，如果指定 count，则替换部分的长度不超过指定的 count
s. rfind(sub[，start[，end]])	搜索子串 sub 是否出现在字符串 s 中，是则返回最后一次出现的索引号(右边第一个)；否则返回－1。也可指定起始和终止的搜索范围
s. rindex(sub[，start[，end]])	功能同 rfind()，但是如果子串 sub 不在字符串 s 中，会报错
s. rjust(width，fillchar=' ')	返回一个右对齐字符串，默认使用空格填充 s，使其长度为 width，也可指定一个字符代替填充的空格
s. rstrip([chars])	去除字符串 s 尾部所有空字符(包括空格、制表符、换行符等)，也可删除末尾指定字符 char 或 chars
s. split(sep=None，maxsplit=－1)	不带参数默认以空格为分隔符切片字符串。如果设定 maxsplit 参数，仅分隔 maxsplit 个子串，返回切片后的子串列表
s. strip()	去除字符串 s 前后所有空字符(包括空格、制表符、换行符等)，也可删除指定字符 char 或 chars
s. swapcase()	翻转字符串 s 中的大小写
s. translate(table)	根据 table 规则(由 str. maketrans(s1，s2)制定)转换字符串 s 中的字符

续表

方　法	描　述
s.upper()	将字符串 s 中的所有小写字符转换为大写字符
s.zfill(width)	返回长度为 width 的字符串，如果 s 长度超过指定宽度，以实际字符串 s 为准，如果 s 长度小于指定宽度，s 右对齐，左边用 0 填充

注：表格中的字符串 s 是不可变序列数据对象，无论什么操作都不会改变字符串 s 的值，因此所有结果都是返回一个新的字符串，新的字符串可以赋值给新的变量。

表 2-6 给出了字符串常用方法、描述和简要语法格式。因为由字母排序，不利于用户对比记忆，下面按功能分组给出部分常用方法的使用示例。

(1) 查找子串方法 find()、rfind()、index()、rindex()、count()。

```
>>> s = 'pan apple banana cake'
>>> s.find('na')            # 注意子串'na'是整体,不同于'pan apple'中的'n a',空格也是字符
12
>>> s.rfind('na')
14
>>> s.find('na', 1, 13)     # 指定查找范围,注意不包括索引号 13 对应的字符
-1
>>> s.index('na')           # 能找到子串,效果同 find
12
>>> s.index('ac')           # 找不到子串,出现报错
ValueError: substring not found
>>> s.count('na')           # 统计子串出现次数,大于零表示有子串
2
>>> s.count('ac')           # 返回值为 0 表示 s 中没有该子串
0
```

(2) 分割字符串方法 split()。

split()是一个非常实用的字符串操作方法，用于分隔各种字符串。注意，使用 split()操作后返回的结果是列表对象，界定符为中括号，这个数据对象在后续章节会重点介绍。

```
>>> s = 'apple banana cake \n pear peach watermelon \t fish crab beaf'
>>> s.split(' ')        # 指定用空格分隔,返回列表对象
['apple', 'banana', 'cake', '\n', 'pear', 'peach', 'watermelon', '\t', 'fish', 'crab', 'beaf']
>>> s.split()           # 未指定分隔符,所有空字符(空格、制表符、换行符)都可以分隔
['apple', 'banana', 'cake', 'pear', 'peach', 'watermelon', 'fish', 'crab', 'beaf']、
>>> print(s)            # 字符串 s 是不可变序列数据对象,无论上面如何分隔,s 本身不会改变
apple banana cake
 pear peach watermelon       fish crab beaf
```

注意上面输出字符串 s 时换行符后面的空格造成第二行首字符为空格，制表符用于定位输出，以 8 个字符为一个输出区，遇到制表符定位到下一个输出区。

```
>>> s = '1234123412341234'
>>> s.split('4')            # 指定分隔符为字符 4,分隔后列表中的元素都是字符串,不是数字
['123', '123', '123', '123', '']
```

当指定分隔符出现在字符串首字符或末尾时，注意还有一个空串元素。同样，如果出现连续的指定分隔符，两个分隔符之间有空串元素。例如：

```
>>> s = '12341123123'
>>> s.split('1')              # 结果出现两个空串
['', '234', '', '23', '23']
```

split()方法通常与input()函数结合使用,当输入多个字符串对象时,可以使用split()方法对对象进行分隔。例如:

```
>>> names = input('请输入三个学生姓名,用逗号分隔: ').split(',')
请输入三个学生姓名,用逗号分隔: 甲,乙,丙
>>> print(names)
['甲', '乙', '丙']
```

提示:split()的返回结果是列表对象,列表中的元素均为字符串类型。split()的参数指定的分隔字符可以是一个字符或一个字符序列,当不指定分隔符时可以不写,也可以写None,如果指定了maxsplit数值,则第一个参数不指定时必须用None。

```
>>> s = 'apple banana cake \n\n pear peach watermelon'
>>> s.split(None,4)           # 快捷记忆方法,分隔次数就是列表中的逗号个数
['apple', 'banana', 'cake', 'pear', 'peach watermelon']
>>> s.split(None,3)
['apple', 'banana', 'cake', 'pear peach watermelon']
>>> s.split(None,2)
['apple', 'banana', 'cake \n\n pear peach watermelon']
```

(3) 连接字符串方法join()。

与split()操作相反的是方法join(),join()用于将字符子串序列用指定的连接字符串连接,返回一个新的字符串。

```
>>> '*'.join('12345')                         # 用*连接字符串中的字符序列
'1*2*3*4*5'
>>> '-'.join(['2020','10','1'])               # 用-连接列表中的元素序列
'2020-10-1'
>>> '****'.join('abcdef')                     # 用字符串****连接字符串中的字符序列
'a****b****c****d****e****f'
```

提示:join()的参数必须是序列数据对象(如字符串、列表、元组等),序列中的每个元素必须是字符串类型。join()的前缀连接字符串可以是一个字符,也可以是一个字符序列。

(4) 字符串大小写转换方法lower()、upper()、capitalize()、swapcase()。

```
>>> s = 'My name is Amy'
>>> s.lower()                                 # 返回小写字符串
'my name is amy'
>>> s.upper()                                 # 返回大写字符串
'MY NAME IS AMY'
>>> s.title()                                 # 每个单词首字符大写
'My Name Is Amy'
>>> s.capitalize()                            # 字符串首字符大写
'My name is amy'
>>> s.swapcase()                              # 字符串大小写互换
'mY NAME IS aMY'
```

(5) 字符串判断方法isalnum()、isalpha()、islower()、isupper()、isdigit()、isdecimal()、

isnumeric()。

这些方法用来判断字符串是否为数字或字母、是否为字母、是否小写、是否大写、是否为数字。

```
>>> '123abc'.isalnum()
True
>>> '123abc'.isalpha()                  # 全部为英文字母返回 True
False
>>> '123abc'.isdigit()                  # 全部为数字返回 True,具体参看表 2-4
False
>>> '123.4'.isdigit()                   # 不允许出现小数点或负号等非数字
False
>>> '-123'.isdigit()
False
>>> '123432'.isdigit()
True
>>> '3 三叁'.isdecimal()
False
>>> '3 三叁Ⅲ'.isnumeric()               # isnumeric()支持汉字数字、罗马数字
True
>>> '3  三  叁Ⅲ'.isnumeric()            # 不允许在数字之间出现空格
False
```

(6) 字符串替换方法 replace()、maketrans()、translate()。

方法 replace()用于替换字符串中的指定子串,可以一次性替换所有子串,也可以指定替换次数,类似于 Word 中的查找并替换功能。

```
>>> s = 'I love python! python! python! python!'
>>> s.replace('python','Python')        # 返回替换后的新字符串,但是 s 不变
'I love Python! Python! Python! Python!'
>>> s.replace('python','Python',1)      # 指定替换次数为 1 次
'I love Python! python! python! python!'
```

方法 maketrans()用来生成字符映射表,该表作为方法 translate()的参数,根据映射表中定义的对应关系转换字符串并替换原字符串对象中的字符,这两种方法的组合有时比 replace()更加灵活,可以同时处理多个不同字符,可应用到重要文件的加密与解密操作。

```
#创建映射表,将字符串"abcdef123"一一对应地转换为"uvwxyz@#$"
>>> table = ''.maketrans('abcdef123', 'uvwxyz@#$')
>>> s = "Python is a great programming language. I like it!"
# 按映射表进行替换
>>> s.translate(table)
'Python is u gryut progrumming lunguugy. I liky it!'
```

(7) 字符串排版方法 center()、ljust()、rjust()、zfill()。

对齐方式是字符串排版的重要操作之一,这几种方法可用于实现字符串的居中对齐、左对齐、右对齐等操作。

```
>>> 'hello Python!'.center(20)          # 在 20 个字符宽度中居中对齐,以空格填充
' hello Python! '
>>> 'hello Python!'.center(20, '*')     # 在 20 个字符宽度中居中对齐,以 * 填充
'***hello Python!****'
```

```
>>> 'hello Python!'.ljust(20, '*')              # 在 20 个字符宽度中左对齐,以 * 填充
'hello Python! *******'
>>> 'hello Python!'.rjust(20, '+')              # 在 20 个字符宽度中右对齐,以 + 填充
'+++++++hello Python!'
>>> 'hello Python!'.zfill(20)                   # 在 20 个字符宽度中右对齐,以 0(zero)填充
'0000000hello Python!'
```

提示:如果字符串为中文,一个汉字也是一个字符,但是输出时汉字占两个字符位置,因此对齐时必须考虑汉字的长度,否则影响排版效果。

(8) 去除两端空白字符或指定字符方法 strip()、rstrip()、lstrip()。

```
>>> s = ' aaabbbccc aaa '
>>> s.strip('a')                     # 这里不能删除连续的 a,因为 a 的左右都有空格
' aaabbbccc aaa '
>>> s = 'aaabbbaaaccc aaa'
>>> s.strip('a')                     # 字符串两端首字符是 a 可以被删除
'bbbaaaccc '
>>> s.lstrip('a')
'bbbaaaccc aaa'
>>> s.strip('ab')                    # 只要字符串两端符合指定的任何字符都可以被删除
'ccc '
>>> s.strip('a ')                    # 指定字符串包含字符 a 和空格
'bbbaaaccc'
>>> s.strip('b ')                    # 指定的字符 b 和空格都不在字符串两端,无法删除
'aaabbbaaaccc aaa'
```

【例 2-4】 输入人名 name 和地名 city,输出:*city* 很美,*name* 想去看看。实现代码如下。

```
>>> name = input('输入 name:')
输入 name:小明
>>> city = input('输入 city:')
输入 city:杭州
>>> print(city, '很美,', name, '想去看看!')                # 多个数据输出,默认以空格分隔
杭州 很美, 小明 想去看看!
>>> print(city, '很美,', name, '想去看看!', sep = '')      # 指定分隔符,不使用空格
杭州很美,小明想去看看!
>>> print(city + '很美,' + name + '想去看看!')             # 直接使用字符串连接符 +
杭州很美,小明想去看看!
>>> print('%s很美,%s想去看看!' % (city, name))            # 使用字符串格式操作符 %
杭州很美,小明想去看看!
>>> print('{0}很美,{1}想去看看!'.format(city, name))      # 使用字符串方法 format()
杭州很美,小明想去看看!
```

例 2-4 中的输出方式各有所长,采用哪种字符串输出方式取决于实际输出数据的特点。

2.4 运　算　符

在程序中,单个的常量或变量可以看作最简单的表达式。使用除赋值运算符外的其他任意运算符或函数调用连接的数据对象组合也属于表达式。表达式是用来计算求值的。表达式求值离不开运算符,数据对象类型不同,支持的运算符也有所不同。Python 支持的运

算符有很多,可以分为算术运算符、位运算符、比较运算符、成员测试运算符、标识运算符、赋值运算符、逻辑运算符等类型。

在 2.1.2 小节中介绍了最简单的赋值运算符=,也介绍过增量赋值运算符+=。事实上,除了+可以进行增量赋值,所有算术运算符都可以进行类似赋值,如/=、*=等。本节介绍几种常用的运算符。

2.4.1　算术运算符

算术运算符是用来进行数值算式运算的符号。表 2-7 给出了所有算术运算符的描述。

表 2-7　算术运算符

运算符	描　　述	综合性	优先级
**	幂运算	自右向左	高 ↑ 低
—	取负运算	自左向右	
*、/、//、%	乘运算、除运算、整除运算(求两个数的商)、求余运算(求两数相除后的余数)	自左向右	
+、-	加运算、减运算	自左向右	

表格中的运算符优先级别从高到低,即最高为幂运算,最低为加减运算。同一行中的运算符的优先级相同。当一个表达式中出现多个优先级相同的运算符时,从左向右执行运算符叫左结合性,反之称为右结合性。Python 中大部分运算符都具有左结合性。例如,对 12/2*3,先计算 12/2 为 6,再计算 6*3。只有 ** 幂运算符、单目运算符(如 not 逻辑非运算符)、赋值运算符和三目运算符例外,它们具有右结合性。例如,2 ** 3 ** 2,结果先计算 3^2 为 9,再计算 2^9。

【例 2-5】 输入秒表总数 total,输出"total 共计时××时××分××秒"。实现代码如下。

```
>>> total = int(input('输入秒表总计时: '))
输入秒表总计时: 123456
>>> h = total // 3600            # 整除计算完整的小时数
>>> m = total //60 % 60          # 先整除获取完整的分钟数,再求余获取不足 1 小时的分钟数
>>> s = total % 60               # 不足 60 的求余即为剩余秒数
>>> print('%d秒共计时%d时%d分%d秒' % (total, h, m, s))
123456 秒共计时 34 时 17 分 36 秒
```

2.4.2　关系运算符

Python 提供了 10 个没有优先级别的关系运算符:>、>=、<、<=、!=、==,in、not in、is、is not。前 6 个为比较运算符,分别表示大于、大于或等于、小于、小于或等于、不等于、等于 6 种比较方式。后 4 个为成员测试运算符,分别表示成员资格测试(in、not in,称为身份运算符)和同一性测试(is、is not,称为同一性运算符)。含有关系运算符的表达式返回结果为 True 或 False。

关系运算符在使用时的格式说明如下。

(1) 关系运算符可以比较整型和浮点型数据大小,但是不可以比较复数大小。

(2) 关系运算符可以连续使用,如 a>b<c 相当于判断(a>b and b<c)。

(3) 关系运算符不仅可以用于数值比较大小,只要运算符两侧比较的数据类型一致即可。

(4) 关系运算符用于浮点数比大小时可能存在精度问题而出现误差。

部分示例如下。

```
>>> 3 > 5 < 2
False
>>> 5 != 3+2 == 5              # 判断 5 != 3+2 且 3+2 == 5 的运算结果
False
>>> 'Python'> '123'            # 字符串比较,根据首字符的 ASCII 值比大小,若第 1 个字符相同,
                               # 则比较第 2 个字符,以此类推
True
>>> [12,'abc'] > [12,'efg']    # 若列表内的第 1 个元素相同,则比较第 2 个元素,以此类推
False
>>> 1.0 + 1.0E-16 > 1.0        # 浮点数精度造成的误差使比较结果有误
False
```

成员资格测试运算符有两个——in、not in。用于测试一个数据对象是否是一个容器对象的成员(元素)。字符串属于容器对象,每个字符或子串都相当于整个字符串的成员。除此之外,后续将学习列表、元组、集合、字典等数据对象,这些都属于容器对象,都可以采用成员测试运算符进行操作。部分示例如下。

```
>>> 'a' in 'I am a teacher'
True
>>> 'am' in 'I am a teacher'
True
>>> 'a t' not in 'I am a teacher'
False
>>> 34 in [12, '34', 56, 'abc']        # 数字 34 不是列表成员'34'
False
>>> 'a' in [12, 34, 56, 'abc']         # 列表成员以逗号分隔,只能以元素为单位判断
False
>>> 'hello'< 'p' in 'python'           # 判断 'hello'< 'p' 且 'p' in 'python'
True
```

同一性测试运算符有两个——is、is not,用于测试两个数据对象是否共用同一个内存地址。在 2.1 节介绍过 Python 中的任何数据对象都包含三要素:id、type、value。其中 id 用来唯一标识一个对象,type 标识对象的类型,value 是对象的值。关系运算符==用于判断两个数据对象的 value 是否相同,而同一性运算符 is 用于是判断两个对象的 id 是否相同,所以同一性运算符也称为标识运算符。即代码 x is y 相当于代码 id(x)==id(y)。

在 Python 中,原则上两个变量分开赋值时,无论值是否相等,内存地址不等。例如:

```
>>> x = 1000
>>> y = 1000
>>> x is y
False
>>> x = [1,2]
>>> y = [1,2]
>>> x is y
False
```

但有以下一些特殊情况。

```
>>> x = 3
>>> y = 3
>>> x is y
True
>>> x = 256
>>> y = 256
>>> x is y
True
>>> x = 257
>>> y = 257
>>> x is y
False
```

Python 中,对于整数对象,如果其值处于[－5, 256]的闭区间内,则值相同的对象绑定的是相同内存地址的同一个数值。采用这种处理方法主要还是从程序性能上的考虑。创建任何一个新的对象,其步骤都是一样的:在内存池中分配空间,赋予对象的类别并赋予其初始的值。而－5～256 这些小的整数,在 Python 脚本中使用非常频繁,又因为这些数据对象是不可更改的,因此只须创建一次,重复使用就可以了。

同样的原理也适用于另一类不可变数据对象:字符串。如果字符串中只包含字母或数字,则相同字符串赋值对应的内存地址一致,部分示例如下。

```
>>> x = 'hello world'                    # 字符串中有空格
>>> y = 'hello world'
>>> x is y
False
>>> x = 'helloworld'
>>> y = 'helloworld'
>>> x is y
True
>>> y = 'helloworld123'
>>> x = 'helloworld123'
>>> x is y
True
```

2.4.3 逻辑运算符

逻辑运算符 not、and、or 常用来连接条件表达式以构成更复杂的条件判断关系。优先级别以 not 最高,and 次之,or 最低。

运算符 not 是获取表达式结果的 bool 值后取反,返回结果一定为 True 或 False。如 not(1)的结果为 False,因为 1 为非零,转换成 bool 值为 True; not(1 > 2)的结果为 True。

运算符 and 用于实现与运算,当 and 两侧操作数均为 True 或非空数据对象时,结果为 True 或非空数据对象,只要有一个数据为 False 或空数据对象,结果则为 False 或非空数据对象。这里强调一点,空数据对象是指 0、0.0、0j、[]、()、{}、''、None 等。

运算符 or 用于实现或运算,当 or 两侧操作数只要有一个为 True 或非空数据对象时,结果为 True 或非空数据对象。只有所有操作数为 False 或空数据对象时,结果才为 False 或空数据对象。

Python 语言的逻辑运算符 and 或 or 有短路求值的特点。短路求值，顾名思义，能少走一步路，绝不多走。当使用 and 运算符时，如果操作符前面已经得到 False 或 0 的结果，则不再继续计算后面内容，即使后面有语法错误都不再处理。同样地，如果 or 运算符前面已经获得 True 或非空的结果，则不再继续计算后面内容。因此，and 和 or 的返回结果取决于最后一个决定结果的数据对象值。

```
>>> 0 and True                    # 0 决定了 and 的结果,返回 0
0
>>> True and 0                    # 决定结果的最后一个表达式的是 0
0
>>> 1 and 3                       # 决定结果的最后一个表达式是 3
3
>>> 2 <= 1 and 0                  # 短路求值,2 <= 1 结果为 False,不再关注 and 后面内容
False
>>> False and 0                   # False 决定了 and 的结果,结果为 False
False
>>> 2 > 1 and 0                   # 最后一个表达式是 0
0
>>> 0 or True                     # 最后一个表达式为 True
True
>>> 0 or False                    # 最后一个表达式为 False
False
>>> False or 0                    # 最后一个表达式为 0
0
>>> 3 < 5 or 'abc'> 10            # 短路求值,3 < 5 为 True,即使 or 后面是错误的语法
True
```

在一个表达式中出现多种运算时，必须按照要求预先确定计算顺序，这个顺序就是运算符优先级。如果表达式中出现多种运算符，其优先级别从高到低分别为：算术运算符、关系运算符、赋值运算符、逻辑运算符。其中算术运算符和逻辑运算符内部还有优先级之分。

优先级的概念不用刻意去记忆，从小到大的数学运算逻辑、语言逻辑都能帮助大家快速梳理优先级别。当然在表达式适当的位置增加圆括号，不但能快速厘清优先级，更能增加程序可读性。

2.5 常用的内置函数

2.3.6 小节给出了很多字符串的常见方法，也对这些方法的性质做了介绍。方法是面向对象的，是类的方法，因此所有的方法都必须指明其所属的对象，如字符串方法，其方法名的前缀数据对象必须是字符串。函数跟方法一样，都是可以完成一定功能的程序包，只是函数是面向过程的，所需的数据对象以参数形式传递给函数。本节介绍部分与 Python 数值型数据对象和字符串数据对象相关的常用内置函数。

内置函数就是由 Python 官方提供的、可以直接使用的函数，如 print()、input()等。Python 3.7.6 有 73 个内置函数，在命令提示符后执行 dir(__builtins__)语句即可显示所有内置函数(注意 dir 括号内左右均为双下画线)。本节先按功能分类介绍部分常用的内置函数。

2.5.1 常用的类型转换函数

计算机中的运算与数据类型有关,不同类型的数据之间有些可以运算,有些不能运算,如果可以运算则需要进行类型转换。类型转换包括系统的自动转换(隐式转换)和强制转换(显式转换)。自动转换是指系统根据实际数据对象的特点,允许系统运算后自动转换。例如,整数是浮点数的特例,浮点数是复数的特例。自动转换示例如下。

```
>>> x = 6/3
>>> print(x, type(x))                    # 系统运算后自动将 x 转换为浮点数
2.0 <class 'float'>
>>> print('输出 x 的计算结果: %s' % x)     # x 是浮点数,自动转换为字符串输出
输出 x 的计算结果: 2.0
>>> print('输出 x 的计算结果: %f' % x)     # x 为浮点数输出
输出 x 的计算结果: 2.000000
```

大多数时候类型转换需要用户强制进行,常用的字符串与数字之间的类型转换函数如表 2-8 所示。

表 2-8　常用的字符串与数字类型转换函数

函　数	描　述	示　例
int(x, base=10)	将 x 转换为十进制整数,当 x 为字符串时,base 表示 x 当前数据的进制,默认为十进制	int(12.98)输出结果:12 int('12', 16)输出结果:18
float(x)	将数值或字符串 x 转换为浮点数	float(12.34)或 float('12.34') 输出结果为:12.34
eval(str)	计算字符串参数中的有效 Python 表达式,并返回一个对象,函数 eval()常与 input()函数结合,使用可以说 eval()是一个万能输入数据转换函数	eval('2+3')输出结果:5 eval('[12,34]')输出结果为列表:[12, 34] eval('(1,2,3)')输出结果为元组:(1, 2, 3) eval('123') 输出结果为整数:123
str(x)	将对象 x 转换为字符串	str(123)输出结果:'123'
bool(x)	将对象 x 转换为 bool 值,x 非空返回 True,x 为空返回 False。所谓空数据对象是指:0、0.0、0j、None、[]、()、{}、''	bool(0.00001)输出结果:True bool(())输出结果:False bool(0)输出结果:False
chr(x)	将 x(只能是整数 ASCII 码值)转换为一个字符	chr(97):输出结果:a
ord(x)	将字符 x 转换为对应的 ASCII 码值	ord('a'):输出结果:97
bin(x)	将整数 x 转换为二进制字符串	bin(14):输出结果:'0b1110'

1. int()

内置函数 int()可以将整数、浮点数等数值型数据对象转换为整数(取整,没有四舍五入);也可以把数字字符串转换为整数,数字字符串中可以有负号,但是不能有小数点。当参数为数字字符串时,允许指定第二个参数 base,base 为第一个数字字符串对应数字的进制。base 可以取 0(表示按数字字符串隐含的进制进行转换)或 2~36 的整数,表示二进制、三进制,直到三十六进制。

```
>>> int('-12')                  # 对数字字符串取整,默认为十进制数
-12
>>> int(12.9)                   # 对浮点数取整,没有四舍五入
12
>>> int('0b11', 0)              # 0b 开始的数字都是二进制数,因此字符串隐含进制为二进制
3
>>> int('0b11', 2)              # 与上一行代码等价
3
>>> int('0b11', 10)             # 十进制只有 0~9 十个字符,因此这个数值无效
ValueError: invalid literal for int() with base 10: '0b11'
>>> int('0b11', 12)             # 十二进制以后有符号 b,b 表示 11,可以根据进制运算
1597
>>> int('0b11', 16)             # 十六进制对应的整数
2833
```

2. float()

内置函数 float()可以将整数、浮点数等数值型数据或字符串转换为浮点数。因为 Python 语言的动态特性,float()函数对整数的转换已经没有很大意义,比较常用的是 float()函数对字符串的转换,经常与 input()函数的结合使用,例如:

```
>>> float(input('请输入一个数: '))
请输入一个数: 12.5
12.5
>>> float(input('请输入一个数: '))
请输入一个数: 12
12.0
>>> float(input('请输入一个数: '))        # 输入数据保留小数点前后共 17 位
请输入一个数: 12.123456789012345678
12.123456789012346
```

3. eval()

内置函数 eval()可以说是一个万能字符串数据类型转换函数。注意,此函数的参数必须是字符串。eval()函数用于计算参数中有效 Python 表达式,并返回一个对象。参数中的字符串如果是一个表达式,则函数返回对应的数据类型。如果字符串中的内容看起来像某种类型的数据,则函数返回该类型的值,eval()函数充分演绎了 Python 动态数据类型的特性。input()函数输入的数据对象一定是字符串,所以 eval()函数与 input()函数经常结合起来使用。例如:

```
>>> eval(input('输入一个任何一个简单数字: '))
输入一个任何一个简单数字: -12.456
-12.456
>>> eval(input('输入一个列表,注意不要忘了中括号: '))
输入一个列表,注意不要忘了中括号: [1, 2, 3, 4, 'hello', 'Python']
[1, 2, 3, 4, 'hello', 'Python']
>>> eval(input('输入一个元组,圆括号可以不加: '))
输入一个元组,圆括号可以不加: 1, 2, 3, 4, 'hello', 'Python'
(1, 2, 3, 4, 'hello', 'Python')
>>> eval(input('输入一个字典,注意不要忘了大括号: '))
输入一个字典,注意不要忘了大括号: {'Python' : 99, 'Math' : 88}
{'Python': 99, 'Math': 88}
>>> eval(input('输入一个字符串,注意不要忘了引号: '))
```

```
输入一个字符串,注意不要忘了引号: 'I love Python!'
'I love Python!'
>>> eval(input('输入一个表达式: '))
输入一个表达式: 4 * 8 + 2 * 17
66
>>> a,b,c = eval(input('请输入三角形的边长 a,b,c = '))    # 同时赋值给多个变量
请输入三角形的边长 a,b,c = 1,1,1
>>> a,b,c               # 采用 eval + input 是最常用的多变量输入格式
(1, 1, 1)
```

从上面的代码可知,eval()对任何合法的 Python 数据类型的字符串表达式都能将其运算后将结果转换为相应的类型。

虽然 eval()很好用,但是对字符串数据对象的输入,不建议用 eval()函数。就如用 float()函数对一个浮点数进行转换,参数本身已经是浮点数,没必要再用 float()函数转换。eval()也是如此,用 input()函数输入的数据对象一定是字符串类型,因此没有必要再次将其转换成字符串。

```
>>> eval(input('输入一个字符串,注意不要忘了引号: '))
输入一个字符串,注意不要忘了引号: 'I love Python!'
'I love Python!'
>>> input('输入一个字符串,不需要加引号: ')       # 用 input()输入字符串不需要引号
输入一个字符串,不需要加引号: I love Python!
'I love Python!'
>>> eval(input('输入字符串列表: '))
输入字符串列表: ['I', 'love', 'Python']
['I', 'love', 'Python']
>>> input('输入字符串列表: ').split(' ')         # 用 split()分隔字符串可以得到字符串列表
输入字符串列表: I love Python
['I', 'love', 'Python']
```

对比上面的代码不难看出,eval()与 input()函数结合,适合输入除字符串以外的数据。如果输入单一字符串,可直接用 input()函数;如果输入纯含字符串元素的列表,可使用 input()与 split()两个函数结合,甚至可以结合后续要学习的 tuple()、dict()、set()等函数,以转换成其他含字符串元素的序列数据对象。

2.5.2　数值型数据对象的常用函数

表 2-9 给出了与数值型数据对象的常用函数。

表 2-9　与数值型数据对象的常用函数

函　数	描　述	示　例
abs(x)	返回对象 x 的绝对值	abs(−12)的输出结果: 12
isinstance(x, class or tuple)	判断对象 x 的数据类型是否属于第 2 个参数的数据类型、第 2 个参数可以是 int、str、float、list 等各种数据类型,也可以是以元组形式出现的多个数据类型的组合。只要符合任意一个类型,返回结果为 True,反之为 False	isinstance(10,int)的输出结果: True isinstance(10,float)的输出结果: False isinstance(10,(int,float,str)的输出结果: True

续表

函　　数	描　　述	示　　例
pow(x,y)	计算 x 的 y 次方	pow(2,3)的输出结果：8
id(x)	返回对象 x 的内存地址	id(1)的输出结果：随机地址
type(x)	返回对象 x 的数据类型	type('Python')的输出结果：<class 'str'>

2.5.3　序列数据对象的常用函数

由于前面介绍的序列数据对象只有字符串，因此本节介绍的内置函数基本以面向字符串对象为主，但这些函数大多数也适用于其他序列数据对象，内容中可能会提到部分其他序列数据对象的概念，详细内容参考后续章节。

表 2-10 列出了与序列数据对象相关的常用函数。

表 2-10　序列数据对象的常用函数

函　　数	描　　述	示　　例
len(x)	统计序列数据对象 x 的元素个数，即序列长度	len('Python')的输出结果：6
max(x,key=func)	比较并返回序列数据对象的最大值，要求元素必须同类型。第 2 个参数 key 可以指定统计哪一组元素的最大值	max('aBCD')的输出结果：a max(1,2,3)的输出结果：3
min(x,key=func)	比较并返回序列数据对象的最小值，要求元素必须同类型。第 2 个参数 key 可以指定统计哪一组元素的最小值	max('aBCD')的输出结果：D max(1,2,3)的输出结果：1
sum(x,start=0)	对序列数据对象 x 中的所有数值型元素求和，start 表示可以指定与 x 的总和相加的参数，start 参数默认为 0	sum([1,2,3])的输出结果：6 sum((1,2,3),2)的输出结果：8
round(x[,ndigits])	对浮点数 x 四舍五入，若不指定小数位数，返回整数	round(3.1415,2)的输出结果：3.14
reversed(x)	返回序列数据对象 x 的逆序结果，结果为生成器对象	reversed('abc')的输出结果：对象的内存地址
range([start,] stop[,step])	返回从 start 到 stop(不含 stop 值)之间的所有整数，step 为整数步长，默认为 1，返回对象为可迭代对象	range(1,10,2)的输出结果：可迭代对象

表 2-10 中的内置函数部分示例如下。

```
>>> max([12, 'bbb'], [34, 'aaa'])        # 比较两个列表的大小,列表中的元素类型必须相同
[34, 'aaa']
>>> max([12, 'bbb'], [34, 'aaa'], key = lambda i:i[1])
                                         # 使用关键字指定比较第 2 个元素
[12, 'bbb']
>>> reversed('abcde')                    # reversed()函数返回的生成器对象保存在内存中,不可见
<reversed object at 0x0000027D7BB3C548>
>>> x = reversed('abcde')                # 对象逆序后返回结果赋值给变量 x
>>> x                                    # x 是'abcde'的逆序结果,保存在内存中,但不可见
<reversed object at 0x0000027D7BCC45C8>
```

```
>>> ''.join(x)                    # 虽然 x 不能显示，但是可以使用内存中的结果进行操作
'edcba'
>>> ''.join(x)                    # 生成器对象的特点里只能一次性取值，第 2 次为空
''
>>> n = range(1,10,2)
>>> n                             # n 是可迭代对象，虽然不能显示
range(1, 10, 2)
>>> list(n)                       # 可以使用类型转换函数转换后输出
[1, 3, 5, 7, 9]
>>> list(n)                       # 可迭代对象可以重复使用
[1, 3, 5, 7, 9]
```

以上代码中出现了两个比较晦涩的术语：生成器对象和可迭代对象。可迭代对象是一种容器对象，能够把多个元素组织在一起。容器中的元素是可以被 for 循环逐一遍历获取，也可以通过 in 关键字来判断元素是否在容器中。例如，前面提到的字符串、列表、元组、字典等都是可迭代对象。除了这些可显式输出的数据对象外，还有一些只能用 for 循环遍历或其他操作方式才能显式输出元素的可迭代对象，如 range 对象。

生成器对象是一种特殊的可迭代对象，这类对象同样不能显式输出，但是可以通过 for 循环遍历或其他操作方式获取或显示元素内容。生成器对象的特殊性在于：其在内存中相当于只占一个数据的空间，在加载下一条数据（第 2 个元素）之前上一条数据（第 1 个元素）会在内存中释放，因此这类对象只能向下取值，不能回头，用过一遍就没有第 2 遍可以用了。生成器对象最大的优点就是节约内存。后面将介绍的 reversed()、map()、zip()、filter()、enumerate()等函数返回的数据对象都属于生成器对象。

提示：编程时应优先考虑使用内置函数，其优点是速度快、稳定。所有函数在调用时，若有参数则必须将参数写在函数右侧的一对圆括号中，没有参数时函数的圆括号也不能不写。

2.6　常用的模块

Python 的盛行很大程度上依赖于其有众多功能强大的库，这些库包含 Python 自带的标准库和第三方库。标准库是随着 Python 安装的时候默认安装的库，而 Python 的第三方库需要下载后安装到 Python 的安装目录下。不同的第三方库的安装及使用方法不同。

Python 的库强调其功能性，没有特别具体的定义。在 Python 中，具有相关功能的模块集合都可以被称为库。模块是以.py 为扩展名的文件，文件中定义了一些函数、类和变量，是具有一定功能的代码段。换句话说，任何 Python 程序都可以作为模块，包括用户自定义的.py 文件。

Python 的库并不全都是用 Python 语言编写的，如本节要介绍的 math 模块，它是用 C 语言编写的，并直接包含在 Python 解释器中。没有什么资料表明 math 模块属于哪个库，就是一个 Python 自带标准库内的功能模块。反而是第三方库往往都有一个明确的名字，如 Scrapy、Flask、Django、Numpy、Scipy、NLTK、Jieba 等。

本节介绍 Python 标准库中的常用模块，这些模块是 Python 的基本模块，在启动时自

动加载,用户直接导入即可使用。

2.6.1 模块导入

函数和方法都是具有一定功能的程序段,只要了解功能和要传递的参数,就可以调用这些函数和方法,在一定程度上简化了代码量,提高了程序的可读性。然而随着行业性质的不同和各种函数的增加,代码的维护越来越困难,因此就有人提出将很多相似功能的函数分组,分别放到不同的文件中去。这样每个文件所包含的内容相对较少,而且对于每一个文件的大致功能可以用文件名来体现。很多编程语言都是如此来组织代码结构。一个.py 文件就是一个模块,这不仅可以提高代码的可维护性,还可以提高代码的复用度,并且解决函数名和变量名冲突等问题。

无论是标准库中的模块还是第三方库中的模块,需要使用时都必须导入 Python 的开发环境中,Python 提供了以下三种导入方式。

1. import 模块名[as 别名]

Python 语言采用关键字 import 导入已经加载好的模块。采用这个方法导入的模块,在使用模块内的函数或常量时,必须指定模块名,以"模块名.对象名"的形式进行调用操作。如果模块名很长,可以为导入的模块设置一个别名。

```
>>> import math
>>> math.sin(30 * 3.14 /180)            # 计算 30°的正弦值,必须转换为弧度才能计算
0.4997701026431024
>>> import math as m
>>> m.sin(30 * m.pi / 180)              # 使用别名,math 模块中有常量 pi 表示圆周率,更精确
0.49999999999999994
>>> m.sin(m.radians(30))                # 使用 math 模块中的函数将角度转换为弧度后求正弦值
0.49999999999999994
```

2. from 模块名 import 对象名[as 别名]

使用这种导入方式可以精确到模块中的某个具体函数或常量对象,并且不需要模块名作前缀。如果需要导入同一模块内多个对象名时,可以用逗号分隔。使用这种导入模式更适合采用别名方式来代表对象,但是这种使用别名的模式一次只能导入一个对象。

```
>>> from math import sin
>>> sin(30 * 3.14 / 180)                # sin()函数的调用不需要加前缀 math
0.4997701026431024
>>> sin(30 * pi / 180)                  # 上面只导入了 sin,因此不能识别 pi
NameError: name 'pi' is not defined
>>> from math import sin, pi            # 导入多个函数或常量
>> sin(30 * pi / 180)
0.49999999999999994
>>> from math import sin as f           # 相当于给 math 中的 sin()函数指定一个别名为 f
>>> f(30 * 3.14 / 180)
0.4997701026431024
```

3. from 模块名 import *

这种导入方式是上一种导入方式的极端模式,可以将模块内的所有函数一次性导入,函数或常量被调用时不需要指定模块名。

```
>>> from math import *
>>> sin(30 * pi /180)
0.49999999999999994
>>> sin(radians(30))
0.49999999999999994
```

这种导入模式虽然用起来很痛快，但是不建议使用，因为用户不可能对模块中的所有函数或常量都清楚，一旦出现模块中的函数名或常量名与程序中其他的标识符名称相同，就容易出现错误，不利于代码维护。

2.6.2 数学模块

数学模块(math)中包含了很多数学运算所需的常用函数和数学常量。表 2-11 给出了部分 math 模块常用的数学常量、数学运算函数及其描述。要了解更多的 math 函数，可以在命令提示符后键入 import math，然后执行 dir(math)命令即可查看 math 模块的所有函数及常量。

表 2-11 数学模块中的常用函数、常量

函数名或常量名	描 述	函数名或常量名	描 述
math. e	常量：自然常数 e	math. pi	圆周率 π
math. degrees(x)	将弧度 x 转换为角度	math. radians(x)	角度 x 转换为弧度
math. exp(x)	返回 e^x	math. pow(x,y)	返回 x^y
math. log(x[, base])	返回以 base 为底 x 的对数，base 默认为 math. e	math. log10(x)	返回 $\lg x$
math. sqrt(x)	返回 x 的平方根	math. factorial(x)	返回 x(整数)的阶乘
math. sin(x)	返回 x(弧度)的三角正弦值	math. asin(x)	返回 x 的反三角正弦值
math. cos(x)	返回 x(弧度)的三角余弦值	math. acos(x)	返回 x 的反三角余弦值
math. tan(x)	返回 x(弧度)的三角正切值	math. atan(x)	返回 x 的反三角正切值

提示：在调用函数时，无论是否有参数传递，函数名右侧都必须加圆括号，而模块常量均不需要加括号。

2.6.3 随机数模块

随机数模块提供了各种与随机数相关的函数，如随机产生一个或大量数值，随机数可以用于数学、游戏等领域，也经常被用于算法中做测试数据，还可以嵌入算法中提高算法效率，提高程序安全性。随机数模块中常用的函数如表 2-12 所示。

表 2-12 随机数模块中的常用函数

函 数 名	描 述
random. random()	随机生成一个实数，区间为[0, 1)，注意括号不能少
random. randint(x, y)	随机生成一个整数，区间为[x, y]，x 和 y 均必须为整数
random. uniform(x, y)	随机生成一个实数，区间为[x, y]，x 和 y 均为实数
random. choice(x)	从序列数据对象 x 中随机挑选一个元素
random. choices(x, k=n)	从序列数据对象 x 中随机挑选 n 个元素

续表

函数名	描述
random.sample(x, n)	从序列数据对象 x 中随机获取长度为 $n(n \leqslant \text{len}(x))$ 的不重复元素的序列,并返回随机排序列表对象
random.shuffle(x)	将列表对象 x 随机排序,x 只能为列表,原地排序(即 x 被直接改变)

部分实例如下。

```
>>> import random
>>> random.choice(range(1,10))             # 从序列 1～9 中随机选 1 个数
8
>>> random.randint(10,15)                  # 从 10～15 中随机选 1 个数
15
>>> random.choices(range(1,10), k = 5)     # 从 1～9 中随机选 5 个数(可能重复)
[5, 4, 9, 4, 4]
>>> random.sample(range(1,10),5)           # 1～9 中随机选 5 个数(不会重复)
[1, 4, 9, 7, 8]
```

2.6.4 字符串模块

字符串模块中没有函数,只有常量,因此这个模块的所有调用都不需要加圆括号。以下示例给出了字符串模块常用的字符串常量,返回结果均为字符串类型的数据对象。

```
>>> import string
>>> string.ascii_letters                   # 英文字母常量
'abcdefghijklmnopqrstuvwxyzABCDEFGHIJKLMNOPQRSTUVWXYZ'
>>> string.ascii_lowercase                 # 英文小写字母常量
'abcdefghijklmnopqrstuvwxyz'
>>> string.ascii_uppercase                 # 英文大写字母常量
'ABCDEFGHIJKLMNOPQRSTUVWXYZ'
>>> string.digits                          # 十进制数字常量
'0123456789'
>>> string.printable                       # 所有键盘上可键入的字符及控制符常量
'0123456789abcdefghijklmnopqrstuvwxyzABCDEFGHIJKLMNOPQRSTUVWXYZ!"#$%&\'()*+,-./:;<=>?@[\\]^_`{|}~ \t\n\r\x0b\x0c'
>>> string.punctuation                     # 标点符号常量
'!"#$%&\'()*+,-./:;<=>?@[\\]^_`{|}~'
```

【例 2-6】 在密码学中,恺撒密码(Caesar cipher)是一种简单且广为人知的加密技术。它是一种替换加密的技术,明文中的所有字母都在字母表上向后(或向前)按照一个固定数目进行偏移后被替换成密文。例如,当偏移量是 3 的时候,所有的字母 A 将被替换成 D,B 变成 E,以此类推,具体如下。

明文字母表: ABCDEFGHIJKLMNOPQRSTUVWXYZ。

密文字母表: DEFGHIJKLMNOPQRSTUVWXYZABC。

编写一段程序,将用户输入的文本按此加密方式加密替换。要求输入为用户指定偏移量和需加密文本(字符串),输出为加密后新字符串。实现代码如下。

```
>>> import string
>>> before = string.ascii_letters                        # 明文字母表
```

```
>>> lower = string.ascii_lowercase
>>> upper = string.ascii_uppercase
>>> k = int(input('请输入偏移量: '))
请输入偏移量: 3
>>> after = lower[3:] + lower[:3] + upper[3:] + upper[:3]      # 利用切片构成密文字母表
>>> table = ''.maketrans(before, after)                        # 生成字符映射表
>>> text = input('请输入要加密的文本: ')
请输入要加密的文本: I am a teacher, I love Python
>>> newtext = text.translate(table)          # 根据映射表中前后的对应关系替换字符
>>> print(newtext)
L dp d whdfkhu, L oryh Sbwkrq
```

2.7　Python 代码编写规范和风格

无论是人类自然语言还是计算机程序设计语言，都有一些约定俗成的编写规范，Python 语言也不例外。虽然本章介绍了两种数据对象和一些常用的函数、方法、模块，但并没有真正进入 Python 的文本编辑窗口写一个完整的脚本程序，所有的代码还是在交互式运行窗口中逐行书写。从第 3 章开始，具有一定功能的程序段都将在文本编辑窗口中编写，因此本节介绍用 Python 语言编程必须掌握的基本方法、编写步骤和编写规范。

2.7.1　程序设计基本编写方法

写程序前，首先要想明白问题的各个步骤，厘清各个步骤的逻辑关系，这也是计算思维训练最重要的步骤，然后才是编程告诉计算机应该如何按自己的思路去执行。

例 2-6 给出了一个很经典的加密应用实例，从拿到一个实际应用的现实问题，到编程让计算机实现，这需要经过几个步骤：①从现实生活问题中抽象出可计算部分；②分析计算特性；③采用 IPO 模式编程。

不管一个程序难易程度如何，基本的编写方法都是一样的——IPO 模式。

I：Input，计算机要做任何运算，都需要数据，因此首先需要输入数据。

P：Process，计算机的数据处理就是算法，算法的优劣直接决定了程序运行的结果和效率。

O：Output，计算机数据处理的结果当然是要使用，使用的方式有很多，最简单的就是在屏幕上显示计算结果，复杂的可以控制各种输出设备。

2.7.2　程序编写步骤

厘清了程序设计的编写方法，就可以开始编写程序。编写程序的基本步骤如下。

(1) 分析问题——分析问题的计算部分。

(2) 确定问题——将计算部分划分为确定的 IPO 三部分。

(3) 设计算法——完成计算部分的核心处理方法。

(4) 编写程序——完成全部的程序设计。

(5) 调试测试。

(6) 升级维护。

【例 2-7】 计算圆周率 π 的值。

抽象计算部分思路 如图 2-4 所示,构造一个单位正方形和 1/4 圆,抛洒大量随机点,落在 1/4 圆内的数量就是面积。由于 $r=1$、$\pi r^2=\pi$,因此 1/4 圆面积乘以 4 就是圆周率(这就是一个概率问题)。重点是如何确定 1/4 圆面积。

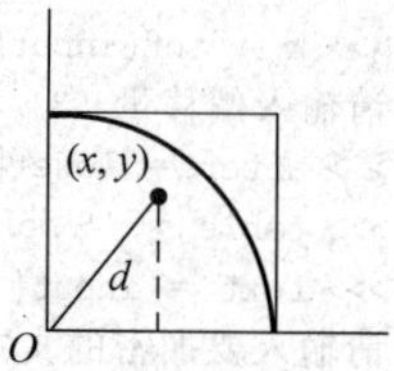

图 2-4 例 2-7 题图

IPO 思路

输入:抛洒点的数量(整个正方形的面积)。

处理:计算每个点到圆心的距离 d,判断点(x,y)落在圆内还是圆外,统计圆内点的数量(圆内点总数/总抛洒点数=1/4 圆面积)。

输出:圆周率。

程序设计如下。

```
dots = int(input('input all dots:'))
hits = 0
for i in range(1, dots):
    x,y = random.random(),random.random()
    distance = math.sqrt(x**2 + y**2)
    if distance <= 1.0:
        hits = hits + 1
pai = 4 * (hits / dots)
print ("圆周率的值是: %f" % pai)
```

2.7.3 程序编写规范

一个专业的程序设计风格不仅有利于程序的正确执行,更有利于提高程序的可读性和可维护性。这对于访问和修改他人编写的程序的其他程序员而言是非常重要的。

1. 缩进

专业的程序编写规范首先要考虑正确性,Python 语言最核心的编写规范就是缩进。缩进对其他程序设计语言而言是为了增加可读性,是一种良好的习惯,但是对 Python 语言而言,缩进是语法规则,代码缩进与冒号结合来划分代码之间的逻辑关系。在例 2-7 中,虽然有不熟悉的指令和代码,但是可以看到,for 指令后面有冒号,下面就有缩进;if 指令后面有冒号,下面就有缩进。不难发现,缩进和冒号是成对出现的。

缩进体现了代码的逻辑从属关系,只要缩进相同空格,其逻辑上为同一层,如例 2-7 中满足 for 后面条件表达式,就执行 for 下面缩进的 3 行代码。第 3 行代码是 if 条件语句,那就意味着只有满足了 if 后面的条件表达式,才可以执行 if 下面缩进的代码。这些说明这里的逻辑关系有 3 层:最靠左边的代码为第 1 层,满足 for 指令后执行第 2 层代码,满足 if 指令后执行第 3 层代码。在层层缩进的过程中,允许每一层各自缩进的空格不同,比如第 2 层缩进 4 个空格,而第 3 层在第 2 层的基础上再缩进 3 个空格,只要同层缩进空格数相同即可。但是不建议用户缩进不同的空格,常用的缩进格式为缩进 4 格的方式。在键盘上有一个 Tab 键,可以一次缩进指定的空格,默认为 4 格。即第 2 层缩进 4 格,第三层缩进 8 格,以此类推。事实上只要上一行末尾有冒号,按 Enter 键后下一行会自动缩进,不需要用户自行按 Tab 键或空格键。

2. 空格

虽然缩进是 Python 的语法规则，但是空格在 Python 语言中的使用就相当随意了。除缩进对空格的数量要求非常严格外，大多数时候空格可以在代码中灵活使用。当然标识符命名不能使用空格，在格式字符串中引导符号冒号两边不能随便使用空格，大多数时候在程序任何地方都可以增加空格使程序更具有可读性。通常在运算符两端建议加空格。

3. 空行

空行不属于 Python 的语法，通常在两段不同功能代码之间添加空行，以便于程序的后期维护和重构。

4. 注释

注释用于说明代码实现的功能、采用的算法、代码的编写者、代码创建和修改的时间等信息。专业的程序在开始的地方一定有一个总结性的注释，解释程序的功能、重要特征、所使用的独特技术等。在大程序中，还会有每一段程序的功能注释。注释要求简明扼要，不能赘述。

通常注释有以下三种方式。

(1) 单行注释：注释符为＃，行尾即为注释结束。

(2) 行内注释：语句后至少两个空格后加注释符 ＃。

(3) 多行注释：选中多行后按 Alt＋3 或 Alt＋4 组合键注释或取消注释，也可以采用三引号实现多行注释。

5. 续行

续行符“\”可以在一行代码过长时使用，将续行符放在第一行代码的最后，Python 解释器会自动认定下一行内容为上一行的后续内容，不会因此出现语法错误的判断。例如：

```
>>> print('hello world', \
      'hello Python')
hello world hello Python
```

2.8　可迭代对象与生成器对象

迭代是重复反馈过程的活动，其目的通常是逼近所需的目标或结果，每一次对过程的重复称为一次“迭代”，而每一次迭代得到的结果会作为下一次迭代的初始值，单纯的重复并不是迭代。

可迭代对象通俗地说就是容器对象，容器是一种把多个元素组织在一起的数据结构，容器中的元素是可以被 for 循环逐一遍历获取，也可以通过 in 和 not in 关键字来判断元素是否在容器中。比如前面提到的字符串、列表、元组、字典等都是可迭代对象。但这些对象不是迭代器对象。通过索引的方式进行迭代取值，实现简单，但仅适用于序列类型：字符串、列表、元组。对于没有索引的字典、集合等非序列类型，必须找到一种不依赖索引来进行迭代取值的方式，这就用到了迭代器。

实际上，迭代器是 Python 提供的一种统一的、不依赖于索引的迭代取值方式，只要存在多个"值"，无论序列类型还是非序列类型都可以按照迭代器的方式取值。

所有的可迭代对象都有方法 iter()，而迭代器对象不仅有 iter()方法，还有 next()方法。在使用 for 循环来进行迭代取值操作时，可以直接利用索引号访问序列数据对象，如列表、元组、字符串，也可以使用 iter()方法先将其转换为迭代器对象，然后使用 next()方法来逐个访问对象中的元素，例如对集合、字典等无序数据类型的迭代取值，在计算机底层，都是先将其转换为迭代器对象，再一一访问取值。

除这些可显式输出的数据对象外，还有一些只能用 for 循环遍历或其他操作方式才能显式输出元素的可迭代对象，如 range 对象，要访问这类可迭代对象中的元素，必须先将其生成为迭代器对象，才能被 for 循环遍历取值。

关于方法 iter()和方法 next()的应用示例如下。

```
>>> x = 'abc'            # x 是一个可迭代对象,但不是迭代器对象
>>> y = x.__iter__()     # y 是一个迭代器对象,可以利用方法 next()迭代取值
>>> y.__next__()
'a'
>>> y.__next__()
'b'
>>> y.__next__()
'c'
>>> s = {1,2,3}          # 集合 s 不能利用索引取值,但可以用方法 iter()生成迭代器对象
>>> s1 = s.__iter__()    # s1 是迭代器对象,可以迭代取值
>>> s1.__next__()
1
>>> s1.__next__()
2
>>> s1.__next__()
3
```

for 循环在工作时，首先会调用可迭代对象内置的 iter 方法拿到一个迭代器对象，然后再调用该迭代器对象的 next 方法逐一取值，执行循环体完成一次循环，周而复始，直到捕捉 StopIteration 异常，结束迭代。

确切地说，迭代器是一种设计模式，它允许在不需要了解底层实现的情况下遍历数据结构中的所有元素，它可以提供一种统一的方法来访问数据结构中的元素，从而使得数据结构的遍历变得更加简单。使用迭代器的好处在于，它是一种延迟操作，只有需要用到数据时才去产生结果。比如对于一个列表而言，如果要遍历它，需要把所有数据存入内存，而迭代器不需要一开始就把所有元素生成好，只需要知道每一个元素的下一个元素是什么就可以了。这样可以节省很多空间，对于数据量很大的集合而言，其优势明显。

生成器对象是一种特殊的可迭代对象，这类对象同样不能显式输出，但是可以通过 for 循环遍历或其他操作方式获取或显示输出元素内容。生成器对象的特殊性在于：其在内存中相当于只占一个数据的空间，在加载下一条数据(第二个元素)之前上一条数据(第一个元素)会在内存中释放，因此这类对象只能向下取值，不能回头，用过一遍就没有第二遍可以用了。生成器对象最大的优点就是节约内存。后面我们将学习的 reversed()、map()、zip()、filter()、enumerate()等函数返回的数据对象都属于生成器对象。

习　题　2

1. 下列变量中命名合法的是(　　)。

A. From　　B. 3m　　C. and　　D. x$x

2. 下列赋值语句中正确的是(　　)。

A. x,y=y,x　　B. x=y=z=1

C. x+1=y+1　　D. z%=2

3. 下列选项中数据类型不同于其他三个选项的是(　　)。

A. "123"　　B. '123'　　C. ""　　D. 12+3j

4. 表达式 2 ** 2 ** 3 的值是(　　)。

A. 64　　B. 128　　C. 256　　D. 512

5. 下列表达式中可以得到字符 'C' 的是(　　)。

A. "B" +1　　B. ord('D')−1

C. chr(65)+2　　D. chr(ord('B')+1)

6. (　　)可以获得字符串 s 的最后一个字符。

A. s[0]　　B. s[1]　　C. s[−1]　　D. s[len(s)]

7. 对字符串 s='Python+Program',下列表达式中可以获得字符串'Pro'的是(　　)。

A. s[7:9]　　B. s[7:−4]　　C. s[8:10]　　D. s[8:11]

8. 对 s="aabbbbaa",下列表达式中结算结果和其他不同的是(　　)。

A. s[::4]　　B. s[−2::−4]　　C. s[1::3]　　D. s[1:3]

9. 执行 from random import * 后,下列表达式中无法随机产生两位整数(　　)。

A. randint(10,99)　　B. randrange(10, 100)

C. randrange(10,100,2)　　D. uniform(10, 99)

10. 下列关于 Python 编程规范描述正确的是(　　)。

A. 变量名不区分大小写　　B. 代码缩进必须使用 4 个空格

C. 使用 # 设置行注释　　D. Python 3 不能用中文做变量名

11. 编写程序,计算球的体积。用户输入球的半径 r 的值,输出球的体积 V,精确到小数点后 4 位,其中 $V=\frac{4}{3}\pi r^3$。

12. 编写程序,计算三角形面积。用户分别输入三角形的两条边 a、b 的长度以及这两条边的夹角 C 的角度值。输出这个三角形的面积 S,其中 $S=\frac{1}{2}ab\sin C$。

13. 已知 Python 内置有一个 calendar 库,其中有一个 month() 函数,通过传入分别代表年份和月份的 2 个整数,可以获得一个包含该月份日历的字符串。请利用 calendar()库编写程序,用户分别输入年份和月份,在屏幕上输出指定的月份日历。例如,图 2-5 是程序运行后,用户输入 2021 和 4 后,显示的 2021 年 4 月的日历信息。

```
请输入年份:2021
请输入月份:4
     April 2021
Mo Tu We Th Fr Sa Su
          1  2  3  4
 5  6  7  8  9 10 11
12 13 14 15 16 17 18
19 20 21 22 23 24 25
26 27 28 29 30
```

图 2-5　习题 13 题图

第 3 章　程序流程控制

程序流程控制是指在程序运行时，每一条指令或一段子程序(函数、方法等)运行或求值的顺序。支持程序流程控制结构的编程语言，其控制结构开始时会有特定的关键字，以标明使用哪一种控制结构，部分编程语言在控制结构结束时会有特定的关键字表示退出，而 Python 语言对程序控制结构的开始和结束都采用缩进或退出缩进的方式来标定。

Python 语言的程序流程控制结构分为顺序结构、选择结构、循环结构。

3.1　顺序结构

顺序结构的执行特点是：程序按照语句自顶向下的排列顺序依次执行，每条语句必须执行且只能执行一次。顺序结构没有特定的关键字，是所有计算机程序设计语言执行流程的默认结构。顺序结构中最常用的语句是赋值语句和输入/输出语句。顺序结构中的语句块既可以是一条赋值语句或是一个函数、方法的调用，也可以是一段具有一定功能的程序模块。

顺序结构是最简单的程序结构，也是最常用的程序结构，无论一个程序多么复杂，又或者程序被分解为多少模块，顺序是主轴，是思维逻辑的核心，分析问题和解决问题离不开有序的思路。

【例 3-1】 输入三角形的三条边长 a、b、c，根据海伦公式求三角形的面积。海伦公式为 $S=\sqrt{s(s-a)(s-b)(s-c)}$，其中，$s=(a+b+c)/2$。

编程思路 根据程序设计 IPO 模式：输入三条边的长度→计算面积→输出结果。为了让输出结果更美观一些，考虑采用字符串格式化方式。

实现代码如下。

```
import math
a, b, c = eval(input('请输入三角形的边长 a,b,c = '))  # 基本赋值格式：序列解包
s = (a + b + c) / 2
S = math.sqrt(s * (s - a) * ( s - b) * (s - c))
print('三角形面积为 %.2f' % s)                        # 采用两种格式输出，强化格式化概念
print('三角形面积为{:.2f}'.format(s))
```

注：从本章开始，除非特殊说明，示例中的所有代码都在文本编辑器(shell-file-new file)中编写，简单程序不再给出运行结果。

然而，一个程序如果只有顺序结构，始终自顶向下依次执行，那么这个程序就会变得毫无趣味，更加不能实现复杂的算法。例如，例 3-1 中没有确定三条边是否可以构成三角形，这样的输出结果不能保证结果的正确性。因此，本章的重点是程序流程控制中的另外两个结构：选择结构和循环结构。

3.2 布尔值和条件表达式

在 Python 中可以直接用 True 或 False 表示布尔值(注意首字母必须大写),也可以通过关系运算符或逻辑运算符计算表达式的值获得布尔值。在第 2 章中曾介绍过,如果逻辑运算符连接的不是 True 或 False,那么有可能获得的结果是具体数据对象,如 5 and 10 结果为 10,而不是 True。

那么,Python 解释器究竟如何来界定布尔值为 True 或者 False 呢? 事实上,条件表达式的值只要不是 False、0(或 0.0、0j 等)、空列表、空元组、空字典、空集合、空字符串、空值 None、空 range 对象或其他空可迭代对象,Python 解释器均认为该条件表达式的值等价于 True。这从一定程度上解释了"Python 的一切皆为对象",也可以理解为"Python 的一切皆有类型"。因为几乎所有 Python 合法表达式都可以作为条件表达式,如单个常量、变量、含有运算符的各种表达式,甚至包括各种函数调用的表达式。例如:

```
>>> x = print(1,2,3)      # 将输出函数赋值给变量 x 没有任何意义,但是依然执行输出
1 2 3
>>> print(x)              # 而 x 本身因为被赋值,就有数值,该数值为 None
None
```

类型转换函数 bool()可以将各种非 0、非空、非 None 的数据对象转换为布尔值 True,反之为 False。这个函数在程序调试时使用较多,实际编程时用得不多,因为所有数据对象在条件表达式中都可以自动转换为布尔值,例如:

```
>>> x = 10
>>> if bool(x) == True:   # 在条件表达式中不要出现" == True"之类的描述
    print('ok')
ok
>>> if x:                 # 比较好的格式可以直接用 x 代替 bool()函数
    print('ok')
ok
```

条件表达式是选择结构和循环结构中必不可少的一部分,可以采用单一的关系运算符返回两个数据对象简单的比较结果,也可以采用多种运算符构成的复杂条件表达式返回计算结果。条件表达式的结果是布尔值 True 或 False。

部分条件表达式示例如下。

(1) 判断整型变量 k 是正偶数的条件表达式如下。

```
k > 0 and k % 2 == 0
```

(2) 判断 x 是否在(a, b)之间的条件表达式如下。

```
a < x and x < b
a < x < b
```

(3) 判断变量 a、b 均不为 0 的条件表达式如下。

```
a != 0 and b != 0
a * b != 0
```

（4）判断变量 a、b 中必有且仅有 1 个为 0 的条件表达式如下。

```
(a == 0 and b != 0) or (a != 0 and b == 0)
a * b == 0 and a + b != 0
```

（5）判断年份 y 为闰年的条件表达式如下。

```
(y % 4 == 0 and y % 100 != 0) or (y % 400 == 0)
```

（6）判断长度为 a、b、c 的三个线段是否可以构成三角形的条件表达式如下。

```
(a + b) > c and (b + c) > a and (a + c) > b
```

条件表达式的书写规范可以直接影响算法的效率、程序的可读性等。如上述示例(2)、(3)、(4)中，第 2 种书写方式效率会略高于第一种。同时根据运算符优先级，示例中的括号原则上都可以不加，但是加了括号明显提高了程序的可读性。

3.3 选择结构

选择结构也称为分支结构或条件结构，其特点是根据条件表达式的结果来决定下一步的执行流程，分支就是程序执行到这个结构时出现的不同的执行流程。常见的选择结构有单分支选择结构、双分支选择结构、多分支选择结构。

3.3.1 单分支结构

单分支选择结构是最简单的一种分支结构，其语法格式如下。

```
if 条件表达式:
    语句块
```

语法说明如下。

（1）条件表达式结果为 True 时，执行语句块；否则不执行。

（2）语句块称为 if 语句的内嵌语句或子句序列，要严格缩进，一旦缩进结束，表示内嵌结束或称满足条件后执行的流程结束。

（3）表达式后面的冒号不可缺省，在冒号后按 Enter 键，下一行语句会自动缩进。其逻辑不言而喻：满足条件才能执行内嵌语句块，不满足条件，这块选择结构内容会被直接跳过。

【例 3-2】 输入三角形的三条边长 a、b、c，判断三条边是否能构成三角形。如果条件成立，再根据海伦公式求三角形的面积。

编程思路 这是在例 3-1 的基础上添加了一个条件判断，不是每次输入的三条边都可以计算三角形面积，需要在三条边的数据输入后，首先判断是否可以构成三角形。如果条件成立，才能计算三角形面积；反之，不需要执行任何操作。因此这是一个单分支选择结构。为了说明程序正常运行，在选择结构后面添加了一句输出 print('over')，目的是给出更好的用户体验，让用户看到无论是否执行了面积计算，程序都是自顶向下顺序运行到最后的。

实现代码如下。

```
import math
a,b,c = eval(input('请输入三角形的边长 a,b,c = '))
if (a + b) > c and (b + c) > a and (a + c) > b:
    s = (a + b + c) / 2
    S = math.sqrt(d * (s - a) * ( s - b) * (s - c))
    print('三角形面积为 %.2f' % S)
    print('三角形面积为{:.2f}'.format(S))
print('over')
```

从例 3-2 中可以看出，如果三条边满足构成三角形的条件，即 if 后面的条件表达式为 True，则执行缩进的语句块，如果不满足，则不执行。而最后一句 print('over')不属于缩进语句，也就是说无论是否执行缩进的语句块，它一定会执行。

【例 3-3】 输入两个数 x、y，比较其大小，保证 x 中的值始终大于 y。

编程思路 首先要输入两个数，然后判断，如果 x 小于 y，将两个数进行交换；否则不需要任何操作，保持原状。这是一个经典的单分支选择结构。

实现代码如下。

```
x,y = eval(input('输入两个数 x,y: '))
if x < y:
    x, y = y, x            # 这种两数交换的方式必须写在一行，不能分两行赋值
print(x,y)                 # 打印语句不能缩进，为什么？
```

3.3.2 双分支结构

双分支选择结构的语法格式如下。

```
if 条件表达式:
    语句块 1
else:
    语句块 2
```

语法说明如下。

(1) 当条件表达式的值为 True 时，执行语句块 1；为 False 时执行语句块 2。

(2) 注意语法格式，if 要与 else 对齐，后面都要加冒号，两个语句块都要向右缩进。

(3) 根据条件执行完某一块语句块后直接跳出选择结构，继续向下执行其他语句。不会出现两个语句块都被执行的现象。

【例 3-4】 输入两个数 x,y，比较其大小，将两数中较小的数存入变量 small 并输出。

编程思路 这是一个标准的双分支结构——比较大小并将小的数存入变量 small，而输出不需要放在选择结构中，若 small 变量有了确定的值，可以在选择结构结束后输出。

实现代码如下。

```
x, y = eval(input('输入两个数 x,y: '))
if x < y:
    small = x
else:
    small = y
print(small)
```

【例 3-5】 根据考试成绩，向成绩对大于或等于 60 分的学生发出合格通知，低于 60 分

则发出不合格通知。

编程思路 这是一个二选一的选择结构，通知必须要发出，根据成绩发出不同的通知。

实现代码如下。

```
grade = eval(input('输入考试成绩: '))
if grade >= 60:
    print('合格')
else:
    print('不合格')
```

简单的双分支结构还可以采用 Python 的另一种形式描述：三目条件表达式。三目条件表达式的语法格式如下。

```
value1 if 条件表达式 else value2
```

语法说明如下。

(1) 三目是指 value1、value2 和条件表达式三个数据对象，三目必须写在同一行中。

(2) 如果条件表达式的值为 True，这个三目表达式的返回结果为 value1，反之为 value2。

(3) 三目条件表达式中的 value 值可以是单一的数据值，也可以是一个表达式。

根据三目表达式的格式，例 3-4 和例 3-5 可以用一条语句完成。

```
print(x if x < y else y)                                        # 例 3-3
print('合格' if eval(input('输入考试成绩: ')) >= 60 else '不合格')     # 例 3-4
```

使用三目条件表达式很容易犯以下类似的语法错误。

```
print(x if x < y else y)              # 正确,三目表达式结果为输出的内容
print(x) if x < y else print(y)       # 正确,两个输出操作作为三目表达式的 value
small = x if x < y else y             # 正确,三目条件表达式结果赋值给变量 small
small = x if x < y else small = y     # 错误,赋值语句不能作为三目条件表达式的 value
```

3.3.3 多分支结构

多分支选择结构的语法格式如下。

```
if 条件表达式 1:
语句块 1
elif 条件表达式 2:
    语句块 2
elif 条件表达式 3:
    语句块 3
...
elif 条件表达式 n-1:
    语句块 n-1
else:
    语句块 n
```

语法说明如下。

(1) 这是一个完整的选择结构，不是多个选择结构，格式中 if-elif 和 else 必须对齐，每个条件表达式后面都要有冒号，语句块都要缩进。

(2) 关键字 elif 是 else if 的缩写，条件判断时从上往下顺序判断条件，第一个不满足才判断第二个，先满足先执行，执行结束直接跳出整个选择结构。

(3) 所有条件都不满足时执行 else 下面的语句块 n。

【例 3-6】 计算下面分段函数的值。

$$f(x)=\begin{cases} e^x & x \leqslant 0 \\ \lg x & 0 < x < 10 \\ \sin x & 10 \leqslant x \leqslant 90(\text{角度}) \\ \sqrt{3x^2+5} & x > 90 \end{cases}$$

编程思路　分段函数计算是多分支结构的经典用法，同时也是对数学模块中各个函数的再一次复习应用。在计算分段函数时，要注意不能定义 $f(x)$ 为变量名（括号不是变量名中的合法符号）。同时，x 的取值范围要规范，从小到大，或者从大到小都可以，尽量避免从中间随机抽取计算函数值。

实现代码如下。

```
import math
x = eval(input('输入一个数 x:'))
if x <= 0:
    f = math.exp(x)
elif x < 10:                    # 不需要写 0 < x < 10,因为上面条件不满足才能执行到这条指令
    f = math.log10(x)           # log10 是 lg 的函数名,也可以采用 log(x, 10)的格式
elif x <= 90:
    f = math.sin(math.radians(x))         # 分段函数中指出 x 为角度,故先转换为弧度
else:
    f = math.sqrt(3 * x ** 2 + 5)         # 可以用 pow(x,2)代替 x ** 2
print(f)
```

本例中的输出非常简单，大家可以根据分段函数，把输出做得更完美一些，比如保留小数点后两位，根据输入数据将对应公式也同步输出，如“f(30)=sinx=0.50”。

【例 3-7】 输入一个数字，以字母 c 或 f 结尾（大小写均可），表示输入为摄氏温度或华氏温度。将输入数据转换为对应的华氏温度或摄氏温度。如输入 104.2F，表示输入 104.2 为华氏温度，将其转换为对应的摄氏温度，转换公式如下。

摄氏温度转华氏温度：

$$f=c\times 9/5+32$$

华氏温度转摄氏温度：

$$c=(f-32)\times 5/9$$

要求保留小数点后面两位，输出格式为“华氏温度 104.2F 转换为摄氏温度为 40.11C”。

编程思路　首先要判断输入的字符串最后一个字符是否为 c、c、f 或 F 然后再根据输入的字符分别用不同的转换公式计算并输出。这里需要用到字符串切片和索引。

实现代码如下。

```
tem = input("请输入带温度表示符号的温度值(例如: 100C 或 100F): ")
if tem[-1] in 'cC':                      # 判断 tem 的最后一个字符是否为 c 或者 C
    temF = float(tem[:-1]) * 9 / 5 + 32
    print ('摄氏温度 %sC 转换为华氏温度为 %0.2fF' % (tem[:-1], temF))
elif tem[-1] in 'fF':
```

```
    temC = (float(tem[: - 1]) - 32) * 5/9
    print ('华氏温度 %sF 转换为摄氏温度为 %0.2fC' % (tem[: - 1], temC))
else:
    print ("请输入一个正确的温度值")
```

本例还有一个小小的瑕疵，当输入数据错误时，比如输入 100cc，出现两个 c 时，切片后用 float 转换会出现错误，这时需要用异常处理方式进行处理。

【例 3-8】 输入学生百分制成绩，将其转换为五分制输出，90～100 为 A，80～90 为 B，以此类推，小于 60 为 E。

实现代码如下。

```
grade = eval(input('输入一个百分制成绩: '))
if 100 >= grade >= 90:
    new = 'A'
elif grade >= 80:
    new = 'B'
elif grade >= 70:
    new = 'C'
elif grade >= 60:
    new = 'D'
else:
    new = 'E'
print('百分制成绩{0}转换成五分制成绩为: {1}'.format(grade, new))
```

这是一个标准的 IPO 程序设计模式，能够完成给定的基本功能。在此基础上，需要考虑更深层次的问题。例如，根据上面这段程序，如果输入学生成绩为 110 分，输出结果就是 E，不及格；如果不小心输入了字符，这个程序还会出现报错。为了解决这个问题，可以在上述程序基础上添加新的判断内容。

```
grade = eval(input('输入一个百分制成绩: '))
if isinstance(grade, int) and 0 <= grade <= 100:
    if grade >= 90:
        new = 'A'
    elif grade >= 80:
        new = 'B'
    elif grade >= 70:
        new = 'C'
    elif grade >= 60:
        new = 'D'
    else:
        new = 'E'
    print('百分制成绩{0}转换成五分制成绩为: {1}'.format(grade, new))
else:
    print('警告: 请输入一个正确的成绩')
```

可以看到，经过第一个条件判断 isinstance(grade,int) and 0 <= grade <= 100 可以确保输入的成绩必须是 0～100 的整数然后才进行五分制转换；否则警告必须输入正确数据。这是一个双分支选择结构，在双分支结构中，满足条件后进行五分制转换。转换算法是一个多分支选择结构，当一个选择结构完整地出现在另一个选择结构中的某个语句块时，这类算法被称为选择结构嵌套。嵌套也同样适用于后续要学习的循环结构。

3.3.4　选择结构嵌套

嵌套是程序流程控制的核心算法之一,它的形式有很多种,只要一种结构(选择结构或循环结构)完整地出现在另一种结构中,就被称为嵌套。嵌套算法的学习是训练计算思维的重要步骤之一。

同样完成例 3-8 的百分制转换成五分制的功能,要求转换时采用双分支选择结构,不能使用多分支选择结构。

```
grade = eval(input('输入一个百分制成绩: '))
if isinstance(grade,int) and 0 <= grade <= 100:
    if grade >= 90:
        new = 'A'
    else:
        if grade >= 80:
            new = 'B'
        else:
            if grade >= 70:
                new = 'C'
            else:
                if grade >= 60:
                    new = 'D'
                else:
                    new = 'E'
    print('百分制成绩{0}转换成五分制成绩为: {1}'.format(grade,new))
else:
    print('请输入一个正确的成绩')
```

不难发现,采用选择嵌套后程序逻辑变得很复杂,层层缩进使得程序可读性变差。因此在程序设计过程中,如果可以采用多分支选择结构,则不建议使用选择嵌套结构。当然有时为了完成一些复杂算法或增加程序可读性,选择嵌套是必不可少的。

【例 3-9】 输入年份和月份,判断该年该月有几天,如输入 2020 年 2 月,输出该月有 29 天。

编程思路　一年中除了 2 月以外的其他月份,天数都是固定的,可以把每个月的天数放在一个固定的容器(列表)中,直接查询即可。但是对于 2 月,需要首先判断是否为闰年,才能确定是 28 天还是 29 天,这里提前使用一个非常好用的数据对象: 列表。关于列表的具体内容,后续有详解,本例的重点是关注选择嵌套的使用。

```
year = eval(input("请输入年份: "))
month = eval(input('请输入月份: '))
m = [31,28,31,30,31,30,31,31,30,31,30,31]
d = m[month - 1]                    # 列表的索引跟字符串一样,第一个元素从 0 开始
if month == 2:
    if year % 4 == 0 and year % 100!= 0 or year % 400 == 0:
        d = d + 1
print (year,'年',month,'月有',d,'天')
print ('%d年%d月有%d天' % (year,month,d))        # 比较上、下两种输出格式有什么不同
```

在本例中出现了两个单分支选择结构的嵌套,列表中 2 月为 28 天,实际运行时需要判断输入是否为 2 月,如果结果为 True,在内嵌语句中判断输入是否为闰年,结果为 True,再

让天数加 1。这里的选择嵌套很简单,也可以不用嵌套,描述如下。

```
if month == 2 and ( year % 4 == 0 and year % 100!= 0 or year % 400 == 0 ):
```

但是很明显,采用选择嵌套,程序的可读性更佳,更有可能在上面一行代码中由于忘记括号而使逻辑出现错误。

3.3.5 pass 语句

见名知义,pass 就是"过",表示这是一个空操作,通常在没有想好某一段程序功能时,先用 pass 占位置,这样可以在程序未写完代码功能的同时又能保证程序的逻辑完整性和语法正确性。它不会改变程序的执行顺序,就像程序中的注释,除了占用一行代码行,不会对所处的作用域产生任何影响。

在多层的 if-elif-else 结构中,可以先把判断条件写好,然后在对应的内嵌语句块中写上 pass,以后再慢慢完善。pass 作为空间占位符,主要可以方便用户构思局部的代码结构,有一定的辅助提醒作用。有了这行代码,可以表达出"此处有东西,但暂时跳过"的语义,但如果没有它,若用注释内容来替代,有可能出现报错的现象。

如例 3-4 中,当成绩不及格时发出不及格通知,而成绩及格后还没有想好应该发合格证书还是应该根据成绩发优、良、中、合格四类相应的等级证书,这时可以先用 pass 暂时代替这个位置的程序内容。

```
grade = eval(input('输入考试成绩: '))
if grade >= 60:
    pass                              # 这是占位代码,不是因为成绩通过写 pass
else:
    print('不合格')
```

pass 不仅可以写在选择语句的位置,也可以在循环结构中出现。在调试代码时,对于部分未完成的代码段,如果放置 pass 占位符,程序运行不会出现语法错误,这是一条很好用的调试语句。

3.4 循环结构

循环是指重复执行某一段语句块的过程。被重复执行的语句块称为循环体。例如,把例 3-8 改成将 100 名学生的成绩从百分制转成五分制,那么该如何转换呢?如果针对每个学生都写一段转换程序,很难想象 100 人的成绩转换的程序篇幅是多么巨大。显然,如果可以采用循环,让程序自动反复执行,就可以根据需要得到所有学生的五分制成绩了。

在理解了循环的基本概念后,再思考第二个问题:循环次数。进行百分制分数转换时,可能学生的数量是固定的,也可能不清楚有多少学生,这时的条件判断就不一样了。根据循环条件判断方式不同,可以将循环分成两类:for 循环和 while 循环。for 循环主要是针对循环次数固定而设定的一种循环模式;while 循环主要是针对循环条件而设定的一种循环模式,对于循环次数不确定的循环,必须采用 while 循环方式。

3.4.1　for 循环语句

在 Python 中，for 循环语句是用一个迭代器来描述其循环体的重复执行方式。具体语法格式如下。

```
for 变量(表) in 迭代器:
    循环体
```

语法说明如下。

(1) 变量可以扩展为变量表，变量表中变量之间用逗号分开。

(2) 迭代器后面必须有冒号，循环体会在按 Enter 键后自动缩进。

(3) 迭代器可以是序列数据对象(字符串、列表、元组、集合、字典等)或其他支持迭代的对象(range、map、filter、zip 等)。

for 循环也称为计数循环，在循环次数预知的条件下，可以采用 for 循环。Python 语言的循环计数方式不同于其他语言，它是利用迭代器取值进行计数的。迭代器可以理解为一个容器，里面是值序列，在 for 语句中，变量从迭代器中顺序取值，每取一个值都将执行循环体一次，直至取到最后一个值结束循环。这种对迭代器中每一个值进行顺序取值的操作称为遍历，表示对每一个值访问且仅仅访问一次。

虽然要学习的可迭代对象有很多，但是本章仅仅根据第 2 章给出的两种迭代器进行示例说明。

1. 字符串作为迭代器

字符串是一个序列数据对象。字符串作为一个序列，每个字符就是序列中的一个元素。作为 for 循环语句中的迭代器，每次以一个字符作为一次的取值对象。

例如：

```
>>> for ch in 'abcde':
        print(ch, end = ' ')          # end 设置为一个空格，表示输出完成后并不换行，而且加空格
a b c d e
>>> for ch in 'abcde':
        print('A', end = ' ')         # 这个遍历相当于计数，字符串有 5 个字符，因此循环 5 次
A A A A A
```

对字符串遍历字符进行循环计数的方式只能用于理解迭代器的工作原理，实际计数不建议采用这样的方式，否则如果循环 1000 次，还需要找 1000 个字符进行遍历，明显不可能。真正用于计数的循环采用对 range()函数生成的迭代序列进行访问的方式。

当然，字符串作为迭代器被 for 循环语句遍历访问，可以查询统计字符串中的很多数据，如例 3-7 中，判断最后一个字符是否为 c 或 C 时，可以用关系运算符==来判断，但是更简单的方法用成员资格运算符 in 来遍历字符串'cC'，很明显这种算法更加巧妙。

【例 3-10】 输入一个字符串，分别统计字符串中所有的大写字母数量和小写字母 a 的数量。

实现代码如下。

```
s = input('请输入一个字符串:')
count_a = 0                            # 小写字符 a 的计数初值为 0
```

```
count_upper = 0                        # 大写字母计数初值为 0
for ch in s:
    if ch == 'a':
        count_a += 1                   # 增量赋值运算符
    if ch.isupper():                   # 字符串的大写判断方法
        count_upper += 1
print('大写字符有: %d' % count_upper)
print('小写字符 a 有: %d' % count_a)
```

提示：对例 3-10，不仅要学习 for 循环，还要理解选择结构的逻辑，并复习增量赋值运算符和字符串方法。语言的学习需要反复练习，不仅要对新知识练习，也要对以前学过的知识反复练习，做到温故而知新。

2. range()函数生成迭代序列

在 2.5.3 小节中介绍了部分与序列数据对象相关的常用内置函数。其中，range()函数可以生成可遍历序列。range([start,] stop [, step])语法格式中，start 默认为 0，step 默认为 1。例如，range(4)表示序列 0、1、2、3。range()生成的可迭代对象不能显式显示，但是可以被 for 循环遍历。

同样是完成例 3-10 的功能，要求用 for 语句遍历 range()的方式完成循环和统计，代码如下。

```
s = input('请输入一个字符串: ')
count_a = 0
count_upper = 0
for i in range(len(s)):                # 迭代序列为 0,1,2,...,len(s) - 1
    if s[i] == 'a':                    # 用索引号访问字符串中的每一个字符
        count_a += 1
    if s[i].isupper():
        count_upper += 1
print('大写字符有: %d' % count_upper)
print('小写字符 a 有: %d' % count_a)
```

在这个例子中，用 range()产生的序列进行循环计数没有直接遍历字符串来得更直接，但是在某些场合，range()序列的值也需要被直接引用到循环体中时，range()对象有意想不到的效果。

【例 3-11】 计算 100 以内所有偶数的和。

实现代码如下。

```
s = 0
for i in range(1,101):                 # range()区间不包含最后一个数,即[1,101)
    if i % 2 == 0:
        s += i                         # s = s + i
print(s)                               # 注意缩进的逻辑,循环全部结束,退出缩进才能输出
```

以下更加简洁的循环模式。

```
s = 0
for i in range(2,101,2):               # 利用 range()函数步长的特点,直接获得所有偶数
    s += i
print(s)
```

用一条语句也能实现偶数求和功能。

```
print(sum(range(2,101,2)))          # 含数值型元素的可迭代对象可以直接使用求和函数
```

【例 3-12】 输入 10 个数，输出最小的数及对应的位置（第几个输入）。

编程思路 首先输入第一个数给变量 min_num，并假设 min_num 就是最小的数。然后循环 9 次，每次输入一个数，跟 min_num 比较，如果新输入的数比 min_num 还要小，那么新的数替换 min_num 的值，使 min_num 的值始终保证最小。

实现代码如下。

```
min_num = eval(input('请输入第 1 个数: '))   # 假设第一个数是最小的
min_index = 1                              # 最小的数对应的输入位置

for i in range(2,11):                      # 同样循环 9 次，思考这里为什么不用 range(9)
    n = eval(input('请输入第 %d 个数: ' % i))
    if min_num > n:
        min_num = n
        min_index = i
print('第 %d 个输入的数为最小的数，值为 %s' % (min_index, min_num))
```

提示：Python 语言中 for 循环执行的是对迭代器中数据对象的遍历操作，也就是数据访问，因此循环体中用于绑定数据的变量值发生变化对 for 循环的下一次遍历是没有影响的。

```
>>> for i in range(1, 10, 2):        # 迭代器已经生成，i 的值固定遍历 1、3、5、7、9
    print(i,end = ' ')
    i = i + 3                        # 这句话对于循环遍历没有任何影响
1 3 5 7 9
>>> print(i)                         # 唯一影响的是最后一次循环结束后，退出循环的变量值
12
```

3.4.2 while 循环语句

相比于 for 循环语句，while 循环语句更多用于循环次数不确定的循环结构。当然 while 循环也可以用于循环次数预知的循环结构，其语法格式如下。

```
while 条件表达式:
    循环体
```

语法说明如下。

(1) 条件表达式后面必须加冒号，循环体在换行后自动缩进。

(2) 条件表达式为 True 时执行循环体，直至条件表达式为 False 退出循环。

(3) while 是循环结构中的关键字，但跟关键字 if 不一样。只要条件满足，while 会反复执行循环体，但是 if 语句条件满足后只执行一次内嵌语句块就退出选择结构了。

(4) 循环体中必须有修改条件表达式的语句，否则会出现死循环。

【例 3-13】 用 while 循环语句计算 100 以内所有偶数的和。

实现代码如下。

```
s = 0
i = 2                        # 初值设置
```

```
while i <= 100:                    # 注意等号不能少
    s = s + i
    i = i + 2                      # 改变条件表达式的语句
print(s)
```

显然，while循环语句可以完成所有for循环语句的功能。但是对于初学者而言，建议能用for循环就避免使用while循环。while循环需要在循环外设置正确的初值，需要在循环体内设置改变条件表达式的语句，一旦漏写，就可能出现死循环。

而在循环次数不确定的条件下，只能采用while循环来完成相应的操作。

【例3-14】 输入一个大于1的整数x，计算表达式的值，要求当末项小于10^{-5}时结束求和。

$$s=1+\frac{1}{x}+\frac{1}{x^2}+\frac{1}{x^3}+\cdots+\frac{1}{x^n}$$

编程思路 由于x的值无法确定，因此这是一个不清楚循环次数的求和，判断的条件是末项的值$1/x^n \geqslant 10^{-5}$时必须保持累加，直至条件不满足时退出循环。

实现代码如下。

```
x = int(input('请输入一个大于1的整数: '))
s = 1
i = 1
while 1/pow(x, i) >= 1E-5:
    s = s + 1/pow(x, i)
    i = i + 1
print(s)
```

【例3-15】 输入两个数a、b，计算这两个数的最小公倍数和最大公约数。

编程思路 取两个数中较大的那个数(比如a)，令gbs=a，如果gbs不是b的倍数，那么新的gbs=gbs+a，这时新的gbs是a的两倍。再去检查是否为b的倍数，若不是则继续加a，此时gbs变成a的三倍。直到gbs不仅是a的倍数，而且是b的倍数时结束循环。这里取较大的数作为公倍数的初始值是为了提高效率，比如求3和12343的公倍数，如果计算3+3+3+…，这个效率明显不如12343加3次就解决问题的效率。

同理，取两个数中较小的数(如b)，令gys=b，只要a和b对gys求余有一个结果不为0，说明不是公约数，那么新的gys=gys−1，每减一次都判断一次，直至两个余数都为0，最小的公约数为1。

实现代码如下。

```
a,b = eval(input('请输入两个数a,b: '))
if a < b:
    a,b = b,a                      # 为了后续提高算法效率,保证a始终大于b

gbs = a
while gbs % b != 0:
    gbs += a
print('%d和%d的最小公倍数为%d' % (a,b,gbs))

gys = b
while a % gys != 0 or b % gys != 0:
```

```
    gys -= 1
print('%d和%d的最大公约数为%d' % (a,b,gys))
```

3.4.3 循环结构嵌套

循环结构之间可以嵌套。当一个循环体(外循环)内含有另一个完整的循环结构(内循环)时,称为循环的嵌套,这种语句结构又称为二重循环。如果内循环的循环体继续嵌套一个完整的循环结构,就可以构成三重循环、多重循环。

【例 3-16】 输出九九乘法表。

编程思路 输出操作是先列后行,即先把一行内的所有列都输出后再换行输出第二行,不会回退,因此在进行类似图形输出时,逻辑一定要清晰。

实现代码如下。

```
for L in range(1,10):                        # 外循环表示所有行
    for C in range(1,10):                    # 内循环表示一行内的所有列
        print('{0} * {1} = {2:<2}'.format(L, C, L * C), end = '')    #同一行所有列不换行
    print()                                  # 换行,每次输出一行所有内容,必须换行
```

【例 3-17】 输入行数,输出两种字符三角形如图 3-1 所示。

```
输入行数：5              输入行数：5
    A                        A
   AAA                      BAB
  AAAAA                    ABABA
 AAAAAAA                  BABABAB
AAAAAAAAA                ABABABABA
   (a)                      (b)
```

图 3-1　例 3-17 输出结果

编程思路 每一行开始都是连续的空格,空格数=总行数－当前行数。当字符相同时,如图 3-1(a)所示,可以直接用"'A' * 字符数"来实现;当字符交替时,如图 3-1(b)所示,必须采用逐个输出字符的方式。

实现代码如下。

```
line = int(input('输入行数: '))
for i in range(1,line + 1):                  # 图 3 - 1(a)只须采用单循环
    print(' ' * (line - i),end = '')         # 连续的空格输出后不能换行,且 end 为空字符
    print('A' * (2 * i - 1))                 # 一次性输出整行

line = int(input('输入行数: '))
s = 'A'
for i in range(1,line + 1):                  # 图 3 - 1(b)必须采用双重循环
    print(' ' * (line - i),end = '')
    for j in range(2 * i - 1):
        print(s, end = '')                   # 每个字符输出结束都不能换行,要紧凑输出
        s = 'B' if s == 'A' else 'A'         # 利用三目表达式交替变换字符
    print()                                  # 内循环结束后,一行输出结束,必须换行
```

思考: 如何将九九乘法表打印一个直角三角形(正直角、反直角都可以)。

3.4.4 break 语句

break 语句属于循环内的控制语句，其功能为强行退出 break 语句所在的最内层循环。无论是 for 循环还是 while 循环结构，在循环体内满足条件判断时，都可以强行退出当前循环。或者说，在循环体内，break 语句通常与 if 语句配合使用。

例如，例 3-14 要求输入一个大于 1 的整数，在前面的程序中没有任何一段代码能保证输入的数值大于 1，只能用提示信息告诉用户，要输入一个大于 1 的整数。使用下面一段程序替换 input 语句，就能保证输入数据的正确性。

```
while True:                                 # 只要条件表达式结果为 True,可以保证一直循环
    x = int(input('请输入一个大于 1 的整数:'))  # 用 int 函数转换后确保 x 为整数
    if x > 1:
        break                               # 只有大于 1,才能退出循环
```

提示：将循环条件表达式设置为 True，称为“永真循环”，对于这类循环，不可能通过条件表达式为 False 时退出循环，因此循环体内一定会含有 break 语句，否则永远无法跳出循环，导致死循环。

3.4.5 continue 语句

continue 语句也属于循环内的控制语句，其功能为当循环体执行到 continue 语句时，结束本次循环，即不再向下执行后续的循环体内容，并开始下一次循环。与 break 语句类似，continue 语句同样与 if 语句配合使用。无论是 for 循环还是 while 循环，在循环体内满足条件判断时，都可以强行退出本次循环而进入下一次循环。

【例 3-18】 输入一组数，将其中与 7 有关的数进行累加(如 7 的倍数或含有 7 的数值)。当输入数据为 0 时结束输入。要求使用 continue 语句完成程序功能。

编程思路 题目中没有说明输入的一组数有几个，因此不清楚循环次数。当输入数据为 0 时可以强行退出循环(break)，continue 语句不能放在循环体的最后一行，否则没有意义。因此这里的思维逻辑是，如果遇到与 7 无关的数字，返回进入下一次循环，否则就累加。

实现代码如下。

```
s = 0                                       # 累加和初值为 0
while True:
    n = eval(input('请输入一个整数: '))
    if not isinstance(n, int):              # 如果输入的 n 不是整数,返回进入下一次循环
        print('警告: 数据错误,请输入一个整数!')
        continue
    if n == 0:
        break
    if n % 7 != 0 and '7' not in str(n):    # 这里如果不用 and,用 or 会有什么问题
        continue
    s += n
print('所有与 7 相关的数值之和为 %d' % s)
```

程序中用到了两个 continue 语句和一个 break 语句。第一个 continue 语句用于保证输入的所有数据是整数，这里用到了 not 逻辑运算符，也就是非整数就返回，重新输入。第二

个 break 语句用于判断是否结束输入了,如果结束了,就退出整个循环;第三个 continue 语句用于当输入的数不与 7 有关时返回循环顶部,重新输入。循环体的最后一行执行累加功能。

3.4.6 else 子句

for 循环和 while 循环的语法格式中,还一个 else 分支。这个 else 分支非常容易与 if 语句中的 else 搞混。语法格式如下。

```
for 变量 in 迭代器:
    循环体
[else:
    else 子句代码块]
```

```
while 条件表达式:
    循环体
[else:
    else 子句代码块]
```

语法说明如下。

(1) else 子句代码块最多执行一次,属于退出循环前执行的最后一段代码。

(2) else 子句缩进与循环体相同。

(3) 当 for 循环遍历结束,或 while 循环条件表达式为 False 时执行 else 子句,即使 for 循环和 while 循环的循环体一次都不执行,也要执行 else 子句。

(4) else 子句只有在循环体中遇到 break 语句强行退出循环时才不会被执行。

既然无论循环体执行与否都要执行 else 子句,那么 else 子句的意义是什么?先看下面两段程序。

(1) 含 else 子句的 while 循环。

```
s = "你知道我很想你吗"
while s:                          # 只要 s 不是空的,布尔值就是 True
    print (s)
    s = s[:-1]                    # 每一次 s 都比前一个值少最后一个字符,直到 s 被切空
else:                             # s 为空后退出循环,进入循环结构的 else 子句
    print ("挥一挥手,我走了……")    # else 子句只执行一次,然后退出整个循环
```

(2) 不含 else 子句的 while 循环。

```
s = "你知道我很想你吗"
while s:
    print (s)
    s = s[:-1]
print ("挥一挥手,我走了……")        # s 为空后退出整个循环结构执行打印语句
```

以上两段程序中,else 子句没有任何作用,上、下两段程序功能一样。那么什么时候 else 子句会发挥不一样的作用呢?当 else 遇上 break 的时候,程序功能就有质的变化了。

【例 3-19】 输入一个大于 1 的正整数 n,判断其是否为素数。

编程思路 判断一个数 n 是否为素数,只要查找[2, $n-1$]中是否有一个数能被 n 整除,只要找到一个能被整除的因子,它就不是素数;反之,要确定[2, $n-1$]中的所有数都不能被 n 整除,才能确定 n 是素数。这里要注意一个逻辑,找到除得尽的因子可以"一票否决",但不能因为有一个因子除不尽就"一票通过"。

实现代码如下。

```
n = eval(input('输入一个大于 1 的整数: '))
for i in range(2,n):                    # range()函数产生的迭代序列不包含最后一个数 n
    if n % i == 0:
        print(n, '不是素数')
        break                           # 确定不是素数后必须强行退出整个循环
else:           # 进入 else 子句说明 for 循环全部结束,而且没有遇到循环中的 break 语句
    print(n, '是素数')
```

下面一个更好的判断素数的算法,循环次数大大减少,能有效提高运行速度。

```
n = eval(input('输入一个大于 1 的整数: '))
k = int(pow(n, 0.5))                    # 能被整除的因子区间不必为[2,n-1],只要到√n(含)即可
for i in range(2, k+1):                 # 要包含 k 的值,比如 49 = 7×7,唯一的因子就是 √49
    if n % i == 0:
        print('%d 不是素数' % n) # 注意第一段程序的输出格式和此处输出格式的区别
        break
else:
    print('%d 是素数' % n)
```

注意:else 不能与 if 对齐,它属于循环结构,必须与 for 对齐。

【例 3-20】 判断 1000(含)以内所有的素数并输出。

编程思路 例 3-19 已经可以判断任何一个数 n 是否为素数,因此,只要增加一个外循环,让 n 不断从 2 增加到 1000 即可。

实现代码如下。

```
c = 0
for n in range(2,1001):
    for i in range(2,n):
        if n % i == 0:
            break                       # 只要求输出素数,因此不是素数就直接跳出内循环
    else:
        print('%-3d' % n,end = '')      # 输出每个数据占位 3 个字符宽度,左对齐
        c = c + 1                       # 每输出一个素数,计数器就加 1
        if c % 8 == 0:
            print()                     # 这两行语句用于每行输出 8 个素数
```

提示:由于偶数不会是素数,因此本例 n 可以从 3 开始,步长为 2,这样效率更高,但是素数 2 必须在循环前先输出。

【例 3-21】 我国古代《算经》中有这样一道题:"鸡翁一,值钱五;鸡母一,值钱三;鸡雏三,值钱一。百钱买百鸡,问鸡翁、鸡母、鸡雏各几何?"

编程思路 用计算机处理此类问题时,通常采用"穷举法",即将各种可能性一一列举,符合条件即可输出。虽然人类思维更崇尚智能化,但是由于计算机本身具有速度快、容量大等特点,穷举法恰恰可以解决许多问题。

穷举法最大的一个特点就是分析出数据区间。本例中,100 钱全部买鸡翁,则最多可买 20 只,也就是说鸡翁的数量是[0,20];同理鸡母的数量是[0,33];而鸡雏只要用 100 减去鸡翁和鸡母的数量即可得出。

实现代码如下。

```
for cock in range(0,21):                # 注意 range 区间是左闭右开,不包含 21
```

```
    for hen in range(0,34):
        if cock * 5 + hen * 3 + (100 - cock - hen) / 3 == 100:
            print('100 = %d + %d + %d' % (cock, hen, 100 - cock - hen))
            break                    # 思考：这里加和不加 break 有没有区别
```

提示：在这个例子中，加 break 语句的原意是，只要找到一组符合条件的组合就退出整个循环，然而实际情况是 break 只能退出当前内循环，因此对于多重循环而言，要结束外层循环，用这样的 break 是不起作用的。

下面是一种符合百钱买百鸡组合条件就结束程序的算法。

```
flag = False                  # 没有找到百钱买百鸡组合之前先定义一个标记
for cock in range(0,21):
    for hen in range(0,34):
        if cock * 5 + hen * 3 + (100 - cock - hen) / 3 == 100:
            print('100 = %d + %d + %d' % (cock, hen, 100 - cock - hen))
            flag = True       # 找到一个符合条件的组合就改变 flag
            break             # 找到后退出当前循环,防止内循环有超过一个以上的组合
    if flag:                  # 不要在条件表达式中写"== True"之类的代码,直接用 flag 即可
        break                 # 注意它在外循环的循环体中,因此这个 break 语句用于退出外循环
```

3.5　程序流程控制应用实例

【例 3-22】　阶乘是用一个数乘以所有比它小的所有数(一直到 1)，用"!"表示。所以 5!就是 5×4×3×2×1=120。阶乘一般用来表示一串数字(或者其他东西)有多少种排列。比如，有 5 种不同颜色的霓虹灯，就有 120 种不同的展示效果。输入一个数字 n，计算 n 的阶乘。

编程思路　阶乘的计算非常简单，只要利用循环累乘即可，其重点是起始值必须是 1。

实现代码如下。

```
n = int(input('n = '))
fact = 1
s = '1'
for i in range(2, n + 1):
    fact *= i
    s = s + '*' + str(i)
print('{}!= {} = {}'.format(n, s, fact))
```

本例练习除循环外，还复习了字符串格式化方法 format()、字符串累连(循环相连)的思路。如果循环从 1 开始，s 的初值为多少？输出的结果要如何修改？

```
n = int(input('n = '))
fact = 1
s = ''                                        # 注意这是空串,两个单引号之间没有空格
for i in range(1, n + 1):
    fact *= i
    s = s + str(i) + '*'
print('{}!= {} = {}'.format(n, s[ : -1], fact)) # 将 s 切去最后一个乘号"*"
```

【例 3-23】 利用公式$\frac{\pi}{4}=1-\frac{1}{3}+\frac{1}{5}-\frac{1}{7}+\frac{1}{9}-\cdots$计算圆周率的近似值，直到最后一项的绝对值小于 10^{-6}。

编程思路 这是一个不知道循环何时结束的数列求和，只能选择 while 循环，并利用判断条件末项是否小于 10^{-6} 来决定是否结束循环。

```
pi = 0
i = 1
p = 1
while 1 / (2 * i - 1) >= 1E-6:
    pi = pi + p / (2 * i - 1)
    p = - p
    i = i + 1
print(pi * 4)
```

这个示例虽然代码不长，却是一个很经典的数列求和算法，要求读者掌握“1E-6”的描述方式、p =- p 的符号交替方法。另外，必须牢记序列求和必须在循环条件判断后立刻进行，不能改变任何变量值。

【例 3-24】 在数字信号处理中，均方差被认为可以很好地反映测量的精密度。编写程序，计算一组测量数据 x_i 的均方差，均方差公式为：$s=\sqrt{\frac{1}{n}\sum_{i=1}^{n}(x_i-\bar{x})^2}$，测量数据由用户输入，$n$ 为测量数据长度，$\bar{x}$ 为 n 个数的平均值。

编程思路 这是一个固定数据长度的循环求和，利用函数 sum()和 len()可以直接计算平均值，同时复习 math 模块中 sqrt()函数的应用。

```
import math
x = eval(input('请输入所有的测量数据,以逗号分隔: '))      # x为元组
avg = sum(x) / len(x)
s = 0
for i in x:
    s = s + (i - avg) ** 2
s = s / len(x)
print(math.sqrt(s))
```

【例 3-25】 随机产生一个[0, 100]区间内的数，由用户猜该数为多少，猜错了就缩小区间。例如，产生一个随机数为 30，第一次猜数区间为[0, 100]，用户猜 50，则区间缩小为[0, 50]；用户第二次猜 25，则区间缩小到[25,50]；不断缩小区间，直到猜到为止。如果用户猜数次数小于 3 次，可获得一等奖；3～6 次，可获得二等奖；超过 6 次，可获得参与奖。

编程思路 这是一个猜数次数不可知的循环算法，只能用 while 来实现。算法的关键在于每次猜数，猜大了，修改上限范围；猜小了，修改下限范围。

实现代码如下。

```
import random
r = random.randint(0,100)
mx, mn = 100, 0
x = int(eval(input('请猜数,区间为 %d- %d: ' % (mn, mx))))
times = 1                                                    # 每次输入 x,times 就会变化
```

```
while x != r:
    if x > r:
        mx = x
        x = int(eval(input('太大了,重新猜,区间为%d-%d: ' % (mn, mx))))
        times += 1
    else:
        mn = x
        x = int(eval(input('太小了,重新猜,区间为%d-%d: ' % (mn, mx))))
        times += 1
else:
    if times <= 3:
        print('太棒了,您获得了一等奖')
    elif times <= 6:
        print('很优秀,您获得了二等奖')
    else:
        print('辛苦了,您获得了参与奖')
```

本例是一个含有多分支选择结构和循环结构的经典示例,与 while 对应的 else 可以不用,但是把输出结果写在 else 里面,可使程序可读性更佳。当然,本例还可以采用 while True 的方式来编写,以练习 break 语句的使用。

```
import random
r = random.randint(0,100)
mx, mn = 100, 0
x = int(eval(input('请猜数,区间为%d-%d: ' % (mn, mx))))
times = 1
while True:
    if x > r:
        mx = x
        x = int(eval(input('太大了,重新猜,区间为%d-%d: ' % (mn, mx))))
        times += 1
    elif x < r:
        mn = x
        x = int(eval(input('太小了,重新猜,区间为%d-%d: ' % (mn, mx))))
        times += 1
    else:
        if times <= 3:
            print('太棒了,您获得了一等奖')
        elif times <= 6:
            print('很优秀,您获得了二等奖')
        else:
            print('辛苦了,您获得了参与奖')
        break
```

【例 3-26】 输入一个字符串,统计字符串中有多少大写字母、小写字母、数字及其他字符。

编程思路 这是对多分支选择结构和字符串方法 isupper()、islower()、isdigit()应用的练习。

实现代码如下。

```
s = input('请输入一段字符串: ')
n1 = n2 = n3 = n4 = 0
```

```
for c in s:
    if c.isupper():
        n1 += 1
    elif c.islower():
        n2 += 1
    elif c.isdigit():
        n3 += 1
    else:
        n4 += 1
print('大写字母有{}个,小写字母有{}个,数字字符有{}个,\
    其他字符有{}个'.format(n1, n2, n3, n4))
```

【例 3-27】 验证哥德巴赫猜想：任何一个大于或等于 6 的偶数都可以由两个素数之和表示。

编程思路 输入的数 n 必须大于或等于 6 的偶数，只要找到两个数 n1、n2 都是素数，且满足 n=n1+n2，则验证成功。这里的难点是确定 n1 所在的区间，只要确定了 n1，那么利用 n2=n-n1 即可生成。而 n1 所在的区间可以从 3 开始(6=3+3)，n1 的最大值为 n/2。

实现代码如下。

```
while True:
    n = int(input('请输入一个大于或等于 6 的偶数: '))
    if n >= 6 and n % 2 == 0:
        break                               # 只有满足条件,才能从循环中退出

for n1 in range(3, n // 2 + 1, 2):         # 注意不能用 n/2,浮点数不能作为 range 的参数
    for i in range(2, n1):                 # 判断 n1 是否为素数
        if n1 % i == 0:
            break
    else:                                  # 进入 else 说明 n1 是素数
        n2 = n - n1
        for j in range(2, n2):
            if n2 % j == 0:
                break
        else:
            print('%d = %d + %d' % (n, n1, n2))
```

哥德巴赫猜想是学习二重循环一个很经典的示例。此例的难点主要在 n1 所在的区间，不仅要求确定[3, n/2]这个区间，还要在应用 range 参数时注意使用整除或者用 int()函数取整，同时要考虑 range 不包含最后终值，需要加 1。

习　题　3

1. 下列表达式的值等价于 True 的是(　　)。

   A. 0　　B. -1　　C. ""　　D. None

2. 表达式 3 if [1, 3, 'cat'] > [1, 3, 'Dog'] else 4 的值为(　　)。

   A. True　　B. False　　C. 3　　D. 4

3. 以下选项中符合 Python 语法要求并且能正确执行的是(　　)。

A. min=x if x < y=y　　　　B. max=x > y ? x : y

C. if (x>y) print(x)　　　　D. while True: pass

4. 下列程序运行后的输出结果是(　　)。

```
x = 0
while x:
    x += 2
    if x > 3:
        break
print(x)
```

A. 0　　　　B. 2　　　　C. 3　　　　D. 4

5. 给出下列程序的运行结果。

```
s = 'ZJUT'
while s:
    print(s)
    s = s[:len(s) - 1]
```

6. 给出下列程序的运行结果。

```
s = "=ZJUT="
while s:
    print(s)
    s = s[1:]
    if len(s) % 2!= 0:
        s = s[::2]
    else:
        s = s[::-1]
```

7. 给出下列程序的运行结果。

```
for i in range(1,4):
    for j in range(1,2 * i + 1):
        if (i + j) % 5 == 0:
            break
        elif (i + j) % 3 == 0:
            continue
        print(i * j)
    else:
        print(i + j)
```

8. 编写程序,随机产生两个两位正整数,提示用户输入这两个数的和。如果用户给的结果正确,则输出“正确”;如果结果不对,则输出“错误”。

9. 编写程序,用户输入 x 的值,按下列分段函数表达式计算 y 的值并输出,要求结果显示到小数点后4位。

$$y=\begin{cases}x^2+5 & x<0\\ \sin^2 x & 0\leqslant x<10(\text{角度})\\ e^x-\ln x & x\geqslant 10\end{cases}$$

10. 编写程序,计算三角形面积。用户分别输入三条边的长度 a、b、c。如果这三条边能构成三角形，则输出这个三角形的面积 S，其中 $S=\sqrt{s(s-a)(s-b)(s-c)}$，其中 $s=\frac{a+b+c}{2}$。如果不能构成三角形，则输出提示信息。

11. 编写程序，用户输入一个时间长度（单位：秒），按下列规则输出。

(1) 如果用户输入的秒数大于或等于 60，则需要将其转换为分钟和秒。例如输入 80，输出结果为"1 分钟 20 秒"。

(2) 如果用户输入的秒数大于或等于 3600，则将其转换为小时、分钟和秒。例如输入 4000，输出结果为"1 小时 6 分钟 40 秒"。

(3) 如果用户输入的秒数大于或等于 86400，则将其转换为天、小时、分钟和秒。例如输入 90000，输出结果为"1 天 1 小时 0 分钟 0 秒"。

12. 十二生肖包括鼠、牛、虎、兔、龙、蛇、马、羊、猴、鸡、狗、猪。编写程序，用户输入年份，打印输出对应的生肖。（提示：2020 年为鼠年）

13. 编写程序，计算 n 的阶乘，$n!=1\times2\times3\times\cdots\times n$。

14. 编写程序，计算一组数的平均值和近似标准差。用户输入要录入的数据个数 n，然后输入 n 个浮点数 $x_1,x_2,\cdots,x_n$，最后输出这些数的平均值和标准差。其中，均值 $\bar{x}=\frac{1}{n}\sum x_i$，近似标准差 $s=\sqrt{\frac{\sum x_i^2-\frac{1}{n}\left(\sum x_i\right)^2}{n-1}}$。

15. 编写程序，用户输入整数 n 的值，输出小于或等于 n 的所有素数及总数。

16. 编写程序，用户输入浮点数 x 的值，计算 $s=x-\frac{x^3}{3!}+\frac{x^5}{5!}-\cdots$ 的值，直到首个末项小于 10^{-5} 为止，要求结果显示小数点后 6 位。

17. 编写程序，输出如下所示的三角函数表。

```
deg |sin(deg)  |cos(deg)
-------------------
  0 |0.000000  |  1.000000
 30 |0.500000  |  0.866025
 60 |0.866025  |  0.500000
 90 |1.000000  |  0.000000
120 |0.866025  | -0.500000
150 |0.500000  | -0.866025
180 |0.000000  | -1.000000
```

18. 编写程序，输出如下所示的九九乘法表。

```
                                                                                      1*1= 1
                                                                            2*1= 2    2*2= 4
                                                                  3*1= 3    3*2= 6    3*3= 9
                                                        4*1= 4    4*2= 8    4*3=12    4*4=16
                                              5*1= 5    5*2=10    5*3=15    5*4=20    5*5=25
                                    6*1= 6    6*2=12    6*3=18    6*4=24    6*5=30    6*6=36
                          7*1= 7    7*2=14    7*3=21    7*4=28    7*5=35    7*6=42    7*7=49
                8*1= 8    8*2=16    8*3=24    8*4=32    8*5=40    8*6=48    8*7=56    8*8=64
      9*1=9     9*2=18    9*3=27    9*4=36    9*5=45    9*6=54    9*7=63    9*8=72    9*9=81
```

第 4 章　列表与元组

通过数值型、布尔型及字符串这几种数据类型，再利用选择及循环结构实现程序流程控制，就可以构建具有一定功能的程序段，但这仅仅是程序设计的起步。在编程世界里，数据是不可或缺的重要对象，而容器对象更是如此。面对海量数据，一个变量绑定一个简单数据对象是基本，而一个变量绑定一批海量数据才是质的飞跃。

本章介绍的列表和数组都属于容器对象类型，或称为可迭代类型。这两种数据类型与字符串类型统称为序列数据对象类型，其特点是数据是有序的，可以使用索引号访问。

4.1　列　　表

设想一下，早上醒来查询到今天上课的教室在第 123 号教室，但是要在整个校园里定位这样一个只有编号的教室太难了。同样，如果每个数据都用一个变量名来绑定，那么一个巨大的数据集合需要的变量名也只能用类似的编号来绑定，遇到海量数据处理几乎是不可能实现的。反之，如果教室的地点可以用“楼名＋房间编号”来查询，那么海量数据也可以放在一个容器中，用索引号的方式来查询。

在许多程序设计语言中，有一种数据类型叫作数组，就是把一批数据集中放在一起，然后为数组起个名称，通过这个数组名及对应的下标对数据内容进行增、查、改、删。数组中的所有数据对象都必须是相同类型的，也就是说一批整数可以组合成一个数组，一批浮点数也可以组合成一个数组，但是整数和浮点数不能组合成一个数组。Python 语言没有数组这个数据类型，而是使用了更强大的数据类型——列表。

列表中的所有元素放在界定符中括号“[]”中，元素间用逗号分隔。元素的个数称为列表的长度。与字符串类型一样，列表也是一种序列数据类型，用户可以通过索引、切片等方式访问列表中的某一个元素或一个元素集。但列表又不同于字符串类型，字符串属于不可变序列对象类型，字符串只能由字符组成。列表属于可变序列对象类型，其内容与长度都可以被修改。不仅如此，列表中的元素可以是不同的数据类型，不仅可以是简单的整数、浮点数、字符串，还可以是字典、元组、集合、列表等可迭代对象。也就是说，列表中的元素既可以异构(与列表类型不同的数据类型)，也可以嵌套(列表中含列表)。

4.1.1　列表的基本操作

1. 列表的创建

用一对中括号即可创建一个空列表，也可以使用 list()函数(类型构造器)创建一个空列表。例如：

```
>>> lst1 = []
```

```
>>> lst2 = list()                            # 使用类型构造器构建空列表
>>> print(lst1, lst2)
[] []
>>> num_lst = [1, 2, 3, 4, 5]                # 整数列表
>>> string_lst = ['a', 'b', 'c', 'd']        # 字符串列表
>>> mix_lst = [1, 'a', (3, 4), ['b', 5], {7, 8}]  # 含各种数据类型的混合列表
>>> print(num_lst, string_lst, mix_lst)      # 注意输出多个元素时,分隔符默认为空格
[1, 2, 3, 4, 5] ['a', 'b', 'c', 'd'] [1, 'a', (3, 4), ['b', 5], {7, 8}]
```

除了可以直接输入数据构建一个列表外,还可以采用 list()函数将其他可迭代对象转换为列表。

```
>>> print(range(10))                   # range()函数可以产生可迭代序列,但是不能显式显示
range(0, 10)
>>> print(list(range(10)))             # 转换成列表后可以显示迭代器产生的所有数据对象
[0, 1, 2, 3, 4, 5, 6, 7, 8, 9]
>>> print(list('hello world'))         # 将字符串转换为列表,每个字符为一个元素
['h', 'e', 'l', 'l', 'o', ' ', 'w', 'o', 'r', 'l', 'd'] # 注意列表中有一个空格元素,空格也是一个字符
>>> x = list(eval(input('请输入一组数: ')))
请输入一组数: 1,2,3,4,5                # 由于采用了 list()函数,故输入时不需要加中括号
>>> x
[1, 2, 3, 4, 5]
>>> x = eval(input('请输入一组数: '))  # 分解上面的代码,相当于先输入一个元组
请输入一组数: 1,2,3,4
>>> x
(1, 2, 3, 4)
>>> print(list(x))                     # 再用 list()函数将元组 x 转换为列表
[1, 2, 3, 4]
```

2. 列表的索引与切片

在 2.3.3 小节中已经详细介绍过字符串的索引与切片。与字符串一样,作为序列数据对象,列表也可以采用正向索引和反向索引两种方式访问列表中的所有元素。

```
>>> lst = [1, 2, 3, [4, 5], 'abc']
>>> lst[1]
2
>>> lst[3][1]
5
>>> lst[-1][-1]
'c'
>>> lst[-2:2]          # 步长为正,从左往右切。因逻辑错误而切不到时不会报错,将输出空列表
[]
>>> lst[-2:2:-2]       # 思考为什么输出结果两边会有两个中括号
[[4, 5]]
>>> lst[2:-2]
[3]
```

列表与字符串的索引与切片原理相同,但是字符串是不可变数据对象,只能用索引或切片方式访问元素;而列表是可变数据对象,不仅可以访问,还可以利用索引或切片修改其内容。

```
>>> lst = [1, 2, 3, [4, 5], 'abc']
>>> lst[1] = 'hello'                   # 修改列表内容
>>> lst
```

```
[1, 'hello', 3, [4, 5], 'abc']
>>> lst[2:4] = [7, 8, 9, 10]          # 自左向右替换时,切片长度与替换内容长度可以不等
>>> lst
[1, 'hello', 7, 8, 9, 10, 'abc']
>>> lst[-2:-4] = [2, 3]               # 注意这里切片没有切到,相当于在索引号为-2的位置插入
>>> lst
[1, 'hello', 7, 8, 9, 2, 3, 10, 'abc']
>>> lst[-5:-8:-1] = ['a', 'b', 'c']   # 步长为负,自右向左替换时长度必须一致
>>> lst
[1, 'hello', 'c', 'b', 'a', 2, 3, 10, 'abc']
>>> lst[1], lst[-1] = lst[-1], lst[1]     # 交换列表中的元素
>>> lst
[1, 'abc', 'c', 'b', 'a', 2, 3, 10, 'hello']
>>> lst[:2] = (1,2,3)                      # 只要是可迭代对象(容器对象),都可以替换列表内容
>>> lst
[1, 2, 3, 'c', 'b', 'a', 2, 3, 10, 'hello']
>>> lst[-2:] = 'xyz'
>>> lst
[1, 2, 3, 'c', 'b', 'a', 2, 3, 'x', 'y', 'z']
>>> lst[2:4] = range(7,10)
>>> lst
[1, 2, 7, 8, 9, 'b', 'a', 2, 3, 'x', 'y', 'z']
```

从示例中可以看到,步长为正时,切片内容与替换内容长度可以不等,甚至没有切到也可以以插入的方式修改列表内容;但是步长为负时,切片内容与替换内容的长度必须一致,否则会报错。

3. 列表的删除

可以是删除整个列表,也可以删除列表中的某个元素。下面仅介绍采用 del()函数和切片赋值的方式实现删除。后续还可以采用列表的方法实现元素的删除。

```
>>> lst = [1, 2, ['a', 3, 4], 5, 'b']
>>> del lst[1]                             # 删除列表中索引号为1的元素
>>> lst
[1, ['a', 3, 4], 5, 'b']
>>> del lst[1][2]                          # 删除列表中变长对象中的元素
>>> lst
[1, ['a', 3], 5, 'b']
>>> del lst                                # 删除整个列表,彻底释放该列表占用的内存单元
>>> lst = [1, 2, ['a', 3, 4], 5, 'b']
>>> lst[2:4] = []                          # 赋值为空列表相当于删除切片位置对应的元素
>>> lst                                    # 切片区间左闭右开,不包含索引号为4的元素
[1, 2, 'b']
```

del()函数只能删除指定索引号的列表元素,如果要删除指定的列表中某个具体值,需要采用后续介绍的方法 remove()。

4. 列表的拼接

列表的拼接可以采用连接运算符"+"或复制运算符"*",这两个运算符同样适用于字符串和元组,但列表是可变序列数据对象,还可以采用切片的方式进行拼接。

```
>>> veg = ['青菜', '萝卜']
>>> today = veg + ['鱼', '虾']                 # 相同数据类型才能用"+"拼接
```

```
>>> today
['青菜', '萝卜', '鱼', '虾']
>>> today[:0] = ['鸡蛋', '肉']                # 采用切片方式在头部拼接
>>> today
['鸡蛋', '肉', '青菜', '萝卜', '鱼', '虾']
>>> today[len(today):] = ['豆腐', '可乐']     # 采用切片方式在尾部拼接
>>> today
['鸡蛋', '肉', '青菜', '萝卜', '鱼', '虾', '豆腐', '可乐']
>>> ['鸡蛋', '肉'] * 3                        # 复制运算符"*"实现重复拼接
['鸡蛋', '肉', '鸡蛋', '肉', '鸡蛋', '肉']    # 运算结果不赋值给变量,只能显示无法保存
```

5. 列表的遍历

在循环结构中提到,对迭代器中每一个值进行顺序取值的操作称为"遍历",表示对每一个值访问且仅仅访问一次。列表元素的遍历也必须采用循环的方式。

```
>>> lst = [1,2,3,4]
>>> for i in range(len(lst)):                 # 采用索引号的方式遍历列表中的所有元素
    print(lst[i], end = '')
1 2 3 4
>>> for v in lst:                             # 直接遍历列表中的元素
    print(v, end = '')
1 2 3 4
```

上面两种遍历方式都可以访问列表中的所有元素。如果仅仅访问其中的元素,则使用直接访问的方式相对简单;如果不仅要访问,而且要修改列表元素的值,那么只能使用索引号遍历的方式,因为上面示例中,修改变量 v 的值不能改变列表元素的值,但是修改 lst[i]的值可以改变列表元素的值。

【例 4-1】 输入一组数,输出所有偶数,并统计偶数的数量。

编程思路 本例没有对输入数据做任何修改,只要访问并统计即可。

实现代码如下。

```
numbers = list(eval(input('请输入一组数: ')))
even = 0
for v in numbers:                             # 直接遍历
    if v % 2 == 0:
        print(v, end = '')
        even += 1
print('\n一共有 %d 个偶数' % even)            # 思考这里为什么加"\n"
```

【例 4-2】 输入一组数,将所有的偶数加 1,输出修改后的列表。

编程思路 本例需要对列表中的数据进行遍历,检测到偶数后需要修改其值。

实现代码如下。

```
numbers = list(eval(input('请输入一组数: ')))
for i in range(len(numbers)):                 # 采用索引号遍历
    if numbers[i] % 2 == 0:
        numbers[i] += 1                       # 通过索引号访问列表,修改列表元素的值
print(numbers)

# 错误的写法
numbers = list(eval(input('请输入一组数: ')))
```

```
for i in numbers:                          # 直接遍历
    if i % 2 == 0:
        i += 1                             # 没有修改列表元素的值
print(numbers)
```

6. 列表的复制

在 2.1.2 小节中曾强调过链式赋值的特点，当将一个数据对象同时赋值给两个变量时，这两个变量访问的是同一个内存地址，相当于给同一个数据对象贴两个不同的标签。如果其中一个变量被赋值为其他数据值时，该变量会自动访问新的内存单元地址。但是列表属于可变序列对象，当列表中的元素发生变化时，其内存地址没有被修改，这时两个标签依然对应同一个内存地址，这意味着一个变量中的元素变化会同时影响另一个变量值，因为两个标签对应的是同一个地址中保存的列表。

```
>>> lst1 = lst2 = [1, 2, 3, 4]       # 列表同时被赋值给 lst1 和 lst2
>>> lst1[2] = 999                    # 其中一个列表内容发生变化
>>> print(lst1, lst2)                # 两个变量对应同一个内存地址,结果一起变化
[1, 2, 999, 4] [1, 2, 999, 4]
>>> lst1 = 1234                      # 变量 lst1 被重新赋值为新的数据(切换到新的内存地址)
>>> lst2[2] = 888                    # 列表内容发生变化
>>> print(lst1, lst2)                # 两个变量对应两个内存地址,结果互不影响
1234 [1, 2, 888, 4]
```

如果要避免列表复制对彼此造成的影响，可以采用以下方法。

```
>>> lst1 = [1, 2, 3, 4]
>>> lst2 = lst1.copy()             # copy()方法可以使 lst2 与 lst1 内容相同,但内存地址不同
>>> lst3 = lst1[:]                 # 切片复制的效果同 copy()方法
>>> lst4 = lst1                    # 直接复制,lst1 与 lst4 为同一内存地址
>>> lst1[0] = 999
>>> print(lst1, lst2, lst3, lst4) # lst1 内容变化后,只影响了 lst4
[999, 2, 3, 4] [1, 2, 3, 4] [1, 2, 3, 4] [999, 2, 3, 4]
```

采用 copy()方法或切片的方式，可以避免将变量 lst2 或 lst3 与原变量 lst1 绑定到同一内存地址，这种复制方式也称为浅拷贝。所谓浅拷贝，就是如果 lst1 中的元素为不可变数据对象，那么 lst1 发生元素增加或删除时，lst2 或 lst3 不会被修改；但如果 lst1 中有可变数据对象元素，如 lst1 中还嵌套一个列表 L1，那么当 L1 的元素内容发生变化时，lst2 和 lst3 对应单元的内容还是会被改变的。如果要彻底摆脱彼此影响，需要用深拷贝方式进行复制。

4.1.2　与列表有关的常用方法

利用列表有序的特性，可以采用索引或切片的方式对列表执行增、查、改、删等操作，而这类操作更多的可以采用“方法”来实现。“方法”是一个被封装的、具有一定功能的程序段，其功能跟内置函数类似，但是“方法”是面向对象的，“方法”是类的方法，只有某种数据类型具备对应的方法，因此“方法”的调用必须由对象来实现，也就是说，所有的“方法”都是有前缀的。表 4-1 提供了列表对象的常用方法，调用这些方法的具体对象假设为列表变量 lst。

表 4-1　列表对象的常用方法

方　　法	说　　明
lst.append(x)	将元素 x 添加至列表 lst 的尾部
lst.extend(L)	将另一个可迭代对象 L 中的所有元素添加至列表 lst 的尾部
lst.insert(index, x)	在列表 lst 的指定位置 index 处添加元素 x
lst.remove(x)	在列表 lst 中删除首次出现的指定元素 x
lst.pop([index])	删除并返回列表 lst 中指定位置的元素
lst.clear()	删除列表 lst 的所有元素,但保留列表对象
lst.index(x)	返回首次出现值为 x 的元素的索引号
lst.count(x)	返回指定元素 x 在列表 lst 中出现的次数
lst.reverse()	对列表 lst 中的所有元素进行原地逆序排列
lst.sort()	对列表 lst 中的所有元素进行从小到大原地排序
lst.copy()	返回列表对象 lst 的浅拷贝

1. 列表元素添加

在实际应用中经常会遇到列表元素的动态增减。除上面提到的几种拼接方式外,还可采用多种方法实现列表元素的增减。

1) append()方法

append()是列表的专属方法。只有列表对象可以调用该方法,其目的是在列表对象的尾部(最后一个元素后面)追加一个新的元素。语法格式如下。

```
列表对象名.append(新元素)
```

语法说明如下。

(1) 这是一个无返回值的操作,原地修改列表内容,若将此操作赋值给新的变量结果为None。

(2) 括号内的参数只能是一个,不能是多个。参数类型可以是任何数据对象类型。

(3) 新元素只能添加在列表的最后一项。

例如:

```
>>> menu = ['鱼翅', '鲍鱼', '烤虾']                # 别吃那么多荤菜,加个蔬菜吧
>>> menu.append('青菜')                          # 注意不要写成 menu = menu.append('青菜')
>>> menu
['鱼翅', '鲍鱼', '烤虾', '青菜']
>>> menu.append(['番茄', '黄瓜'])                  # 注意参数是一个列表,它有两个元素
>>> menu
['鱼翅', '鲍鱼', '烤虾', '青菜', ['番茄', '黄瓜']]     # 添加了一个列表
```

2) extend()方法

由于 append()方法只能添加一个元素,因此不能将"番茄"和"黄瓜"作为两个菜分别添加到 menu 里面。如果要分别添加,可以采用 extend()方法,它也是列表的专属方法。其功能类似使用连接运算符"+",但是连接运算符只能连接两个相同数据类型,比如列表+列表、字符串+字符串、元组+元组,而 extend()可以将各种可迭代数据对象扩充到列表对象中。另外,连接运算符需要将连接后的结果赋值给新的对象,但是 extend()是一种操作,不需要赋值,可以直接改变列表对象内容。语法格式如下。

```
列表对象名.extend(可迭代对象)
```

语法说明如下。

(1) 与 append()方法一样,这是一个操作,不需要赋值,原地修改列表内容。

(2) 括号中的参数只能是一个,且该参数必须是可迭代对象,如列表、元组、字符串、集合、字典、range 对象等。

(3) 将可迭代对象扩充到列表对象时,只能去除最外层的界定符。如果可迭代对象中还包含其他可迭代对象,内层可迭代对象以原型与列表合并,不会被打开。

例如:

```
>>> menu = ['鱼翅', '鲍鱼', '烤虾']
>>> menu.extend((300,200,100))          # 注意参数只能是一个,小括号内是一个元组
>>> menu
['鱼翅', '鲍鱼', '烤虾', 300, 200, 100]
>>> menu.extend('青菜')                 # 字符串也是可迭代对象,但是要注意下面的扩充结果
>>> menu
['鱼翅', '鲍鱼', '烤虾', 200, 200, 100, '青', '菜']
>>> menu.extend('abc')                  # 将字符串扩充到列表,以一个字符为一个元素进行扩充
>>> menu
['鱼翅', '鲍鱼', '烤虾', 200, 200, 100, '青', '菜', 'a', 'b', 'c']
```

3) insert()方法

insert()方法可以将新元素插入到指定位置,该位置由索引号表示。语法格式如下。

```
列表对象名.insert(索引号,新元素)
```

插入新元素的操作同样会直接改变原列表,是一个操作,不需要赋值。新元素在指定位置插入后,原序列将顺序右移,同时列表长度加 1。

```
>>> menu = ['鱼翅', '鲍鱼', '烤虾']
>>> menu.insert(1, 300)
>>> menu
['鱼翅', 300, '鲍鱼', '烤虾']
>>> menu.insert(-1, 200)              # 注意索引号,鲍鱼的价格为 200,索引号用 -1 而不是 -2
>>> menu
['鱼翅', 300, '鲍鱼', 200, '烤虾']
>>> menu.append(100)                  # 添加到最后一个,只能用 append(),不能用 insert()
>>> menu                              # 终于一一对应,明码标价了
['鱼翅', 300, '鲍鱼', 200, '烤虾', 100]
```

2. 列表元素删除

列表元素的删除也有多种方法,既可以直接删除,也可以通过指定索引号实现。可以采用 4.1.1 小节介绍的函数 del()实现删除,也可以采用本节中的几种列表的方法实现删除操作。

1) remove()方法

利用 remove()方法删除列表中的元素,不需要指定被删除元素的具体位置。语法格式如下。

```
列表对象名.remove(被删除元素)
```

语法说明如下。

(1) 这是一个操作,直接修改列表对象。

(2) 每执行一次操作,都将删除首次出现的指定元素,同时列表长度减 1。

(3) 如果列表中没有指定元素,执行该操作会报错。

```
>>> menu = ['大鱼', '大肉', '青菜', '萝卜']
>>> menu.remove('大鱼')                # 列表内容删除要一个个执行,参数只能有一个
>>> menu.remove('大肉')
>>> menu
['青菜', '萝卜']
```

【例 4-3】 输入晚餐的菜单,如果菜单中的菜名含有“肉”这个字符,就删除该菜品。

编程思路 输入的菜单构成一个列表,遍历该列表,只要列表元素中含有字符“肉”,就删除该菜品。

实现代码如下。

```
# 按照常规思路,以下代码会出现问题
dinner = list(eval(input('输入今晚的菜单: ')))   # 输入一些菜名,注意要加引号
for m in dinner:                               # 遍历每一个菜名
    if '肉' in m:                              # 遇到含有“肉”这个字就执行删除操作
        dinner.remove(m)
print(dinner)
输入今晚的菜单: '红烧羊肉', '西芹百合', '水煮牛肉', '油焖大虾'
['西芹百合', '油焖大虾']
```

以不同顺序输入相同内容的菜名,运行结果出现问题。

```
输入今晚的菜单: '红烧羊肉', '水煮牛肉', '油焖大虾', '西芹百合'
['水煮牛肉', '油焖大虾', '西芹百合']
```

第二种输入顺序为什么会出现错误?原因是执行 for m in dinner 这句语句时,实际上 Python 已经把遍历的顺序确定为 dinner[0]、dinner[1]、dinner[2]…直至最后一个元素,而在第一次遍历到 m = dinner[0] =“红烧羊肉”时,满足条件,执行了该元素的删除操作后,后面的“水煮牛肉”自动补到索引号为 0 的位置,因此第二次遍历 m = dinner[1] 时,访问的是后面的“油焖大虾”,而把“水煮牛肉”给漏了,因此上面这个代码是有问题的,解决方案有以下两种。

(1) 采用从右往左遍历,步长为−1,最后一个元素的索引号为 0,因此 rangel 区间为 [len(dinner)−1, −1)。因为 range 区间左闭右开,不包含最后一个−1,且索引号到 0 为止。

```
dinner = list(eval(input('输入今晚的菜单: ')))
for i in range(len(dinner) - 1, -1, -1):  # 最右边的索引号为 len(dinner) - 1,最左边的索引号为 0
    if '肉' in dinner[i]:                  # 因为采用索引号,所以要用 dinner[i]的方式
        dinner.remove(dinner[i])
print(dinner)
```

(2) 删除和遍历的不是同一个列表,遍历另一个内存单元(采用切片或浅拷贝)。

```
dinner = list(eval(input('输入今晚的菜单: ')))
for m in dinner[:]:                # 切片表示 m 遍历的是另一个列表,也可以用 dinner.copy()方法
```

```
    if '肉' in m:
        dinner.remove(m)        # 对列表 dinner 执行删除操作,使遍历和删除互不影响
print(dinner)
```

在使用方法 remove()时,由于列表长度是动态变化的,因此非常容易引起错误。比较简便的解决方法就是采用切片的方式访问其浅复制对象,使访问和删除两个操作分开执行,做到删除操作不影响遍历操作。

2) pop()方法

pop()方法可以将列表中索引号位置的元素删除并返回该值。这里所谓返回该值,说明删除操作有返回结果。语法格式如下。

```
[变量 = ]列表对象名.pop(索引号)
```

语法说明如下。

(1) pop()方法将列表中索引号位置的元素弹出列表。"弹出"这个动作说明执行操作后有返回值,该返回值可以赋值给一个变量,也可以不予理睬。执行 pop()方法后列表内容被原地修改。

(2) 如果没有指定索引号,默认删除列表的最后一个元素。

例如:

```
>>> dinner = ['红烧羊肉', '西芹百合', '水煮牛肉', '油焖大虾']
>>> del_menu = dinner.pop()          # 变量 del_menu 保存从列表 dinner 中弹出的最后一个值
>>> print('菜单中默认被删除的菜是 %s' % del_menu)
菜单中默认被删除的菜是油焖大虾
>>> p_menu = dinner.pop(1)           # 变量 p_menu 保存从列表 dinner 中弹出的指定对象
>>> print('菜单中指定删除的菜是 %s' % p_menu)
菜单中指定删除的菜是西芹百合
>>> print(dinner)
['红烧羊肉', '水煮牛肉']
```

3) clear()方法

clear()方法用于清除列表中的所有元素,但是保留列表对象,即列表变量依然与内存单元地址绑定,只是无列表元素。

```
>>> dinner = ['红烧羊肉','西芹百合','水煮牛肉','油焖大虾']
>>> dinner.clear()              # clear()方法一定有前缀(具体的列表对象 dinner)
>>> dinner
[]
>>> del(dinner)                 # 函数 del()没有前缀,列表对象 dinner 作为参数传递给 del()函数
>>> dinner                      # 使用 del()函数删除后的变量在内存中彻底释放并解绑
Traceback (most recent call last):
  File "<pyshell#11>", line 1, in <module>
    dinner
NameError: name 'dinner' is not defined
```

以上介绍的几种列表元素删除方法不是列表的专属方法,其他可变长数据对象如集合、字典等也可以使用这些方法,在使用时要注意区别。

3. 列表元素访问

既可以采用索引的方式访问列表中的元素,也可以采用 in 或者 not in 的关键字确认列

表元素是否存在。下面介绍两个列表方法来确认列表元素是否存在。

1) index()方法

如果说列表的索引访问是利用索引号找元素，那么 index()方法就是利用元素找索引号，二者访问方式正好相反。语法格式如下。

```
[变量 = ]列表对象名.index(元素,[起始位置,[终止位置]])
```

语法说明如下。

(1) 在列表对象中查找指定元素，如果该元素存在，则返回首次出现的索引号；如果该元素不存在，则报错。

(2) 返回的索引号可以赋值给变量，也可以直接在表达式中使用。

(3) 通过指定起始位置和终止位置(索引号)，可以在列表对应区间内搜索指定元素，注意区间为左闭右开，不包含终止索引号位置的元素，缺省则从索引号 0 开始搜索，直至列表最右侧。

【例 4-4】 用内置函数和列表方法，输入 10 个数，输出其中最小的数及对应的位置(第几个输入)。

```
num = list(eval(input('请输入一组数: ')))
print('这组数中最小的值为 %s,位于列表的第 %d 位' % (min(num), num.index(min(num)) + 1))
```

提示：随着学习的知识点逐渐增多，程序已经变得越来越简单了，在简化程序的同时要关注细节，比如上面一行输出语句中，为什么第一个格式化字符用%s？为什么后面的 index 要加 1？关注细节，学习会越来越简单。

2) count()方法

count()方法用于统计并返回指定元素在列表中出现的次数。语法格式如下。

```
[变量 = ]列表对象名.count(元素)
```

例如：

```
>>> lst = [1, 2, 3, 1, 2, 3, [4,5], (1, 2), '1', '2']
>>> a = lst.count(1)              # 元组内的 1 不是列表元素，字符串'1'不是数字 1
>>> print(a)
2
>>> lst.count(4)                  # 在命令提示符中可以直接显示返回结果，这里无列表元素 4
0
```

以上两个方法也非列表专属方法，只要是有序的数据类型(如字符串、元组)，都可以使用方法 index()，而方法 count()适用于所有的可迭代对象。

4. 列表元素排序

在许多程序设计语言的学习中，排序是一个重要的计算思维训练环节，同时也是计算机基础课程的一个学习难点，而 Python 语言直接提供了排序的各种函数和方法，让用户从复杂的基础算法中脱离出来，更多地把重点关注到要解决的实际问题中。

1) reverse()方法

reverse()方法用于将列表内容前后倒置，即逆序排序。语法格式如下。

```
列表对象名.reverse()
```

语法说明如下。

(1) 这是一个操作,对列表对象进行原地逆序,即直接改变列表对象的内容,没有返回值。

(2) 逆序对列表对象中的元素类型没有统一要求,无论列表内元素类型是否一致,都能完成逆序操作。

```
>>> menu = ['红烧牛肉', '油焖大虾', '青菜', '萝卜']
>>> menu.reverse()              # 逆序,后面的蔬菜先吃
>>> menu
['萝卜', '青菜', '油焖大虾', '红烧牛肉']
```

2) sort()方法

排序首先要进行大小比较,归根结底就是数值之间比大小。在程序设计语言中,有两种数据类型可以直接比大小,一是数值类型,二是字符类型。字符之间比大小,根据字符的ASCII值比大小。其他的数据类型比大小,最终还是归于这两类数据类型。

例如:

```
>>> 'ACB' > 'Abc'              # 第一个字符'A'相同,比较第二个字符,'C'的 ASCII 值小于'b'
False
>>> ['hello', 'world'] > ['hello', 'python']        # 比较第二个元素每个字符的 ASCII 值
True
>>> ['hello', 'world'] > ['hello ', 'python']       # 注意后面这个字符串'hello',多了一个空格
False
>>> [12, 34, ['abc', 'efg']] > [12, 34, ['hello']] # 数据类型一致才能比大小
False
>>> [77, 66, 56, 'abc'] > [77, 66, 76, 89]          # 前两个元素相同,比较 56 和 76
False
```

上面的示例说明,只要数据类型一致,就可以比大小,比如两个列表比大小,实际依然是列表中的元素之间比大小,参与比较的两个元素也必须数据类型一致。例如,12 和 34 都是数字,当两边结果一致时,第三个元素均为列表,可以继续比列表中的元素'abc'和'hello',直至两个字符串比大小后得到结果。

最后一行语句中,前后两个列表的最后一个元素理论上因为数据类型不同('abc'和 89)而不能比较大小,但是由于惰性求值的特点,当第三个元素 56 和 76 比大小能够得到结果后,不再向后继续执行操作,因此这里没有报错,这类代码也被称为存在 bug。

sort()方法可以将列表内容的所有元素经过大小比较后实现顺序排列。语法格式如下。

```
列表对象名.sort(reverse = False, key = None)
```

语法说明如下。

(1) 这是一个操作,没有返回值,直接调用 sort()方法后对列表对象进行原地排序,要求列表对象中所有元素类型一致,否则报错。

(2) 若设定关键字参数 reverse=True 表示降序排序,reverse=False 则为升序排序,默认为升序。

(3) 关键字参数 key 用于指定排序规则,排序规则必须是一个函数,默认(None)按元素间比大小的方式执行排序。

例如：

```
>>> x = [[12, 340], [3, 5], [195, 189], [34, 5]]
>>> x.sort()                    # 列表中的列表比大小,默认从第一个元素开始比较,以升序排列
>>> x                           # x原地排序,直接被修改,以列表中的第一个元素升序排列
[[3, 5], [12, 340], [34, 5], [195, 189]]
>>> x = [[12, 340], [3, 5], [195, 189], [34, 5]]
>>> x.sort(key = max)                      # 指定排序规则为按元素中最大的值升序排列
>>> x
[[3, 5], [34, 5], [195, 189], [12, 340]]   # 排序内容依然以子列表为一个元素
>>> x.sort(key = sum)                      # 指定排序规则为按子列表所有元素的和升序排列
>>> x
[[3, 5], [34, 5], [12, 340], [195, 189]]
```

对于排序规则中key的定义，是指将列表中的元素按指定函数产生一组新的结果，对该结果进行排序，排序后返回结果对应的列表元素。

调用sort()方法时非常容易发生的一个错误如下。

```
>>> x = [34,67,89,23,6,70,12,45,1]
>>> print(x.sort(reverse = True))
            # 要输出的是sort()方法的返回值,而sort()方法没有返回值None
>>> x       # print语句执行了sort()方法的调用,所以列表还是被排序了
[89, 70, 67, 45, 34, 23, 12, 6, 1]
```

3）reversed()函数和sorted()函数

前面介绍的reverse()和sort()方法都是原地修改列表对象的，没有返回值，如果一定要输出这两个方法的调用结果，那就是None。例如：

```
>>> x = [12, 21, 78, 56]
>>> print(x.reverse())            # 调用方法时,括号不能少,操作结果为None
None
>>> x                             # 虽然方法revese()没有返回值,但是x还是变成了逆序
[56, 78, 21, 12]
>>> print(x.sort())               # 方法sort()也没有返回值
None
>>> x                             # x依然被排序了
[12, 21, 56, 78]
```

这两个方法是列表的专属方法，因为只有列表是可变的序列数据对象，又要排序，又要原地被修改的数据类型只有列表。方法的调用必须有数据对象，也就是要有前缀，而这个前缀只能是列表对象。

而reversed()函数和sorted函数操作的被排序的对象不会被原地改变，函数会返回排序后的新的序列数据对象。

reversed()函数的语法格式如下。

```
reversed(可迭代对象)
```

语法说明如下。

(1) 只要是可迭代对象，都可以作为参数传递给逆序函数reversed()。

(2) 返回结果为生成器对象，不能显式显示，且具有一次性取值的特点。

```
>>> a_list = [34, 67, 89, 23, 6, 70, 12, 45, 1]
>>> new_list = reversed(a_list)
>>> print(new_list)                           # 不能显式显示
<list_reverseiterator object at 0x000001F5ACE5B8C8>
>>> print(list(new_list))                     # 转换成列表,可以显示逆序结果
[1, 45, 12, 70, 6, 23, 89, 67, 34]
>>> print(list(new_list))                     # 二次取值,结果为空,这是生成器对象的特点
[]
>>> a_string = 'hello world'
>>> new_string = reversed(x)
>>> print(list(new_string))                   # 只要是可迭代对象,都可以返回逆序结果
['d', 'l', 'r', 'o', 'w', ' ', 'o', 'l', 'l', 'e', 'h']    # 字符串排序后以单个字符为元素
>>> a_string                                        # 可迭代对象本身保持不变
'hello world'
>>> a_string[::-1]                                  # 切片逆序,返回一个新的字符串
'dlrow olleh'
```

提示:对于逆序操作,编者认为最简单的操作当属切片[::-1]。掌握切片后,reverse()方法和reversed()函数都显得不那么重要了。

sorted()函数的语法格式如下。

```
sorted(可迭代对象, reverse = False, key = None)
```

语法说明如下。

(1) 只要是可迭代对象,并且其所含元素类型一致(只有类型一致才能比大小),都可以作为参数传递给排序函数sorted()。

(2) 无论可迭代对象是哪种类型,排序后返回的结果一定为列表,原可迭代对象保持不变。

(3) 关键字参数reverse和key使用方法同列表排序方法sort()。

例如:

```
>>> a_list = [34,67,89,23,6,70,12,45,1]
>>> new_list = sorted(a_list)
>>> print(new_list)
[1, 6, 12, 23, 34, 45, 67, 70, 89]
>>> print(a_list)                             # 原列表保持不变
[34, 67, 89, 23, 6, 70, 12, 45, 1]
>>> print(sorted(a_list,reverse = True))      # 直接输出降序列表
[89, 70, 67, 45, 34, 23, 12, 6, 1]
>>> print(sorted(range(10), reverse = True))  # range()产生的序列也是可迭代对象
[9, 8, 7, 6, 5, 4, 3, 2, 1, 0]
>>> print(sorted('hello world'))              # 字符串排序后,ASCII值最小的符号为空格
[' ', 'd', 'e', 'h', 'l', 'l', 'l', 'o', 'o', 'r', 'w']
>>> s = ['ASDas', 'ABCd', 'aaa']
>>> sorted(s, key = str.lower)          # 指定排序规则,将s中的每个元素全部小写后排序
['aaa', 'ABCd', 'ASDas']                # 注意输出结果是s中的原字符串而不是小写字符串
```

提示:sorted()函数的排序规则由关键字参数key的值指定,这个值必须是一个函数或方法,上例中使用了str.lower,这是字符串的方法。如果要了解字符串类型的方法,可以在命令提示符下输入str.,将自动弹出浮动菜单,字符串对象的所有方法会全部显示出来。同

样可以输入“list.”“tuple.”“set.”“dict.”，对应数据类型的所有方法都能显示在浮动窗口中。这个技巧也利于读者自学 Python。

【例 4-5】 利用 sort()方法和 sorted()函数两种方式完成以下功能：输入一个字符串，依然以字符串形式输出其升序结果。

编程思路 sort()方法是对对象进行原地排序，而字符串是不可变序列数据对象，不能调用 sort()方法，因此需要首先将字符串转换成列表，排序完成后再组合成字符串输出排序结果。相对而言，sorted()函数就略过转换步骤。

实现代码如下。

```
a_string = input('请输入一串字符串：')        # 输入字符串,供以下两段程序共用
# 方法一：采用 sorted()函数直接产生排序后的字符列表
new_string = sorted(a_string)                  # 排序后的结果为字符列表,原字符串不变
print(''.join(new_string))               # 使用 join()方法将字符列表中的字符连接成字符串输出
# 方法二：采用 sort()方法,首先必须将字符串转换为可变序列对象才能原地排序
a1_string = list(a_string)               # 将字符串转换为列表
a1_string.sort()                         # 原地排序,直接修改 a1_string 的内容
print(''.join(a1_string))
```

【例 4-6】 利用 sort()方法和 sorted()函数两种方式完成以下功能：随机产生 20 个两位整数构成一个列表，输出该列表；将其中的索引号为偶数的单元内容降序排列，奇数索引号对应的单元内容保持不变，输出排序后的新列表。

编程思路 本例的难点在于如何把列表中的内容切片出来，排序后再替换原列表内容。

实现代码如下。

```
import random
a_list = []
for i in range(20):
    a_list.append(random.randint(10,99))
print(a_list)
b_list = a_list[::]                      # 思考这里为什么不用直接赋值,而用切片赋值
# 使用 sorted()函数直接排序后替换回原列表,一条语句就能完成
a_list[::2] = sorted(a_list[::2], reverse = True)  # 索引号为偶数的切片排序后替换回去
print(a_list)                            # a_list 变化了,但是 b_list 因为采用切片赋值没有变化
# 使用 sort()方法,切片内容首先必须赋值给新的变量
b1_list = b_list[::2]                    # 切出一个子列表 b1_list
b1_list.sort(reverse = True)             # 思考为什么不能直接用切片 b_list[::2].sort()
b_list[::2] = b1_list                    # 排序后的子列表替换回原列表相应位置
print(b_list)
```

例 4-6 中有两个思考点，其对应的知识点是一样的。切片操作是将原序列对象中的内容复制后存放到新的内存地址，这样可以避免 a_list 在第一次操作完成后修改 b_list 的内容。也正因为切片操作将数据存放到新的内存单元，直接对切片排序的结果是找不到排序后的内容，没有相应的变量绑定切片单元，排序结果无法返回原列表。

4.1.3 列表推导式

列表推导式也称为列表生成式，是 for 循环的一种轻量级应用。基础的列表推导式语法格式如下。

```
新列表 = [ 表达式 for 循环变量 in 迭代器 ]
```

语法说明如下。

(1) 新列表中的元素值是表达式的计算结果。

(2) 如果表达式中没有任何与循环变量有关的内容,即表达式为常量,则新列表长度等同于循环次数。

(3) 如果表达式中含有循环变量,则新列表内容随着每次循环变量的不同而计算得到不同的表达式值。

例如:

```
>>> lst = [5 for i in range(10)]          # 表达式为常量 5,列表长度与循环次数相同
>>> lst
[5, 5, 5, 5, 5, 5, 5, 5, 5, 5]
>>> lst = [5 * i for i in range(10)]      # 表达式与 i 有关,列表内容跟着变化
>>> lst
[0, 5, 10, 15, 20, 25, 30, 35, 40, 45]
```

对于例 4-6 循环产生 20 个随机数列表,可以用列表推导式一条语句完成。

```
>>> import random
>>> lst = [ random.randint(10, 99) for i in range(20)]  # 循环 20 次,每次产生一个数
>>> lst
[55, 72, 32, 38, 37, 36, 67, 86, 68, 83, 91, 63, 89, 58, 48, 98, 19, 56, 52, 34]
```

【例 4-7】 随机产生 50 个[0-90]区间内的整数,计算这 50 个数的正弦值,以列表形式输出结果,保留小数点后两位。

```
import random
import math
nums = [ random.randint(0, 90) for i in range(50)]
nums_sin = [ math.sin(math.radians(ang)) for ang in nums ]      # 对每一个角度求正弦值
nums_sin_format = [ round(i,2) for i in nums_sin]               # 尝试将上下两行集成为一行
print(nums_sin_format)
```

不难看出,采用列表推导式,可以解决一些比较简单的循环算法,使程序结构更加简洁。

过滤筛选列表推导式的语法格式如下。

```
新列表 = [ 表达式 for 循环变量 in 迭代器 if 条件表达式 ]
```

过滤筛选的特点是:不是所有的循环变量都可以代入前面的表达式中实现计算,构成列表元素,而是只有满足条件表达式的变量值才能被表达式接受并计算结果。

例如,将例 4-7 中的 50 个数据计算正弦值改为只有 5°的倍数才能被计算正弦值,那么列表推导式需要添加筛选条件。

```
nums_sin = [ math.sin(math.radians(ang)) for ang in nums if ang % 5 == 0]
```

用三元组判断整数 p 是不是素数,其中 p 除以[2, p-1]区间内的所有因子的余数放入列表推导式,只要有一个余数为 0,就表示有一个因子可以被除尽,即它不是素数。

```
print(True if 0 not in [p % k for k in range(2, p)] else False)
```

结合上面的素数判断，思考下面这条语句的筛选条件，用列表推导式生成100以内的所有素数。

```
prime = [p for p in range(2, 101) if 0 not in [p % k for k in range(2, p)]]
```

在素数筛选条件中，首先要产生p对[2,p－1]区间内所有整数的求余值，只要求余的值中有一个为0，就表示有因子可以被p整除，则p不是素数。在求余过程中，求余表达式为p%2～p%(p－1)，实际不需要这么多因子求余，改变筛选因子区间，较理想的描述方式如下。

```
prime = [p for p in range(2, 101) if 0 not in [p % k for k in range(2, int(pow(p, 0.5)) + 1)]]
```

【例 4-8】 随机产生20个三位整数，将个位数为3的数的三位相加，要求输出列表中的每个元素以子列表类型构成，子列表中第一个元素为末项为3的整数，第二个元素为该整数三位相加的和。

实现代码如下。

```
import random
lst = [random.randint(100, 999) for i in range(20)]
sum_3 = [[v, v // 100 + v // 10 % 10 + 3] for v in lst if v % 10 == 3]
print(sum_3)
```

【例 4-9】 随机产生10个学生的两门课成绩，输出总分最高学生的两门课成绩和单门课最高学生的两门课成绩。

编程思路 成绩区间可以设定为[60，100]。设置不同的排序规则可以获得总分最高或单门课最高学生的两门课成绩。

实现代码如下。

```
import random
grade = [[random.randint(60,100), random.randint(60,100)] for i in range (10)]
print(grade)
grade.sort(key = sum)                                  # 按总分从小到大排序
print(grade[-1])                                       # 取最后一个,总分最高
grade.sort(key = max)                                  # 按单门课程最高排序
print(grade[-1])
```

如果采用循环方式产生两门课成绩，并采用循环方式逐一判断总分最高或单门课最高，可以想象程序会变得复杂得多。

当然，如果例4-9中要求列表中不仅有两门课成绩，还有一个字符串表示学生姓名，那么排序方法中的关键字key不能简单地使用sum或max。grade中的每个列表元素都有两种数据类型，既不能求和，也不能通过比大小求单门课最高分。

在列表推导式中，不仅允许循环后加条件筛选语句，而且这样的循环及条件筛选可以多次出现，其相应的逻辑功能可以参看例4-10。

【例 4-10】 假设有两个变量 lunch ＝ ['红烧牛肉'，'红烧土豆'，'油焖笋']，dinner＝['西芹百合'，'红烧肉'，'红烧鲫鱼'，'油焖大虾']，用循环结构解释下面两条语句的功能。

实现代码如下。

```
#1
menu = [ m1 + '+' + m2 for m1 in lunch for m2 in dinner if m1[:2] == m2[:2]]
menu = []
for m1 in lunch:
    for m2 in dinner:
        if m1[:2] == m2[:2]:
            menu.append(m1 + '+' + m2)

#2
menu = [ m1 + '+' + m2 for m1 in lunch if '肉' in m1 for m2 in dinner if m1[:2] == m2[:2]]
menu = []
for m1 in lunch:
    if '肉' in m1:
        for m2 in dinner:
            if m1[:2] == m2[:2]:
                menu.append(m1 + '+' + m2)
```

不难发现，当列表推导式中含有多个 for 循环时，其逻辑关系是多重循环结构的嵌套关系；每个 for 循环后都可以添加条件筛选语句，其逻辑关系直接从属于前面的 for 循环。

4.2 元　　组

元组是可迭代对象，具有有序、可以被索引等特点，元组内的元素可以通过索引、切片等方式被访问，这些功能与列表相似。但是元组是不可变序列数据对象，也就是说，元组中的元素只能被访问，不能被修改、删除或添加。

元组可以被理解为冻结的列表。相比列表而言，元组的运算速度更快。元组对不需要改变的数据进行"写保护"将使代码更加安全。反之，列表也可以被理解为"融化"的元组，当元组中的数据需要执行增加、修改、删除等操作时，可以先将元组"融化"为可变的列表，执行完序列相关操作后再"冻结"为元组。

元组中的所有元素放在界定符小括号"()"中；元素间用逗号分隔；元素的个数称为元组的长度。与字符串类型一样，元组属于不可变序列对象。字符串的元素只能由字符组成，而元组的元素类型同列表类似，其元素可以是不同数据类型，不仅可以为简单的整数、浮点数、字符串，还可以是字典、元组、集合、列表等可迭代对象。也就是说，元组中的元素可以异构（与元组类型不同的数据类型），也可以嵌套（元组中含元组）。

4.2.1　元组的基本操作

1. 元组的创建

用一对小括号即可创建一个空元组，也可以使用 tuple()函数（类型构造器）创建一个空元组。

```
>>> tup1 = ()
>>> tup2 = tuple()                    # 用类型构造器创建空元组
>>> print(tup1, tup2)
() ()
>>> num_tup1 = 1, 2, 3, 4             # 多个元素赋值，没有界定符默认为元组
>>> num_tup2 = (1, )                  # 创建仅含一个元素的元组时必须加逗号
```

```
>>> num_tup3 = 1,                    # 创建仅含一个元素的元组时可以缺括号,但是不能少逗号
>>> print(num_tup1, num_tup2, num_tup3)
(1, 2, 3, 4) (1,) (1,)
>>> num_tup1, num_tup2, num_tup3     # 不用print语句,默认三个变量组成元组
((1, 2, 3, 4), (1,), (1,))
>>> x = eval(input('请输入三个数: '))
请输入三个数: 1, 2, 3                 # 没有输入任何界定符时,默认多个元素组成元组
>>> x
(1, 2, 3)
```

tuple()函数可以将其他可迭代对象转换为元组。例如:

```
>>> tup = (1, 2, 3, 4, 5)
>>> lst = list(tup)                  # 将元组"融化"成列表,相当于关闭写保护
>>> lst.append(999)                  # 添加一个元素,进行写操作
>>> lst
[1, 2, 3, 4, 5, 999]
>>> tup = tuple(lst)                 # 修改后的列表重新"冻结"成元组,相当于开启写保护
>>> tup
(1, 2, 3, 4, 5, 999)
```

2. 元组的拼接

元组的拼接同样可以采用连接运算符"+"或复制运算符"*"。

```
>>> veg = ('青菜', '萝卜')
>>> today = veg + ('鱼', '虾')                  # 只有数据类型相同才能用"+"拼接
>>> today
('青菜', '萝卜', '鱼', '虾')
>>> ('鸡蛋', '肉') * 3                          # 用复制运算符"*"实现重复拼接
('鸡蛋', '肉', '鸡蛋', '肉', '鸡蛋', '肉')      # 运算结果不会改变原元组内容,返回新元组
```

3. 元组中含可变长数据对象

由于元组不可变,在循环遍历中可以直接遍历元组,不需要对元组切片对象进行遍历,元组也没有copy()方法。表面看起来,元组没有列表的麻烦,列表在赋值时要考虑直接赋值还是利用切片或copy()方法进行浅拷贝赋值。但是,当元组中含可变长数据对象时,元组同样会出现跟列表一样的问题。

例如:

```
>>> tup1 = tup2 = (1, 2, 3, [4, 5, 6])
>>> tup3 = tup1[:]                     # 浅拷贝,元组不可变,也可以直接用tup3 = tup1
>>> import copy
>>> tup4 = copy.deepcopy(tup1)         # 导入copy模块,使用深拷贝函数deepcopy()
>>> tup1[3].append(999)                # 改变元组中的可变长元素
>>> tup1
(1, 2, 3, [4, 5, 6, 999])
>>> tup2                               # 对tup1和tup2直接赋值,彼此访问同一地址,互相影响
(1, 2, 3, [4, 5, 6, 999])
>>> tup3                               # 元组的浅拷贝变量tup3被直接赋值
(1, 2, 3, [4, 5, 6, 999])
>>> tup4                               # 深拷贝变量tup4不会被tup1的任何操作影响
(1, 2, 3, [4, 5, 6])
```

下面的代码用于比较列表对象的浅拷贝和深拷贝的特点。

```
>>> lst1 = lst2 = [1, 2, 3, [4, 5]]   # 直接赋值
>>> lst3 = lst1[:]                     # 浅拷贝
>>> import copy
>>> lst4 = copy.deepcopy(lst1)         # 导入 copy 模块,执行深拷贝操作
>>> lst1.append(888)                   # 为 lst1 添加一个元素
>>> lst1[3].append('hello')            # 将 lst1 修改为可变长元素,在可变长元素中新增元素
>>> lst1
[1, 2, 3, [4, 5, 'hello'], 888]
>>> lst2                            # 无论 lst1 新增元素还是修改可变长元素,赋值变量同步变化
[1, 2, 3, [4, 5, 'hello'], 888]
>>> lst3                            # 浅拷贝变量不会新增元素,但是受可变长元素的影响
[1, 2, 3, [4, 5, 'hello']]
>>> lst4                            # 深拷贝变量完全不受 lst1 的任何影响
[1, 2, 3, [4, 5]]
```

由于只含有不可变对象元素的元组是不可变序列数据对象,相比于列表数据类型,元组的基本操作中没有删除元素操作,也没有利用切片实现内容的替换操作。元组的索引、切片访问及遍历同列表操作,这里不再赘述。

提示: 根据上面的示例,不可变序列数据对象更确切的描述应该是不可变长序列数据对象,即元素个数不可变,而如果元素本身含有可变长序列,则元素内容还有可能会被改变。

4.2.2 与元组有关的常用方法

由于元组的不可变特性,使元组不具备增、改、删的相关操作,因此元组类型的对象,仅有两个查询方法 count()和 index(),其语法格式同列表对象。为了便于读者的学习和记忆,表 4-2 给出了 4.1 节中介绍的列表基本操作、可调用的常用方法和函数,并将相同操作与元组进行了功能比对。

表 4-2　列表与元组的基本操作、方法、函数调用对照表

对照项目		列表	元组
基本操作	利用索引、切片访问元素	√	√
	利用 in 或 not in 访问元素	√	√
	写元素	√	只能对元组内可变长元素实现写操作
	循环遍历	√	√
	+或 * 运算	√	√
	赋值	√	√
方法	append()	√	×
	extend()	√	×
	insert()	√	×
	remove()	√	×
	pop()	√	×
	clear()	√	×
	index()	√	√
	count()	√	√
	reverse()	√	×
	sort()	√	×
	copy()	√	×

续表

对照项目		列　表	元　组
函数	len()	√	√
	del()	√	只能删除整个元组对象
	sorted()	√	返回结果为列表类型
	reversed()	返回生成器对象	返回生成器对象
	max()	所有元素为同类型元素	所有元素为同类型元素
	min()	所有元素为同类型元素	所有元素为同类型元素
	sum()	所有元素为数值型元素	所有元素为数值型元素

4.3 生成器推导式

列表推导式是利用轻量式循环将生成的一组数据对象放置在一对中括号内的,以此构成一个新列表。那么,如果生成的一组数,没有放置在一对中括号中,能否显示结果呢?生成的数据类型又是什么呢?带着这两个问题看下面的示例。

```
>>> numbers = [i ** 2 for i in range(5)]  # 列表推导式产生一个列表
>>> numbers
[0, 1, 4, 9, 16]
>>> numbers = i ** 2 for i in range(5)    # 没有两边的中括号,出现语法错误
SyntaxError: invalid syntax
>>> numbers = (i ** 2 for i in range(5))  # 思考:用小括号取代中括号,会不会出现元组
>>> numbers                              # 结果不是元组,而是具有一次性取值特点的生成器对象
<generator object <genexpr> at 0x0000015685AFDEC8>
>>> print(list(numbers))                  # 输出转换为列表的生成器对象
[0, 1, 4, 9, 16]
>>> print(list(numbers))             # 第二次输出,结果为空,这里生成器对象的一次性取值特点
[]
>>> numbers = (i ** 2 for i in range(5))  # 同样生成一个生成器对象
>>> nums = list(numbers)
>>> print(nums)
[0, 1, 4, 9, 16]
>>> print(nums)                           # 思考:为什么第二次输出没有为空
[0, 1, 4, 9, 16]
```

如果轻量式循环两边没有任何界定符,则为语法错误;如果两边放置的界定符为中括号,则生成一个列表;如果两边放置的界定符为大括号,则生成一个集合;如果两边放置的界定符为小括号,默认小括号具有数学公式中的括号功能,则生成一个生成器对象,不是生成一个元组。生成器对象可以被转换为列表、元组、集合等其他可迭代的数据对象,也可以用 for 循环遍历。但是再次强调,无论是转换或遍历访问,生成器对象具有一次性取值的特点。因此尽可能使用变量赋值的方式将生成器对象转换后赋值给新变量,再对新变量进行遍历或打印等其他操作,避免因一次性取值特点造成的错误。

4.4　列表和元组的常用函数

Python 提供了许多内置函数对序列数据对象执行相应功能的操作，表 4-2 给出了列表和元组的常用函数和方法。再次强调一下函数与方法调用的区别：调用函数时，数据对象作为参数放置在函数名右侧括号中；而调用方法时，数据对象作为前缀放置在方法名的左侧。在 4.1.2 小节中，对列表排序的 sort()方法和 sorted()函数有详细的比较说明。

本节将介绍 4 个与列表和元组有关且都能够产生生成器对象的内置函数，即这些函数返回的数据类型与 reversed()函数返回的结果类似，都属于生成器对象，具有一次性取值的特点。

4.4.1　map()函数

map()函数又称为映射函数，其语法格式如下。

```
[变量 = ] map(函数名,可迭代对象)
```

语法说明如下。

(1) 将可迭代对象中的每个元素作为前面函数名的参数，实现函数调用，函数的所有返回结果构成一个 map()函数返回的数据对象，被赋值后的变量为生成器对象。

(2) 括号中的函数名只能是一个函数名，不可以带任何括号和参数，函数所需的参数由可迭代对象中的元素逐一提供。

(3) 如果括号中的函数要求带多个参数，则后面必须有多个长度一致的可迭代对象，用逗号分隔，函数调用时以每个可迭代对象一一对应的位置元素作为参数同步传递给函数。

例如：

```
>>> x = map(str, range(5))              # 计算 str(0)、str(1)、str(2)、str(3)、str(4)的结果
>>> print(x)                            # 生成器对象不能直接显示结果
<map object at 0x000001781CB8C6C8>
>>> print(list(x))                      # 将生成器对象转换成列表
['0', '1', '2', '3', '4']
>>> print(list(x))                      # 这里生成器对象一次性取值特点,第二次显示结果为空
[]
>>> y = map(pow,range(1, 4), [2, 3, 4])      # 计算三个数的 2 次方、3 次方、4 次方
>>> print(tuple(y))                          # 将生成器对象转换为元组
(1, 8, 81)
```

从上例中不难发现，函数 pow()需要两个参数才能计算幂值，利用映射函数 map()可以计算一组数的幂值，那么 pow()后面必须有两个序列，并且序列长度一致，元素必须一一对应。如果计算一组数的平方，则示例中的[2, 3, 4]也要写为[2, 2, 2]，否则会由于长度不一而报错。当然也有简便的写法，如例 4-11 中对一组数保留小数点后 2 位的书写方式。

【例 4-11】 输入一组三角形的角度值，计算这组角度的正弦值并输出。

编程思路 计算一组角度的正弦值，首先要将角度值转换为弧度值才能调用正弦函数。实现代码如下。

方法一：

```
import math
ang = eval(input('输入一组角度值：'))                    # 如果输入数据两端没有界定符,则 ang 为元组
ang_radians = map(math.radians, ang)                  # 将所有角度一一转换为弧度
ang_sin = list(map(math.sin, ang_radians))            # 思考一下,为什么这行代码要用 list()函数
print(list(map(round, ang_sin, [2] * len(ang_sin))))  # 对每个数保留小数点后两位
```

方法二：将后一个 map 函数返回的可迭代对象作为前一个 map()函数的参数。

```
print(list(map(math.sin, map(math.radians, ang))))   # 思考如何修改代码完成小数点处理
```

方法三：利用列表推导式。

```
print([ math.sin(math.radians(a)) for a in ang] )    # 变量 a 逐一从 ang 中提取
```

方法四：利用列表推导式,同时保留小数点后两位。

```
print(['%.2f' % math.sin(math.radians(a)) for a in ang] )      # 显示结果为字符串
print([round(math.sin(math.radians(a)), 2) for a in ang] )     # 显示结果为数值型数据
```

提示：例 4-11 中有一个需要思考的问题,为什么 ang_sin 不能简单调用 map()函数,而需要用 list()函数转换？因为在下一行的代码中用到了两次 ang_sin,由于 map()函数返回的生成器对象具有一次性取值的特点,第二次取值内容为空,因此必须先转换成列表,便于多次取值。

4.4.2 filter()函数

filter()函数称为过滤函数,其语法格式如下。

```
[变量 = ] filter(函数名,可迭代对象)
```

语法说明如下。

(1) 过滤函数的目的是过滤,其结果是保留括号内部分或全部的可迭代对象中的元素,被赋值的变量为生成器对象。

(2) 将可迭代对象中的元素以参数形式逐一传递给括号中的函数,当该函数返回结果为 True 时,保留该元素；反之则滤除。

例如：

```
>>> x = filter(bool, [12, 100, (), None, 0, 3.14])
>>> for i in x:                        # 生成器对象是特殊的可迭代对象,可以被遍历
    print(i, end = '')
12 100 3.14
>>> print(list(x))                     # 第二次取值为空
[]
```

上面示例中过滤函数的作用是将列表中的元素逐一传递给 bool()函数,如果转换后返回值为 True(即被转换的元素非 0、非空、非 None),则保留该元素。因此本例中将列表中的空元组、None 和 0 都过滤了,这就是过滤函数的特点。过滤函数 filter()中的函数必须能返回布尔值,这类函数的作用看起来并不多,但结合后续学习的自定义函数及 lambda()函数后,这个过滤函数的作用就可以体现出来了。

```
>>> s = ['asdf', 'SRF', 'ASAafd', 'affd','zxc', 'ASDFHE']
>>> x = filter(str.isupper, s)          # 使用字符串方法时,必须有前缀 str
>>> print(list(x))                      # 过滤含有非大写字母的所有元素
['SRF', 'ASDFHE']
>>> x = filter(str.islower, s)          # 过滤含有非小写字母的所有元素
>>> print(list(x))
['asdf', 'affd', 'zxc']
>>> x = filter(islower, s)              # 会报错,方法调用需要前缀 str
Traceback (most recent call last):
  File "<pyshell#12>", line 1, in <module>
    x = filter(islower,s)
NameError: name 'islower' is not defined
```

在上例中使用了字符串的方法。使用函数和使用方法的区别是：使用函数时，如 bool()函数(实际执行的是 bool(12))，即将元素 12 放在函数的括号中作为参数传递；使用方法时，如 str.isupper()方法，实际执行的是'asdf'.isupper()，即将元素作为前缀。当然，无论使用函数还是使用方法，只要计算后返回值为 True，就保留该元素。

4.4.3　enumerate()函数

enumerate()函数将可迭代对象中的每个元素赋予一个索引号，该索引号与元素构成一个元组，所有元素构成的元组集合构成一个生成器对象。语法格式如下。

```
[变量 = ] enumerate(可迭代对象,start = 0)
```

语法说明如下。

(1) enumerate()函数可以枚举列表、元组或其他有序的可迭代对象的元素，返回枚举对象。枚举对象是一个生成器对象，其中每个元素都是元组，元组中的两个元素分别为索引号和元素值。

(2) 索引号是分配给所有元素的标签，默认从 0 开始，加 1 递增，也可以根据需要用参数 start 指定从任意值开始。

例如：

```
>>> lst = ['hello', 'world', 'I', 'love', 'Python']
>>> print(list(enumerate(lst)))         # 生成器对象必须转换后才能显示
[(0, 'hello'), (1, 'world'), (2, 'I'), (3, 'love'), (4, 'Python')]
>>> for ele in enumerate(lst):          # 遍历枚举对象,每一个元素类型都是元组
    print(ele)                          # 元组中的两个元素,第一个为索引号,第二个为元素值
(0, 'hello')
(1, 'world')
(2, 'I')
(3, 'love')
(4, 'Python')
>>> for i,v in enumerate(lst):          # 默认分配的索引号从 0 开始
    print('列表中的第 %s 个元素是 %s' % (i, v))
列表中的第 0 个元素是 hello
列表中的第 1 个元素是 world
列表中的第 2 个元素是 I
列表中的第 3 个元素是 love
列表中的第 4 个元素是 Python
>>> for i,v in enumerate(lst, start = 1):          # 指定符合人类习惯的索引方式
```

```
    print('列表中的第 %s 个元素是 %s' % (i, v))      # 输出更符合人类的思维方式
列表中的第 1 个元素是 hello
列表中的第 2 个元素是 world
列表中的第 3 个元素是 I
列表中的第 4 个元素是 love
列表中的第 5 个元素是 Python
```

在需要引用元素的索引号来修改元素内容时，通常使用默认索引号，即从 0 开始，这是一种符合序列数据对象特点的索引方式。有时为了增加程序的用户体验，会采用更人性化的索引方式，这时会选择指定索引号的方式。

4.4.4 zip()函数

zip()函数可以将一个或多个可迭代对象中的元素，以位置一一对应关系，将相应位置上的元素组合成元组，从而构成一个含有多个元组数据的生成器对象。

zip 的英文意思为拉链，一条拉链相当于一个可迭代对象，拉链上的每个齿相当于具体元素，两条拉链齿可以用一个拉链扣一对一地组合在一起，这就是 zip 的特点。

zip()函数的语法格式如下。

```
[变量 = ] zip(可迭代对象 1,[可迭代对象 2,]...)
```

语法说明如下。

(1) zip()函数返回一个生成器对象，对象中的每个元素均为元组。

(2) 当多个可迭代对象长度不一致时，生成器对象长度取最短的可迭代对象长度。

(3) 当只有一个可迭代对象时，每个元组中只有一个元素，元素后逗号不可缺。

部分示例如下。

```
>>> lst = [1, 2, 3, 4]
>>> st = 'python'
>>> tup = (7, 8, 9)
>>> list(zip(lst))                # 只有一个可迭代对象,元组中有一个元素和逗号
[(1,), (2,), (3,), (4,)]
>>> list(zip(st, tup))            # 长度不一的两个可迭代对象组合,以最短序列为标准组合
[('p', 7), ('y', 8), ('t', 9)]
>>> list(zip(lst, st, tup))       # 多个可迭代对象组合
[(1, 'p', 7), (2, 'y', 8), (3, 't', 9)]
```

提示：本节语法格式中出现的可迭代对象适用所有可遍历的容器对象，无论是有序的列表、元组、字符串、range()对象等，还是后面即将要学习的无序的集合和字典。同时，学完了本节后，不难发现，本节中的四个函数的返回对象也属于可遍历的可迭代对象。换句话说，一个函数的返回结果也可以作为另一个函数的可迭代对象参数。要牢记这四个生成器对象都是特殊的可迭代对象，具有一次性取值的特点。

4.5 列表和元组的输入与输出

前面介绍了两个序列数据对象：列表和元组。虽然在前面章节的各种示例中都有关于列表和元组的元素输入和输出方式，但是知识点都是逐一展示，本节将所有知识点整合，便

于读者理解序列数据对象输入和输出的各种方式及不同输入和输出条件下对各种元素的处理。

4.5.1　列表和元组的输入

列表是可变序列数据对象,可以利用循环的方式逐一输入元素并添加到列表。但是元组的不可变特性决定了元组不可以利用循环添加元素。

假定输入的元素有以下三种可能。

(1) 纯数值型列表或元组的数据输入,如[1, 2, 3, 4, 5]。

(2) 纯字符串列表或元素的数据输入,如('hello', 'world', 'I', 'love', 'zjut')。

(3) 混合型元素的列表或元组的数据输入,如[1, 2, 'hello', ('I', 'love'), ['a', 5, 6], 'world']。

无论是哪种类型的元素输入,input()函数必不可少,然而 input()函数无论输入什么内容,都是以字符串的形式进行的,因此要完成上述三种可能的输入,有一定的技巧。

1. eval()函数结合 input()函数的万能输入组合

对于数据输入,不得不说的就是 eval()函数。因为 eval()函数中的参数必须是字符串类型的,而 input()函数返回的一定是字符串类型的数据。因此这两个函数结合在一起,没有什么数据不能输入的,这是一种万能输入组合。

```
>>> eval(input('请输入一个列表: '))                # 需要列表,必须用中括号作为界定符
请输入一个列表: [1,2,3,4,5]
[1, 2, 3, 4, 5]
>>> eval(input('请输入一个纯字符串元组: '))        # 元组不需要界定符,但引号不能缺
请输入一个纯字符串元组: 'hello', 'world', 'I', 'love', 'zjut'
('hello', 'world', 'I', 'love', 'zjut')
>>> eval(input('请输入一个字符串: '))              # 输入字符串时必须加引号
请输入一个字符串: 'asdf'
'asdf'
>>> eval(input('请输入一个混合型列表: '))
请输入一个混合型列表: [1, 2, 'hello', ('I', 'love'), ['a', 5, 6], 'world']
[1, 2, 'hello', ('I', 'love'), ['a', 5, 6], 'world']
```

用 eval()函数可以将字符串转换成相应的数据类型,完全取决于输入数据的形式。输入过程中,界定符决定了输入的是列表、元组、字符串、集合,还是字典等。没有界定符时默认为元组。输入多个元素时必须用逗号分隔。

如果不用界定符,也可以利用转换函数将默认输入为元组的数据对象转换为其他类型。

```
>>> list(eval(input('输入一个纯数值型列表: ')))   # 下面的输入没有中括号作为界定符
输入一个纯数值型列表: 1,2,3,4,5                    # 相当于将元组转成列表
[1, 2, 3, 4, 5]
```

当使用 list()函数进行转换时,非常容易出现下面的错误。

```
>>> list(eval(input('输入一个字符串列表: ')))     # 正确输入方式
输入一个字符串列表: '红烧鱼','百合西芹','宫爆肉丁'
['红烧鱼', '百合西芹', '宫爆肉丁']
>>> list(input('输入一个字符串列表: '))           # 错误的输入方式
输入一个字符串列表: '红烧鱼','百合西芹','宫爆肉丁'
```

```
['"', '红', '烧', '鱼', '"', ',', '"', '百', '合', '西', '芹', '"', ',', '"', '宫', '爆', '肉', '丁', '"']
```

不难看到，输入多个字符串元素构成的列表时，很容易不小心丢失 eval()函数，从而将输入的所有字符一个个分隔后成为列表中的元素，无论是引号或是逗号，都变成了字符元素。因此对于纯字符串输入，最好采用 input()函数与 split()函数结合的方式。

2. input()函数结合 split()函数的纯字符串输入

由于 input()函数返回字符串类型的数据对象，因此对单一的字符串，直接使用 input()函数即可，输入操作时不需要加引号。对多个字符串元素的序列输入，可以采用与 split()函数结合的方式，输入时的优点也是不需要引号。

```
>>> input('输入一个字符串：')                    # 输入单一的字符串
输入一个字符串：hello world
'hello world'
>>> input('输入一个字符串：')                    # 注意不要被误导，这不是列表，还是一串字符
输入一个字符串：[1,2,3,4,5]
'[1,2,3,4,5]'
>>> input('输入一个纯字符串列表：').split(',')          # split()函数的返回类型为列表
输入一个纯字符串列表：红烧肉,油焖笋,炒青菜
['红烧肉', '油焖笋', '炒青菜']
>>> tuple(input('输入一个纯字符串元组：').split(' '))    # 指定分隔符为空格
输入一个纯字符串元组：红烧肉 油焖笋 炒青菜
('红烧肉', '油焖笋', '炒青菜')
```

使用 split()分隔后的元素内容依然为字符串，这里也会出现一个非常容易犯的错误。

```
>>> lst = input('输入一个数值型列表：').split(',')
输入一个数值型列表：1,2,3,4,5
>>> lst                                   # 列表中的元素都是字符，不是数值
['1', '2', '3', '4', '5']
>>> lst1 = list(map(int, lst))            # 利用映射函数将所有字符转换成整数
>>> lst1
[1, 2, 3, 4, 5]
>>> lst2 = [int(i) for i in lst]          # 利用列表推导式将所有字符转换成整数
>>> lst2
[1, 2, 3, 4, 5]
>>> lst = input('输入一个数值型列表：').split(',')    # 输入数据含有浮点数
输入一个数值型列表：3.14, 100, 99, 0.15
>>> lst
['3.14', '100', '99', '0.15']
>>> lst = list(map(eval, lst))            # 只能使用 eval()转换才能保证所有数据正确
>>> lst
[3.14, 100, 99, 0.15]                     # 思考用 float 替换上面的 eval 结果会如何
```

4.5.2 列表和元组的输出

对于序列数据对象的输出，最简单的方式就是直接输出整个对象，这时输出的结果中会包含界定符，如列表两边有中括号，元组两边有小括号，反而字符串在使用 print()函数打印后没有任何界定符。

本小节根据前面介绍的各种知识点介绍几个简单且实用的序列数据对象输出方式。

```
>>> lst = [1, 2, 3 ,4, 5]
```

```
>>> print(lst)                          # 直接输出列表,含界定符中括号
[1, 2, 3, 4, 5]
>>> for i in lst:                       # 利用循环遍历每个元素,不换行输出结果
    print(i, end = ' ')
1 2 3 4 5
>>> print(' '.join(map(str, lst)))      # 直接将所有元素转换成字符串,用 join()方法连接
1 2 3 4 5
>>> tup = ('hello', 'world!', 'welcome', 'to', 2021)
>>> for i in tup:
    print(i, end = ' ')
hello world! welcome to 2021
>>> print(' '.join(map(str, tup)))      # 元组中的元素类型不同,都可以转换成字符串
hello world! welcome to 2021
```

对于序列数据对象的输出,分隔符可以使用空格,也可以用 end 参数指定为其他符号,如逗号,则元素间用逗号分隔。但是指定 end 参数为逗号的问题是最后一个元素输出结束后还有一个逗号,因为 end 不是真正的分隔参数,而是一行输出结束后的符号。因此需要用逗号或其他符号作为分隔符时,用 join()的方式更简单,只须指定字符串连接符。

4.6　列表和元组的应用实例

列表是 Python 语言中一种重要的数据类型,本节给出几个应用实例,帮助读者进一步理解和熟悉列表的应用,同时在同一个实例中会给出多种编程思路,以便读者拓宽思路。

【例 4-12】 随机产生 n 个两位数,n 由用户输入,计算 n 个数中所有被 7 除余 5,被 5 除余 3 的所有数之和。

编程思路 这是一个对随机模块、算术运算符、列表等多个知识点复习的小示例,本例给出两个方案来完成。

实现代码如下。

```
import random
n = eval(input('请输入 n 的值: '))
numbers = [random.randint(10,99) for i in range(n)]
# 方法一: 采用传统思路,逐个判断后添加到列表中,然后求和
num = []
for i in numbers:
    if i % 7 == 5 and i % 5 == 3:
        num.append(i)
print(sum(num))
# 方法二: 采用列表推导式用一条语句完成
print(sum([i for i in numbers if i % 7 == 5 and i % 5 == 3]))
```

【例 4-13】 校园十佳歌手决赛现场,8 个评委对入围的 20 位选手给出了最终的评分。编程以列表形式输入 20 位选手的编号和所有评分成绩,如[[1,97,98,…],[2,94,92,…],[3,85,84,…]]。根据评分表,去除一个最高分和一个最低分后求平均,并按平均分由高到低输出选手编号和最后得分。

编程思路 本例的难点是如何获取每个选手的成绩,要利用列表的切片操作去除每个

列表的第 0 个元素，也就是选手编号，然后把剩余成绩中的最高分和最低分去除后再求平均分。

实现代码如下。

```
g = list(eval(input('20 位学生得分:')))
g1 = []
for v in g:
    avg = (sum(v[1:]) - min(v[1:]) - max([1])) / 6
    g1.append([v[0], avg])

print(sorted(g1, reverse = True, key = lambda i : i[1]))  # lambda 函数参考第 6 章
```

【例 4-14】 斐波那契数列最早是以兔子繁殖为例而引入，故又称为“兔子数列”。后来斐波那契数列还被发现跟黄金分割、树枝的分支、花瓣生长、海螺螺旋规律等很多大自然规律相符，因此斐波那契数列是数学中一个很重要的自然数数列。其数列规律如下。

$$f(n)=\begin{cases}1 & n=1,2\\ f(n-1)-f(n-2) & n>2\end{cases}$$

编写一个程序，要求：

(1) 输入一个 n，输出不大于 n 的斐波那契数列。

(2) 输入一个 n，输出 n 个斐波那契数。

编程思路 这是两个不同的编程要求，第一个是判断一个数，只要小于等于 n，就可以输出；而第二个是判断一个列表长度，只要小于 n，就不断添加斐波那契数，直到列表长度等于 n。

实现代码如下。

```
# 输出不大于 n 的斐波那契数列
n = int(input('请输入 n 的值: '))

f1 = f2 = 1                          # f1 为准备添加到列表的值,f2 为准备给 f1 的后备值
fib = []

while f1 <= n:                       # 不确定 n 的值,循环只能用 while
    fib.append(f1)
    f1, f2 = f2, f1 + f2

print(fib)
# 输出 n 个斐波那契数,这里给出了三种方法计算斐波那契数列
n = int(input('请输入 n 的值: '))
fib1 = [1, 1]
fib2 = [1, 1]
fib3 = [1, 1]

for i in range(2, n):                # 已经有两个值在列表中,区间为[2, n-1]
    fib1.append(fib1[i - 1] + fib1[i - 2])
    fib2.append(fib2[-1] + fib2[-2])     # 与 fib1 相比,这个索引更快
    fib3.append(sum(fib3[-2:]))

print(fib1)
print(fib2)
print(fib3)
```

【例 4-15】　按图 4-1 所示的输入/输出格式打印一个超市购物小票，要求保持不断输入商品名和价格，直到输入商品名为空（按 Enter 键）结束输入。统计所有输入商品的价格，按小票格式要求输出清单和总价。输出价格保留小数点后两位。小票打印宽度可以由用户自定义。

```
请输入商品名: Apple
请输入价格: 10
请输入商品名: Banana
请输入价格: 12.5
请输入商品名: Watermelon
请输入价格: 28.8
请输入商品名: Peach
请输入价格: 6
请输入商品名:
请输入总的小票宽度: 50
请输入商品名的宽度: 10
==================================================
*********************商品清单*********************
==================================================
Item                                         Price
--------------------------------------------------
Apple                                        10.00
Banana                                       12.50
Watermelon                                   28.80
Peach                                         6.00
--------------------------------------------------
Total                                        57.30
```

图 4-1　例 4-15 输入/输出格式

编程思路　本例主要练习 while True 的循环模式，并复习列表元素添加、字符串格式化及字符串方法 center()的使用。

实现代码如下。

```
Item = []
while True:
    name = input('请输入商品名: ')
    if name:
        price = eval(input('请输入价格: '))
        Item.append((name, price))
    else:
        break

totalWidth = int(input('请输入总的小票宽度: '))
nameWidth = int(input('请输入商品名的宽度: '))
priceWidth = totalWidth - nameWidth

print('=' * totalWidth)
print('商品清单'.center(totalWidth - 4, '*'))      # 中文字符多占位 4 个字符位置
print('=' * totalWidth)
print('%-*s%*s' % (nameWidth, 'Item', priceWidth, 'Price'))
print('-' * totalWidth)

totalPrice = 0

for n, p in Item:
    print('%-*s%*.2f' % (nameWidth, n, priceWidth, p))
    totalPrice += p

print('-' * totalWidth)
print('%-*s%*.2f' % (nameWidth, 'Total', priceWidth, totalPrice))
```

本例的难点在于如果商品名为中文，则要考虑中文占位符问题。如示例中的“商品清单”四个汉字要居中时，center 的参数需要减 4。因为对字符而言，一个汉字的长度相当于一个西文字符，但是汉字在打印时为两个字符，这就给输出造成困扰，必须考虑汉字判断问题。简单的判断方式就是判断汉字的 ASCII 值是否为 Unicode 的 4E00～9FFF。关于汉字判断问题，读者也可以自行查阅相关文献。

【例 4-16】 输入一个数字字符串，将字符串中偶数位置的数字字符用“-”替换。如输入“1234567”，输出“1-3-5-7”。

编程思路 传统的编程思路是将字符串转换为列表，利用循环遍历将偶数位置的数字字符用“-”替换，完成后再用 join()方法连接。比较简单的方法是利用切片完成替换。

实现代码如下。

方法一：采用循环遍历的方式替换字符。

```
s = input('a string:')
lst = list(s)
for i in range(1, len(lst), 2):
    lst[i] = '-'
newstring = ''.join(lst)
print(newstring)
```

方法二：采用切片方式替换所有字符。

```
s = input('a string:')
lst = list(s)
lst[1 : : 2] = '-' * len(lst[1 : : 2])
# lst[1 : : 2] = ['-'for i in range(1, len(lst), 2)]
newstring = ''.join(lst)
print(newstring)
```

习　题　4

1. 下列(　　)的数据类型与其他三个不同。

A. ()　　B. (1)　　C. (1,)　　D. (1, 2)

2. 表达式(　　)可以让列表 a 的值从 [1, 2, 3] 变为[1, 2, 3, 4, 5]。

A. a.insert(4, 5)　　B. a.append(4, 5)

C. a.extend(4, 5)　　D. a+=[4, 5]

3. 元组变量 t=(3, [1, 2], ('a', 'b'), 'XYZ')，则 t[::-1][2][1]的值是(　　)。

A. 'a'　　B. 'b'　　C. 1　　D. 2

4. 元组变量 t = ([1, 2], (3, 4), '567')，下列代码可以正确执行的是(　　)。

A. t[0].append('X')　　B. t[1].add(5, 6)

C. t[2].insert(0, '8')　　D. t[1]=(5,)

5. 给出以下程序的运行结果。

```
x = [i for i in range(0,10) if i % 2 == 0]
```

```
print(x)
for i in range(3):
    t = x.pop()
    x.insert(0, t)
print(x)
y = x
z = x[:]
x.sort(reverse = True)
print(y)
print(z)
```

6. 请给出以下程序的运行结果：

```
x = [86, 89]
a,b = x
i = 0
while i < 2:
    a,b = b - a, a
    x.insert(0 , a)
    i = i + 1
print(x)
print(sorted(x))
print(x[::2])
print([n for n in reversed(x) if n % 3 == 0])
```

7. 编写程序，用户输入 10 个数值，数值直接以空格间隔，找出里面大于所有数的平均值的那些数值。例如，用户输入 1、2、3、4、5，大于平均值的数有 4 和 5。

8. 编写程序，产生 10 个两位随机整数放入一个列表 a 后，用户输入一个整数 n，让列表中的每个元素向右循环移动 n 位。例如，$a=[1,2,3,4,5]$，$n=3$，则循环右移后 $a=[3,4,5,1,2]$。

9. 编写程序，计算距离。用户输入多个点的坐标(x_i, y_i)，需要计算出从原点开始，依次连接这些点的线段的长度和。

10. 编写程序，计算一组数的平均值和近似标准差。用户输入数据个数 n，然后分别输入 n 个浮点数 $x_1, x_2, \cdots, x_n$，最后输出这些数的平均值和标准差。其中，均值 $\bar{x} = \frac{1}{n}\sum x_i$，标准差 $s = \sqrt{\frac{\sum(\bar{x} - x_i)^2}{n-1}}$。

11. 编写程序，输出班级中考试通过的学生名单。程序运行后不断接收用户输出的学生学号和某门课的成绩信息（两者之间采用空格间隔），直到用户输入 OVER 后结束数据输入。然后程序按学生学号从小到大的顺序输出考试及格（成绩≥60 分）的学生学号和成绩信息。

12. 修改题 11 中的程序代码，按学生考试成绩从高到低的顺序输出每个学生的学号和对应成绩信息。

第 5 章　字典与集合

列表和元组属于序列数据对象，其特点是有序，可以通过索引号访问序列中的元素。本章介绍两种无序的可迭代对象，它们都是可变长容器对象。在对两种数据对象的学习过程中，要把握好“无序”“可变”这两个特点。无序就是不能用索引或切片的方式访问，可变就意味着与列表对象类似，有很多与数据对象相关的增、查、改、删等方法要掌握。

5.1　字　　典

先来看一个例子，用两个列表，分别代表晚餐的菜的种类和菜名，要求一一对应显示菜单。

```
>>> menu1 = ['肉', '鱼', '蔬菜', '汤']
>>> menu2 = ['红烧肉', '清蒸鲈鱼', '广式芥蓝', '番茄蛋汤']
>>> for i in range(4):
    print('今晚要吃的 %s 是 %s' % (menu1[i], menu2[i]))
今晚要吃的肉是红烧肉
今晚要吃的鱼是清蒸鲈鱼
今晚要吃的蔬菜是广式芥蓝
今晚要吃的汤是番茄蛋汤
```

上例中如果觉得晚餐的菜有点多，要删除一个，那就意味着要删除 menu1 和 menu2 中对应的内容，这样的操作对用户而言体验就很差了。当数据量很大时，索引号对应的内容查询变得非常不方便，多个列表的关联查询或修改更容易造成数据错误。这时如果可以用具体的一个数据对象访问另一个数据对象，如访问“蔬菜”就可以找到“广式芥蓝”；访问“汤”就可以找到“番茄蛋汤”，那么这种操作相对就变得简单，用户体验会更佳，数据的安全性也会更理想。这时可以利用字典来实现。

```
>>> dinner = {'肉': '红烧肉', '鱼': '清蒸鲈鱼', '蔬菜': '广式芥蓝', '汤': '番茄蛋汤'}
>>> for m1, m2 in dinner.items():                    # 使用字典，遍历方便
    print('今晚要吃的 %s 是 %s' % (m1, m2))
今晚要吃的肉是红烧肉
今晚要吃的鱼是清蒸鲈鱼
今晚要吃的蔬菜是广式芥蓝
今晚要吃的汤是番茄蛋汤
>>> print('今晚要吃的菜有: %s' % list(dinner.keys()))      # 比较下面两种显示方式
今晚要吃的菜有: ['肉', '鱼', '蔬菜', '汤']
>>> print('今晚的菜单是: %s' % '、'.join(dinner.values())) # 显然本方式更符合习惯
今晚的菜单是: 红烧肉、清蒸鲈鱼、广式芥蓝、番茄蛋汤
>>> del dinner['肉']                          # 今晚菜太多，删除一个
>>> dinner                                    # 菜品“肉”中对应的“红烧肉”同时被删除
{'鱼': '清蒸鲈鱼', '蔬菜': '广式芥蓝', '汤': '番茄蛋汤'}
```

字典中的所有元素放在界定符一对大括号“{}”中，元素间用逗号分隔。与其他可迭代对象不同的是，字典的每一个元素包含两个部分：键和值。键和值用冒号分隔，一组键值对构成一个元素。元素的个数称为字典的长度，可以用 len()函数统计。由于字典是无序的，不可以通过索引、切片等方式访问字典中的某一个元素或一片元素集，只能通过字典的键访问字典的值。为了保障数据的唯一性和安全性，规定字典中的键不可重复，且必须为不可变数据类型，不能被任意修改。每个键对应的值可以多种多样，也可以相同。比如可以用学生的学号做字典的键，或者用每个人的身份证号做字典的键，不会有重复，但是不可以用姓名做键，因为可能有重名的学生。可以用学生的成绩做对应的值，学号对应的成绩可以相同，可以是一门课成绩，也可以是多门课成绩，还可以是带姓名和课程名称的复杂成绩序列，对于字典的值，没有任何数据类型的约束。

根据字典键和值的特性不难发现，只有字符串、整数、浮点数、元组这些不可变数据对象可以作为字典的键。这些不可变数据对象在程序设计语言中有个专业术语，称为可哈希数据。而字典的值跟列表元素一样，可以重复，也可以是不同的数据类型，不仅可以为简单的整数、浮点数、字符串，还可以是字典、元组、集合、列表等可迭代对象。

5.1.1　字典的基本操作

1. 字典的创建与添加

用一对大括号即可创建一个空字典，也可以使用 dict()类型构造器创建一个空字典。

向字典添加键值对的语法格式如下。

```
字典名[键] = 值
```

语法说明如下。

(1) 字典名必须已经存在，如果不存在，必须先建立一个空字典才能用此方法添加字典元素。

(2) 字典的键如果不存在，则添加新的键值对；字典的键如果已经存在，根据字典的键唯一性的特性，用新的值替换原值，实现内容修改。

(3) 字典的键为不可变数据类型，并且，采用键为索引访问值时，必须使用中括号。

```
>>> dic1 = {}
>>> dic2 = dict()                       # 采用字典类型构造器创建空字典
>>> print(dic1, dic2)
{} {}
>>> dic1['肉类'] = '干菜扣肉'            # 向字典添加键值对,键为索引
>>> dic1['鱼类'] = '葱焖鲫鱼'
>>> print(dic1)
{'肉类': '干菜扣肉', '鱼类': '葱焖鲫鱼'}
>>> dic1['肉类'] = '红烧牛肉'            # 希望再增加一个肉类的菜,但是实际出现问题
>>> print(dic1)
{'肉类': '红烧牛肉', '鱼类': '葱焖鲫鱼'}  # 若添加的键与原来的键相同,则修改值
```

可以利用三种不可变数据类型——字符串、元组、数字分别为键构成字典，例如：

```
>>> grade1 = {'张三' : 77, '李四' : 88, '王五' : 66}                  # 不可变对象字符串为键
>>> grade2 = {('张三', 20200201) : 77, ('李四', 20200202) : 88}  # 元组为键
>>> grade3 = {20200201 : 77, 20200202 : 88, 20200203 : 66}       # 数字为键
```

上面三个示例中，以姓名为键构成的成绩单最不安全，因为姓名可以出现同名同姓，而学号，或者姓名与学号构成的元组为键，则可以保证数据对象的唯一性和安全性。学号可以是数字，也可以用字符串构成，只要是不可变数据对象，都可以为键。例如，grade2 中的键是以姓名和学号构成的元组，如果这里改成列表，则会报错，因为列表是可变数据对象。

在同一个字典中，无论是键或值都可以是不同类型的数据对象。

```
>>> price = {'油焖虾' : 58, '百合西芹' : 28, ('东坡肉', '一块') : 28, ('帝王蟹', '一斤') : 128}
>>> student1 = {'姓名' : '张三', '学号' : 20200201, '成绩' : {'英语' : 55, 'Python' : 99}}
```

提示：字典中的键只能是不可变数据对象，但没有要求一个字典内所有的键必须统一为数字或都是字符串，类型可以不同；字典中的值可以是任意数据类型，值可以是简单数据对象，也可以异构或嵌套。

与列表、元组类似，字典也有转换函数 dict()。该函数可以将其他数据对象转换成字典。但是由于字典包含键值对的特殊性，一个序列数据对象是无法直接转换成字典的，且转换时要牢记：被转换成字典键的序列数据对象中的元素必须均为不可变数据对象。

```
>>> dic1 = dict(a = 1, b = 2)       # 可在参数表中对变量赋值,构成键值对,键只能是字符串
>>> dic1
{'a': 1, 'b': 2}
>>> lst1 = ['张三', '李四', '王五']
>>> lst2 = [77, 88, 99]
>>> dic2 = dict(zip(lst1, lst2))   # 利用 zip()函数先构成元组,再转换成包含键值对的字典
>>> dic2
{'张三': 77, '李四': 88, '王五': 99}
>>> dic3 = dict(zip(lst2, lst1))
>>> dic3
{77: '张三', 88: '李四', 99: '王五'}
>>> dic4 = dict([(1, 2), (3, 4), (5, 6)])      # 括号中的参数为可迭代对象
>>> dic4
{1: 2, 3: 4, 5: 6}
>>> dic5 = dict(([1, 2], [3, 4], [5, 6]))      # 可迭代对象中的元素均由两个值构成
>>> dic5
{1: 2, 3: 4, 5: 6}
>>> dic6 = dict(([1, 2], [1, 4], [1, 6]))      # 出现多个相同的键,保留最后一个键值对
>>> dic6
{1: 6}
>>> dict7 = dict(zip('abcdca',[1,2,3,4,5,6]))
>>> dict7                                     # 单一字符构成的键出现重复,同样保留最后一个键值对
{'a': 6, 'b': 2, 'c': 5, 'd': 4}
```

从上面的示例不难发现，要用 dict()函数转换成字典，括号中的参数必须为可迭代对象。这一点跟列表的 list()函数转换格式一样，不同的是可迭代对象中每个元素必须由两个值构成，其中第一个值必须是不可变数据对象，以此转换为字典的键，第二个值可以是任意的数据类型。比如 dict4 是由列表转换的，列表内的元素为元组，而 dict5 是由元组转换的，元组内的元素为列表。

提示：使用 dict()函数，括号中只能是一个完整的可迭代对象，比如一个列表，或者一个元组，不可以出现类似 dict([1, 2], [3, 4], [5, 6])的转换，也就是不能出现元素分散在括号内的情况。特殊情况就是 dict1 的赋值方式，这种变量赋值方式可以用逗号分隔每一

个赋值表达式。

给一个字典的所有键赋初值的语法格式如下。

```
变量 = dict.fromkeys(可迭代对象,default = None)
```

语法说明如下。

(1) 可迭代对象的元素必须是不可变数据对象,用于构成字典的所有键。

(2) default 默认为 None,也可以把所有键的值统一为某个初值。

```
>>> lst = ['张三', '李四', '王五']
>>> stu_grade = dict.fromkeys(lst)                    # 初值默认为 None
>>> stu_grade
{'张三': None, '李四': None, '王五': None}
>>> stu_grade = dict.fromkeys(lst, 100)               # 设定每个键初值为 100
>>> stu_grade
{'张三': 100, '李四': 100, '王五': 100}
>>> stu_grade = dict.fromkeys(lst, (100, 90, 80))     # 注意不是把三个数分别赋给三个键
>>> stu_grade
{'张三': (100, 90, 80), '李四': (100, 90, 80), '王五': (100, 90, 80)}
```

2. 字典的访问

字典是无序的可迭代对象,不能采用索引号或切片的方式进行访问,只能通过键作为索引访问相应的值。键和值是一一对应的关系,如果访问的键不存在,则会抛出异常。当然,为了防止出现这类异常引发程序崩溃,可以引入一些异常处理结构。

```
>>> stu_grade = {'张三': (70, 80, 75), '李四': (90, 90, 95), '王五': (66, 55, 44)}
>>> print(stu_grade['李四'])              # 利用字典的键访问对应的值时必须使用中括号
(90, 90, 95)
>>> stu_grade['李五']                     # 字典中没有指定的键则抛出异常
Traceback (most recent call last):
  File "<pyshell#9>", line 1, in <module>
    stu_grade['李五']
KeyError: '李五'
```

虽然字典的键和值是一一对应的关系,但是只能通过具有唯一性的键访问字典的值,不能反过来通过值找到对应的键,因为值不具有唯一性。同样,字典不能像列表切片一样,访问一片数据集,只能由一个键访问一个值。当然可以利用循环找到每个键对应的值。

3. 字典的删除

字典的删除可以是删除整个字典,或者删除字典中的某个键值对。下面仅介绍采用 del() 函数的方式实现删除。

```
>>> stu_grade = {'张三': (70, 80, 75), '李四': (90, 90, 95), '王五': (66, 55, 44)}
>>> del stu_grade['李四']            # 注意键索引必须采用中括号,此操作同时删除键值对
>>> stu_grade
{'张三': (70, 80, 75), '王五': (66, 55, 44)}
>>> del stu_grade                    # 删除整个字典
```

4. 字典的直接赋值与浅拷贝

与列表类型相似,字典是可变长的可迭代对象,因此在赋值过程中会出现多个变量按相同内存地址访问的直接赋值或利用 copy()方法进行浅拷贝赋值的两种操作。

```
>>> stu1 = {'姓名': '张三', '学号': 20200201, '成绩': ['Python', 99]}
>>> stu2 = stu1                # 直接赋值,按地址访问,两个变量绑定同一地址
>>> stu3 = stu1.copy()         # 浅拷贝赋值
>>> stu1['学号'] = 999999      # 根据字典的键修改字典的值
>>> stu1
{'姓名': '张三', '学号': 999999, '成绩': ['Python', 99]}
>>> stu2                       # 按地址访问的特点就是 stu2 与 stu1 同步变化
{'姓名': '张三', '学号': 999999, '成绩': ['Python', 99]}
>>> stu3                       # 浅拷贝的特点是被修改的字典的值为不可变数据对象则不受影响
{'姓名': '张三', '学号': 20200201, '成绩': ['Python', 99]}
>>> stu1['性别'] = '男'        # 新增键值对
>>> stu1
{'姓名': '张三', '学号': 999999, '成绩': ['Python', 99], '性别': '男'}
>>> stu2                       # 直接赋值,同步变化
{'姓名': '张三', '学号': 999999, '成绩': ['Python', 99], '性别': '男'}
>>> stu3                       # 浅拷贝不受长度变化的影响
{'姓名': '张三', '学号': 20200201, '成绩': ['Python', 99]}
>>> stu1['成绩'][1] = 55       # 修改字典值中的部分元素,即值为可变数据对象
>>> stu1
{'姓名': '张三', '学号': 999999, '成绩': ['Python', 55], '性别': '男'}
>>> stu2
{'姓名': '张三', '学号': 999999, '成绩': ['Python', 55], '性别': '男'}
>>> stu3                       # 浅拷贝不能阻止可变数据对象的修改,跟着一起变化
{'姓名': '张三', '学号': 20200201, '成绩': ['Python', 55]}
```

提示:不仅仅针对列表,对于所有可变长的可迭代对象,都要根据需要谨慎选择直接赋值或浅拷贝赋值方式。

【例 5-1】 有两个字典,d1 中的键为学生学号,值为学生姓名;d2 中的键为学生学号,值为 Python 的考试成绩。数据格式示例如下。

```
d1 = {'202015': '张三', '202002': '李四', '202023': '王五'}
d2 = {'202002': 88, '202023': 77, '202015': 96}
```

要求:将其组合并输出一个新的字典,键为学号和姓名构成的元组,值为考试成绩。

编程思路 字典是无序的,本例的重点是如何利用学号访问对应的姓名和成绩,并构成新的键值对。方法可以有很多,本例给出两种解题方法。

实现代码如下。

```
d1 = {'202015': '张三', '202002': '李四', '202023': '王五'}
d2 = {'202002': 88, '202023': 77, '202015': 96}
# 方法一:先获取 d1 的键值对构成的元组,以此为键,建立字典
d = {}
for k in d1.items():          # 遍历时,每一次 k 都是一个元组,内含学号和姓名两个元素
    d[k] = d2[k[0]]           # 以 k 中索引为 0 的元素为键,即以学号为键,访问 d2 的成绩
print(d)
# 方法二:解包键值对
d = {}
for k, v in d1.items():       # 序列解包,每一个键值对的学号给 k,姓名给 v
    d[(k,v)] = d2[k]          # 新字典的键以学号和姓名组合成元组,利用学号 k 访问成绩
print(d)
```

5.1.2 与字典有关的常用方法

字典属于可变长的可迭代数据类型，同样具备增、查、改、删的相关操作。结合第 4 章表 4-2 的方式，将字典的相关方法与列表对应。表 5-1 中给出了列表基本操作、可调用的常用方法和函数，并将相同操作与字典进行了功能比对。

表 5-1 列表与字典的基本操作、方法、函数调用对照表

对照项目	列 表	字 典
基本操作	利用索引、切片访问、修改元素	只能利用键访问、修改值或利用 get()方法获取值
	利用 in 或 not in 访问元素	利用 keys()、values()或 items()方法返回的可迭代对象
	利用索引号写入元素	利用键写入键值对
	循环遍历	有三种遍历操作：键、值、键值对
	+或 * 运算	没有相关操作
	赋值	与列表相同
方法	append()	setdefault()
	extend()	update()
	insert()	×
	remove()	×
	pop()	pop()、popitems()
	clear()	√
	index()	×
	count()	×
	reverse()	×
	sort()	×
	copy()	√
函数	len()	√
	del()	√
	sorted()	返回结果为列表类型，且根据指定参数不同，有三种排序结果
	reversed()	×
	max()	可以指定对具有相同类型的键、值或键值对的可迭代对象求最大值
	min()	可以指定对具有相同类型的键、值或键值对的可迭代对象求最小值
	sum()	可以指定对键、值或键值对的可迭代对象求和且要求所有元素必须为数值型对象

1. 字典的内置方法 keys()、values()、items()

keys()、values()、items()是字典对象三个非常实用的方法，可以通过字典名直接调用这三个方法，返回结果分别是以所有的键构成的可迭代对象、以所有的值构成的可迭代对象、包含键和值并以元组形式构成的可迭代对象。具体示例如下。

```
>>> stu_grade = {'张三': (70, 80, 75), '李四': (90, 90, 95), '王五': (66, 55, 44)}
>>> x = stu_grade.items()
>>> print(x)
```

```
dict_items([('张三', (70, 80, 75)), ('李四', (90, 90, 95)), ('王五', (66, 55, 44))])
>>> print(x[0])
Traceback (most recent call last):
  File "<pyshell#19>", line 1, in <module>
    print(x[0])
TypeError: 'dict_items' object is not subscriptable
>>> print(type(x))
<class 'dict_items'>
>>> print(stu_grade.keys())
dict_keys(['张三', '李四', '王五'])
>>> print(stu_grade.values())
dict_values([(70, 80, 75), (90, 90, 95), (66, 55, 44)])
```

通过示例不难看出,将字典方法 items()的返回结果赋值给变量 x,这个变量是包含(键,值)元组的可迭代对象,但是这个可迭代对象不是列表,不能用索引号访问。

除非在调试程序时以看到内容为目的,可以简单地输出 keys()、values()、items()三种方法的返回结果。多数情况下不会直接显示,而是通过循环遍历的方式遍历这三个方法的返回结果,访问字典的键、值或键值对。当然也可以将这三个方法的返回结果利用转换函数 list()、tuple()等转换后输出。

```
>>> for stu in stu_grade.items():      # 遍历键值对,每一个键值对以元组形式出现
    print(stu)
('张三', (70, 80, 75))
('李四', (90, 90, 95))
('王五', (66, 55, 44))
>>> for name in stu_grade.keys():      # 遍历所有的键
    print(name)
张三
李四
王五
>>> for name in stu_grade:             # 不指定遍历字典的具体方法时,默认遍历为键
    print(name)
张三
李四
王五
>>> for grade in stu_grade.values():  # 遍历所有的值
    print(grade)
(70, 80, 75)
(90, 90, 95)
(66, 55, 44)
>>> print(list(stu_grade.items()))
[('张三', (70, 80, 75)), ('李四', (90, 90, 95)), ('王五', (66, 55, 44))]
>>> print(list(stu_grade))             # 默认字典名为字典的键
['张三', '李四', '王五']
```

提示:输出字符串时,如果直接输出,则字符串两端无界定符,如上例中输出 name 时所有姓名两端无引号。如果字符串在可迭代对象中,则会显示两端的界定符,如上例中输出 stu 时,元组内的姓名两端有引号。

2. get()方法获取值

虽然利用字典的键可以快速获取字典的值,但是一旦该键不存在,则会抛出异常造成程序崩溃。而 get()方法可以有效解决异常问题,其语法格式如下。

```
[变量 = ]字典对象名.get(键,default = None)
```

语法说明如下。

(1) 通过搜索字典对象名中的键,获得对应的值,该值可以赋值给变量或直接在表达式中使用。

(2) 如果指定要访问的键不存在时,返回第二个参数,若第二个参数未指定,默认为None。

```
>>> students = {'202002' : '张三', '202007' : '李四', '202006' : '王五'}
>>> print(students.get('202007'))
李四
>>> print(students.get('202005'))     # 该键不存在且没有指定默认值,返回 None
None
>>> print(students.get('202005', '查无此人'))
查无此人
>>> students                      # 上一行代码虽然指定了不存在键的默认值,但不影响原字典内容
{'202002': '张三', '202007': '李四', '202006': '王五'}
```

在使用 get()查询键对应的值时,如果字典中没有该键值对,则会返回 get()方法的第二个参数,如果没有指定该参数,返回 None。无论是否指定了第二个参数,都不会影响原字典的内容,即不会新增键值对。方法 get()只用来查询键值对,并返回相应的值。

【例 5-2】 输入一个字符串,统计每个字符出现的次数,并以字符和其数量的键值对构成字典输出。

编程思路 本例的难点在于当一个字典为空字典时,无法实现类似 d['a'] = d['a']+1 的累加,因为在空字典中没有字符'a'的原始键。本例采用两种方案解决这个问题,可以对比学习一下。

实现代码如下。

```
s = input('请输入一个字符串: ')
cal_chars = {}
# 方法一: 判断是否存在键,如果存在,直接累加值; 如果不存在,创建键值对,值为 1
for c in s:
    if c in cal_chars:                  # 默认查询字典中的键,判断字符'c'是否在字典的键中
        cal_chars[c] = cal_chars[c] + 1
    else:
        cal_chars[c] = 1                # 第一次出现这个字符,值为 1
print(cal_chars)

cal_chars2 = {}
# 方法二: 直接采用 get()方法,如果存在值直接用值,如果不存在值,默认值为 0
for c in s:
    cal_chars2[c] = cal_chars2.get(c, 0) + 1   # 字典中第一次出现字符 c 时,赋初值为 0
print(cal_chars2)
```

3. setdefault()方法新增键值对

列表元素的添加可以使用 append()方法,允许重复添加相同元素。相应地,字典元素的添加可以使用 setdefault()方法,但是如果字典中已经有相同的键,则无法新增键值对。换句话说,此方法只能新增键值对,不能修改已有的键对应的值。语法格式如下。

```
[变量 = ]字典对象名.setdefault(键,值)
```

语法说明如下。

(1) 这是一个具有返回值的方法,可以直接向字典中添加新的键值对,同时该方法返回指定的值,可以赋值给一个变量,也可以在表达式中使用该值。

(2) 如果字典中已经有指定的键,则返回原字典中的值,新增操作无效。

(3) 如果指定的只有键,没有值,则默认值为 None。

```
>>> stu_grade = {'张三' : 88, '李四' : 99, '王五' : 77}
>>> s = stu_grade.setdefault('赵六', 66)     # 新增键值对,并将返回值赋值给变量 s
>>> print(s)
66
>>> print(stu_grade)                         # setdefault()方法原地修改字典内容
{'张三': 88, '李四': 99, '王五': 77, '赵六': 66}
>>> stu_grade.setdefault('张三', 55)         # 原字典中含有新增的键,返回已有的值
88
>>> stu_grade                      # 字典中已有新增的键,新增操作无效,也不会修改原值
{'张三': 88, '李四': 99, '王五': 77, '赵六': 66}
>>> stu_grade.setdefault('孙七')             # 没有指定值,默认为 None
>>> stu_grade
{'张三': 88, '李四': 99, '王五': 77, '赵六': 66, '孙七': None}
```

4. update()方法更新键值对

update()方法类似列表中的 extend()方法,但又不尽相同。由于字典具有键和值两个数据对象才能构成一个元素,因此不像 extend()方法,只要参数是可迭代对象,都能扩展到列表中。字典对 update()的参数有比较严格的要求,语法格式如下。

```
字典对象名.update(可迭代对象)
```

语法说明如下。

(1) 这是一个无返回值的方法,可直接更新字典,若将此方法调用直接赋值给新的变量结果为 None。

(2) 可迭代对象必须是字典或者可以用 dict()函数转换的可迭代对象。

(3) 对于可迭代对象中的键值对,如果原字典中没有该键,则新增键值对;如果原字典中有该键,则用新值替换原值。

```
>>> d = {1 : 2, 3 : 4}
>>> d.update({5 : 6})                  # 直接修改字典内容,注意不要写成 d = d.update({5:6})
>>> d
{1: 2, 3: 4, 5: 6}
>>> d.update([(7, 8), (1, 0)])         # 新增 7 和 8 的键值对,修改键 1 的值为 0
>>> d
{1: 0, 3: 4, 5: 6, 7: 8}
>>> d.update(([10, 11], [12, 13]))     # 可迭代对象为元组,可以被 dict()转换
>>> d
{1: 0, 3: 4, 5: 6, 7: 8, 10: 11, 12: 13}
>>> d.update(zip('asd', [1, 2, 3]))    # 可迭代对象为 zip 对象,也可以被 dict()转换
>>> d
{1: 0, 3: 4, 5: 6, 7: 8, 10: 11, 12: 13, 'a': 1, 's': 2, 'd': 3}
>>> list(zip('xyz'))                   # zip()的参数只有一个序列时,可以转换为列表
[('x',), ('y',), ('z',)]
>>> d.update(zip('xyz'))               # zip()的参数只有一个序列时,不能转换为字典
```

```
Traceback (most recent call last):
  File "<pyshell#7>", line 1, in <module>
    d.update(zip('xyz'))
ValueError: dictionary update sequence element #0 has length 1; 2 is required
```

提示：对 extend()、update()、append()或者后面要学习的 add()等方法，要牢记括号中的参数只能是一个数据对象，这个数据对象也许只是一个简单数值，也许是可迭代数据对象，不管什么类型，一定是一个完整的数据整体。以这样的原则去看方法名后面的层层括号时就能清晰判断了。

5. pop()、popitem()、clear()方法删除元素

pop()方法用于删除指定键对应的键值对，其语法格式如下。

```
[变量 = ]字典对象名.pop(键, [默认值])
```

语法说明如下。

(1) 此方法用于删除指定的键对应的键值对，返回被删除键的值。

(2) 如果指定的键不存在，返回指定的默认值；若没有指定默认值，则抛出异常。

```
>>> d = {'a' : 1, 'b' : 2, 'c' : 3}
>>> d.pop('a')
1
>>> d.pop('d', 999)
999
>>> d.pop('e')                    # 没有指定的键'e',且没有指定默认值,则报错
Traceback (most recent call last):
  File "<pyshell#3>", line 1, in <module>
    d.pop('e')
KeyError: 'e'
```

popitem()方法括号中不需要指定任何参数，自动删除字典中最后一项键值对，返回由该键值对构成的元组。当字典为空时，执行此方法会抛出异常。

这里读者可能会有疑惑，Python 语言中定义的字典是无序的，那么最后一项键值对是否也是随机删除的。事实上不是的，首先来确认字典无序的正确性，简单示例如下。

```
>>> d1 = {'a' : 1, 'b' : 2}
>>> d2 = {'b' : 2, 'a' : 1}
>>> d1 == d2                      # 字典中的键值对相同,顺序不同,两个字典依然相等
True
>>> l1 = [1, 2]
>>> l2 = [2, 1]
>>> l1 == l2                      # 列表中的元素相同,顺序不同,两个列表不等
False
```

但是在实际操作中，往往发现，字典的内容与创建顺序有关，一旦创建完毕，字典的输出顺序是不会变的，这是因为自 Python 3.6 版以后，默认情况下 Python 的字典输出顺序是按照键的创建顺序，这样优化的主要目的是节省内存空间。

字典的无序是指不能人为重新排序，不能按索引号访问。而且创建字典时，字典默认有一个固定的元素容量，容量不够时才去堆上分配(动态内存分配)。当需要扩容或者收缩时，就会动态重新分配内存，实现字典空间扩容。当键的数量超过字典默认开的空间时，字典会

做空间扩容,扩容后时字典的键值顺序会重新创建,这时顺序就会发生变化,不受人为控制。但是一旦字典扩容完毕,内部的键值对顺序也会被再次确定。

综上所述,字典一旦创建,其顺序是可循的,最后一项内容也是确定的。

```
>>> d = {'a' : 1, 'b' : 2, 'c' : 3}
>>> d.popitem()
('c', 3)
>>> d.popitem()
('b', 2)
>>> d.popitem()
('a', 1)
>>> d                                  # 字典被彻底删空,但保留字典对象
{}
>>> d.popitem()                        # 对空字典执行弹出键值对的操作会报错
Traceback (most recent call last):
  File "<pyshell#10>", line 1, in <module>
    d.popitem()
KeyError: 'popitem(): dictionary is empty'
```

clear()方法用于清空字典中的所有元素,但保留字典名绑定的数据类型。对比以下两个操作,clear()只是清空了字典 d 的内容,但保留了 d 的数据类型,而 del()则彻底删除了标识符 d 与内存数据的绑定。

```
>>> d = {'a' : 1, 'b' : 2, 'c' : 3}
>>> d.clear()
>>> d
{}
>>> d = {'a' : 1, 'b' : 2, 'c' : 3}
>>> del (d)
>>> d
Traceback (most recent call last):
  File "<pyshell#17>", line 1, in <module>
    d
NameError: name 'd' is not defined
```

6. 成员资格判断运算符 in、not in

关键字 in 和 not in 适用于任何一个容器对象,如列表、元组、字符串等,同样也适用于字典,在此单独再次提出这两个关键字在字典中的应用,是由于字典的特殊性,具体示例如下。

```
>>> lst = [1, 2, (3, 4)]
>>> 5 not in lst                  # 关键字 in 用于列表元素的成员判断
True
>>> 3 in lst                      # 3 不是列表元素,而是列表元素中的元素
False
>>> str1 = 'hello world !'
>>> 'hell' in str1                # 单一字符属于字符串元素,但关键字还可以用于子串判断
True
>>> 'world! ' in str1             # 原字符串中“!”前有空格,因此“world!”不属于原字符串内容
False
>>> d = {'张三': 99, '李四': [77, 88], '王五': '20010201'}
>>> '李四' in d                   # 默认字典名为字典的所有键构成的可迭代对象
True
>>> '李四' in d.keys()            # 功能同上
```

```
True
>>> 99 in d.values()
True
>>> 77 in d.values()              # 77 属于字典值中的一个元素[77, 88]中的元素
False
>>> 20010201 in d.values()        # 注意数值与字符串的区别
False
>>> ('王五', '20010201') in d.items()
True
>>> [77, 88] in d.items()         # [77, 88]是字典值的元素,不是键值对的元素
False
```

【例 5-3】 输入 30 个学生的姓名、学号(长度为 12 位)及 Python 成绩,并以姓名和学号构成键(保证唯一性),成绩为值,以字典的形式输出。查询字典中所有不及格的学生,以"学号前 4 位+ **** +学号后 4 位"为键,成绩为值,构成新的字典输出。

编程思路　首先字典的键必须是不可变数据对象,因此本例中的姓名和学号必须以元组的形式构成。其次学生的学号以字符串的方式保存,便于切片,而成绩必须是数字,便于判断是否及格。因此,姓名和学号输入方式不同于成绩的输入方式。

实现代码如下。

```
Python_grade = {}
for i in range(1, 31):
    n, xh = input('请输入第 %d 个学生的姓名和学号: ' % i).split(',')
    grade = eval(input('请输入第 %d 个学生的 Python 成绩: ' % i))
    Python_grade.update({(n,xh) : grade})        # 也可以用 Python_grade[(n, xh)] = grade
print(Python_grade)

Python_fail = {}

for k,v in Python_grade.items():
    if v < 60:
        xh = k[1]                                # k 是字典的键,为姓名和学号构成的元组
        Python_fail.setdefault(xh[:4] + '****' + xh[-4:], v)   # 换种方法构建字典
print(Python_fail)
```

上面示例中对字典元素的添加给出了三种方式,无论哪一种都可以使用,只是在使用过程中一定要注意语法格式。setdefalt()括号内的两个元素是以逗号分隔的,update 括号内只能是一个完整的数据对象,可以是字典,也可以是一个列表或者元组。

5.2　集　　合

在 Python 的数据类型中,一提到集合,就立刻会想到两个字:唯一。集合最大的特点就是集合中的每一个元素都是唯一存在的。也正是因为集合的这个元素唯一性特点太显著了,才会造成不少读者忽略了集合的其他重要特点。以下是关于集合的一些基本特征。

(1) 集合是以一对大括号为界定符,元素间以逗号分隔的数据对象。

(2) 集合中的元素都是唯一存在的。

(3) 集合中的元素都是不可变数据对象(hashable,可哈希),这意味着列表、字典、集合

等可变数据对象不能成为集合的元素，但集合可以嵌套冻结集合(frozenset)，冻结集合不能原地修改，属于不可变数据对象。

(4) 集合是无序的，不能用索引或切片访问集合中的元素。

(5) 集合是可变的容器对象，可以添加或删除元素。

(6) 由于集合中的元素都是不可变数据类型且具有唯一性，因此集合中的每一个元素可以直接成为字典的键(非常实用的一个特性)。

5.2.1 集合的基本操作

1. 集合的创建

创建空集合的方法只有一个，即使用类型构造器 set()。可以通过函数 set()将其他类型的数据对象转换成集合，这些被转换的数据对象必须是不包含任何可变数据类型的可迭代对象。

```
>>> s = set()                    # 创建一个空集合,注意一定不能用 s = {},这是空字典的描述
>>> print(s)                     # 空集合的显示也不会出现一个空的大括号
set()
>>> lst = [1, 2, 3, 1, 'abc', 'a', 'b', (1, 2, 3)]
>>> s1 = set(lst)                # 将列表转换为集合,去除重复元素
>>> s1                           # 集合是无序的,因此转换后顺序可能与列表元素的顺序不同
{1, 2, 3, 'b', 'a', (1, 2, 3), 'abc'}
>>> d = {'a' : 99, 'b' : 77, 'c' : 77}
>>> set(d)                       # 默认字典名为字典的键,即将字典所有的键转换为集合
{'b', 'c', 'a'}
>>> set(d.values())              # 将字典所有的值转换为集合,去除了重复的值
{99, 77}
>>> set(d.items())               # 任何只含有不可变数据对象(如元组)的容器都可以转换为集合
{('a', 99), ('b', 77), ('c', 77)}
>>> set(map(str, range(1, 10)))              # 可迭代对象转换为集合
{'4', '8', '1', '3', '9', '5', '2', '6', '7'}
>>> set('hello')                             # 创建唯一字符集合
{'h', 'o', 'l', 'e'}
```

集合中的元素必须是不可变数据对象，这个不可变要求非常严格。元组是不可变数据对象，但是一旦元组中含有可变的数据对象，如元组中含有列表、字典、集合等元素，则元组不是一成不变了。含有可变数据对象的元组是不能成为集合的元素的。

```
>>> s = {1, 2, (3, 4, 5, 6), 'abc', 3.14}       # 元组中的元素都是不可变的数据对象
>>> s
{1, 2, 3.14, (3, 4, 5, 6), 'abc'}
>>> s = {1, 2, (3, 4, [5, 6]), 'abc', 3.14}     # 元组中含有可变的列表元素
Traceback (most recent call last):
  File "<pyshell#5>", line 1, in <module>
    s = {1, 2, (3, 4, [5, 6]), 'abc', 3.14}
TypeError: unhashable type: 'list'
```

2. 集合的访问与删除

集合由于其无序性造成不能用索引或切片的方式访问或删除集合中的元素，可以采用循环遍历的方式访问集合中的每个元素，也可以采用关键字 in 或 not in 的方式确认集合元素。

【例 5-4】 假设有一个集合 stu_name = {('计科 1 班', '小张', '小李', '小王'), ('计科二班', '小孙', '小赵', '小李')}，编程输入一个学生姓名，如果每个班都没有该学生，则输出“计科班没有该学生”；如果有该学生，则输出“×××是×××班的学生”；如果有多个同名学生出现在不同班中，则输出“多个班级出现同一名字，请再次确认”。

实现代码如下。

```
stu_name = {('计科 1 班', '小张', '小李', '小王'), ('计科二班', '小孙', '小赵', '小李')}
name = input('请输入学生姓名：')                    # 注意运行时输入姓名不需要加引号
c = 0
for n in stu_name:
    if name in n:
        c += 1
        stu_class = n[0]
if c == 0:
    print('计科班没有该学生')
elif c == 1:
    print('%s 是 %s 的学生' % (name, stu_class))
else:
    print('多个班级出现同一名字,请再次确认')
```

同样地，对于集合元素的删除，由于不能使用索引，就不能采用 del()函数删除指定的某个元素，使用 del(集合名)的方式将会集合彻底在内存中释放解绑。要删除集合中的指定元素，可以使用集合对象的专用方法。

3. 集合的拼接——四个重要的运算符

无论是基础的数学知识，还是在专业的算法世界中，处理数据集都是很重要的一个环节。集合的运算中同样含有数学领域中的并集、交集、补集等操作。下面介绍四个连接集合的重要的运算符。

(1) &：求交集，s1 & s2 生成两个集合中共同元素的集合。

(2) |：求并集，s1 | s2 生成两个集合所有元素的集合。

(3) －：求差集，s1 － s2 生成属于 s1 且不属于 s2 的元素集合。

(4) ^：求补集，s1 ^ s2 生成属于 s1 或属于 s2，但不同时属于 s1 和 s2 的元素集合，这个运算操作也称为求异或、求对称差集。

```
>>> a = {1,2,3,4,5}
>>> b = {2,3,6,7,8}
>>> a & b
{2, 3}
>>> b & a
{2, 3}
>>> a | b
{1, 2, 3, 4, 5, 6, 7, 8}
>>> b | a
{1, 2, 3, 4, 5, 6, 7, 8}
>>> a - b
{1, 4, 5}
>>> b - a                                          # 前后集合位置调整后,结果不同
{8, 6, 7}
>>> a ^ b
```

```
{1, 4, 5, 6, 7, 8}
>>> b ^ a
{1, 4, 5, 6, 7, 8}
>>> (a | b) - (a & b)
{1, 4, 5, 6, 7, 8}
>>> a | b - a & b                                          # 没有加括号的并集减去交集,结果有误
{1, 2, 3, 4, 5, 6, 7, 8}
```

从上面的部分示例可以看出,两个集合的交集(&)、并集(|)、补集(^)三种运算对于集合前后顺序没有要求,但是两个集合差集运算根据前后顺序不同而结果不同,类似于被减数和减数位置不同。同时可以看到,两个集合的补集,相当于两个集合的并集减去两个集合的交集。注意,运算符有先后顺序,如果不加括号,结果是不一样的。对于集合四个运算符的先后顺序,优先级从高到低分别为－、&、^、|。当然,对于集合的这类运算,不建议读者利用优先级进行运算,这样的程序可读性较差,最佳方案是采用括号将要处理的集合运算归纳在一起。

与四个运算符对应功能的集合方法分别为 a. intersection(b)(a & b)、a. union(b)(a | b)、a. difference(b)(a－b)、a. symmetric_difference(b)(a^b)。这四个集合的方法都返回一个新的集合,对原集合 a、b 不作任何修改,其结果完全等于同四个操作符的运算结果。

【例 5-5】 IEEE 和 TIOBE 是两大热门编程语言排行榜。截至 2022 年 6 月,IEEE 榜排名前五的编程语言分别为 Python、Java、C、C++、JavaScript,TIOBE 榜排名前五的编程语言分别为 Python、C、Java、C++、C＃。编写程序求出:

(1) 上榜的所有语言;

(2) 在两个榜单上同时出现的语言;

(3) 只在 TIOBE 榜排名前五的语言;

(4) 只在一个榜单排名前五的语言。

编程思路 这是一个比较经典的集合运算应用示例,只要将两个榜单分别放入两个集合,利用运算符就能快速得到所需的结果。注意,放入集合的编程语言名称必须加引号,构成字符串常量,否则会报错。

实现代码如下。

```
IEEE = {'Python', 'Java','C', 'C++', 'JavaScript'}
TIOBE = {'Python', 'Java','C', 'C++', 'C＃'}

print('上榜的所有语言:', IEEE | TIOBE)
print('上榜的所有语言:', IEEE.union(TIOBE))                    # 也可以使用运算符对应的方法

print('两个榜单同时出现的语言:', IEEE & TIOBE)
print('两个榜单同时出现的语言:', IEEE.intersection(TIOBE))

print('只在 TIOBE 榜排名前五的语言:', TIOBE - IEEE)           # 要注意差集的集合顺序
print('只在 TIOBE 榜排名前五的语言:', TIOBE.difference(IEEE))

print('只在一个榜单排名前五的语言:', IEEE ^ TIOBE)
print('只在一个榜单排名前五的语言:', IEEE.symmetric_difference(TIOBE))
```

4. 集合的比较

关系运算符同样适用于集合的运算,但比较的方式不同于其他数据类型。通常关系运

算符用来比大小，无论是数值型数据、字符串甚至是列表，只要数据类型相同，都能比大小，归根到底就是比数据大小(字符串是 ASCII 值)。

集合的关系运算符不是比大小，而是用于确定子集或超集的关系，即用于确定包含关系。所谓子集，就是如果集合 A 的所有元素也是集合 B 的元素，那么 A 是 B 的子集，或者说 B 是 A 的超集。如果 A、B 两个集合中的元素完全一致，不需要考虑元素顺序是否一致，这两个集合相等；否则只有符合子集或超集关系，才可以确定大小。其他不符合子集或超集关系的集合之间，采用关系运算符运算时，结果都为 False。

```
>>> s1 = {1,2,3,4,5}
>>> s2 = {5,4,3,2,1}
>>> s3 = {1,2}
>>> s4 = {1,3,5,7,9}
>>> s5 = set()                # 创建一个空集合
>>> s1 == s2                  # 元素完全相同,不需要考虑元素顺序
True
>>> s1 > s3                   # s3 是 s1 的子集
True
>>> s3 < s2                   # s3 也是 s2 的子集
True
>>> s3 < s4                   # s3 不是 s4 的子集
False
>>> s4 < s3                   # s4 也不是 s3 的子集,这不同于其他类型数据的比较
False
>>> s5 < s1                   # 空集合属于任何一个非空集合的子集
True
>>> s3 = [1,2]
>>> s4 = [1,3,5,7,9]
>>> s3 < s4                   # 两个列表比大小,第一个元素先比,相同则继续第二个元素比……
True
```

注意：两个集合使用关系运算符时，如果 A < B 是 False，不代表 A > B 一定是 True。

【例 5-6】 在字典 g 中含有 60 个学生的学号和 Python 成绩，例如，g = {'20220103'：89，'20220217'：77，'20220120'：...}。其中学号以 202201 开始的学生为 1 班，学号以 202202 开始的学生为 2 班，将所有学生以班级为单位，分别放入两个字典 c1 和 c2 中；同时将所有不及格学生放入另一个字典 f 中，同时判断不及格学生是否都是同一个班级的学生，如果是同一班级，请输出是哪个班级；如果不是，请输出“两个班级都有不及格学生”。

编程思路　编写这样一个程序有许多种方法，一种是遍历一个判断一个，另一种是利用集合的关系运算。

实现代码如下。

```
# 为了方便大家测试,也有利于复习前面的知识,这里自动生成了一个由 60 个人组成的学号和成绩
# 的字典
import random
xh1 = ['202201' + str(random.randint(1,50)) for i in range(30)]
xh2 = ['202202' + str(random.randint(1,50)) for i in range(30)]
xh = xh1 + xh2
random.shuffle(xh)

g = dict(zip(xh,[random.randint(10,99) for i in range(60)]))
```

```
# 方法一：采用遍历的方式逐一判断
c1 = {}
c2 = {}
f = {}
t1 = t2 = 0

for n,g1 in g.items():
    if n[:6] == '202201':
        c1[n] = g1
        if g1 < 60:
            t1 += 1
            f[n] = g1
    else:
        c2[n] = g1
        if g1 < 60:
            t2 += 1
            f[n] = g1

if t1 > 0 and t2 == 0:
    print('所有不及格学生都在 1 班')
elif t2 > 0 and t1 == 0:
    print('所有不及格学生都在 2 班')
elif t1 > 0 and t2 > 0:
    print('两个班都有不及格学生')
else:
    print('两个班都没有不及格学生,很优秀')

# 方法二：采用集合判断子集的方式
c1 = {}
c2 = {}
f = {}
for n,g1 in g.items():
    if n[:6] == '202201':
        c1[n] = g1
    else:
        c2[n] = g1
    if g1 < 60:
        f[n] = g1
if set(f):                    # 判断不及格人数非空,这种方法比 len(f) != 0 更优
    if set(c1) >= set(f):
        print('所有不及格学生都在 1 班')
    elif set(c2) >= set(f):
        print('所有不及格学生都在 2 班')
    else:
        print('两个班都有不及格学生')
else:
    print('两个班都没有不及格学生,很优秀')

# 方法三：更优的算法
c1 = [ 1 for xh, grade in g.items() if xh[:6] == '202201' and grade < 60]
c2 = [ 1 for xh, grade in g.items() if xh[:6] == '202202' and grade < 60]

if c1 and c2:                 # 两个列表都不为空
    print('两个班都有不及格学生')
elif c1:                      # 进入 elif 说明至少有一个空的,先判断不空的
    print('所有不及格学生都在 1 班')
elif c2:
```

```
        print('所有不及格学生都在 2 班')
    else:
        print('两个班都没有不及格学生,很优秀')
```

这个示例不仅能使读者巩固字典、字符串切片和 random 模块中各个函数的知识点,还强调了集合运算符使用的特殊性,使用 set(c1) >= set(f)可以判断字典 f 的键是否为字典 c1 的键的子集。

注意:当然程序的编写可以有很多种思路,读者也可以自己再思考一下,能否用其他更佳的思路实现这个题目要求的功能。例如,本例的数据集的产生是有 bug 的,在列表推导式 xh1 和 xh2 中,并没有考虑两位随机数是否相同的问题,也就是说,这个例子如果用编者给的代码,有可能产生的学生数量不足 60 人,在构建字典 g 时,相同学号会被整合成唯一一个。

5.2.2 与集合有关的常用方法

集合与字典类似,属于可变长的无序的可迭代对象,同样具备增、查、改、删的相关操作。表 5-2 对比了列表与集合的基本操作、可调用的常用方法和函数。

表 5-2 列表与集合的基本操作、方法、函数调用对照表

对照项目	列 表	集 合
基本操作	利用索引、切片访问、修改元素	×
	利用 in 或 not in 访问元素	√
	利用索引号写入元素	×
	循环遍历	√
	+或 * 运算	没有相关操作,但集合有 &、-、|、^四个运算操作
	赋值	与列表相同
方法	append()	add()
	extend()	update()
	insert()	×
	remove()	remove()、discard()
	pop()	√
	clear()	√
	index()	×
	count()	×
	reverse()	×
	sort()	×
	copy()	√
函数	len()	√
	del()	del()函数删除只能整个集合
	sorted()	返回结果为列表类型
	reversed()	×
	max()	√
	min()	√
	sum()	√
	×	冻结集合 frozenset(),使集合不可变

1. 集合元素添加

1）add()方法

add()是集合的专属方法。只有集合对象可以调用该方法，其目的是向集合中添加一个新的元素。语法格式如下。

```
集合对象名.add(新元素)
```

语法说明如下。

(1) 这是一个无返回值的方法。它原地添加集合内容，若将方法调用赋值给新的变量结果为 None。

(2) 括号内的参数只能有一个，参数可以是任何不可变数据对象，如数值型数据、字符串、仅包含不可变数据对象的元组等。

(3) 如果添加的新元素已经存在于原集合，本操作不报错，集合保持不变。

【例 5-7】 随机产生 10 个不重复的两位整数。

编程思路 不可以使用 for 循环来完成 10 个随机数的生成。两位整数的区间为[10-99]，如果直接用 for 循环或者列表推导式产生，只能保证 10 个数，不能保证是否会有重复的数，因此这是一个不确定次数的循环，建议使用 while 循环。本例同样给出两种方案解决不重复数产生的算法。

实现代码如下。

```
import random
# 方法一：使用列表对象添加元素
lst = []
while len(lst) < 10:
    n = random.randint(10,99)
    if n not in lst:
        lst.append(n)
print(lst)
# 方法二：使用集合对象添加元素
s = set()                              # 再强调一次，空集合不能用 s = {}创建
while len(s) < 10:
    s.add(random.randint(10,99))
print(s)
```

2）update()方法

update()方法功能类似字典的 update()方法，也类似列表的 extend()方法，唯一的不同是要求参数不仅是可迭代对象，而且可迭代对象中的元素都必须是不可变数据类型。语法格式如下。

```
集合对象名.update(可迭代对象)
```

语法说明如下。

(1) 与 add()一样，这是一个无返回值的方法，原地更新集合内容。

(2) 可迭代对象必须是集合或者用 set()函数转换的可迭代对象。

(3) 对于可迭代对象中的所有元素，如果原集合中没有该元素，则新增一个元素；如果原集合中有该元素，则不作修改。

```
>>> s = {'蔬菜', '水果', '肉类'}
>>> s.update({'鱼', '虾', '蔬菜'})
>>> s
{'鱼', '蔬菜', '水果', '肉类', '虾'}
>>> s.update(['鸡', '虾'])
>>> s
{'鱼', '蔬菜', '水果', '肉类', '虾', '鸡'}
>>> s.update(range(3))
>>> s
{'鱼', '蔬菜', 0, '肉类', '鸡', 1, 2, '水果', '虾'}
>>> s.update((1, 2, 3))                # 注意两个括号的含义
>>> s
{'鱼', '蔬菜', 0, '肉类', '鸡', 1, 2, 3, '水果', '虾'}
>>> s.update(map(str, range(2)))
>>> s
{'鱼', '蔬菜', 0, '肉类', '鸡', 1, 2, 3, '0', '1', '水果', '虾'}
```

从示例中不难发现，update()的参数可以是集合、列表、元组、字典、range 或 map 等任何一种可迭代对象，只要这些容器对象中的元素都是不可变数据对象，就可以与原集合融合，同时去除重复元素。由于集合是无序的，因此在集合更新时，集合内元素的顺序是随机的。

2. 集合元素删除

集合元素删除的方法有两个：remove()和 discard()。这两个方法的语法格式如下。

```
集合对象名.remove(元素)
集合对象名.discard(元素)
```

语法说明如下。

(1) 这两个方法都没有返回值，原地删除集合内容。

(2) 两个方法的唯一区别是，remove()只能删除集合内存在的元素，否则会报错；而 discard()对不存在于集合的元素执行删除操作时不会有任何报错。

```
>>> s = {1, 2, 3, 4, 5}
>>> s.remove(5)
>>> s
{1, 2, 3, 4}
>>> s.discard(3)
>>> s
{1, 2, 4}
>>> s.discard(5)                      # 删除元素，不存在则忽略
>>> s
{1, 2, 4}
>>> s.remove(5)                       # 删除元素，不存在则报异常
Traceback (most recent call last):
  File "<pyshell#18>", line 1, in <module>
    s.remove(5)
KeyError: 5
```

集合对象还有两个删除元素的方法：pop()用于随机删除并返回集合中的一个元素，如果集合为空，则会抛出异常；clear()用于清空集合中的所有元素，类似于列表的 clear()方法。

3. 集合元素冻结

将列表转换成元组,相当于"冻结"列表;将元组转换成列表,相当于"融化"元组。这是不可变序列数据对象与可变序列数据对象之间的转换,那么集合也同样具有这个功能。将可变的可迭代对象转换成不可变的集合,可以采用 frozenset()函数,语法格式如下。

```
变量 = frozenset(可迭代对象)
```

frozenset()是一个函数,执行函数调用后,返回一个新的冻结集合,但参数中的可迭代对象必须符合集合的要求(不可变,可哈希)。

```
>>> s = {1, 2, 3, 4}
>>> s1 = frozenset(s)
>>> s.add(5)
>>> s
{1, 2, 3, 4, 5}
>>> s1                                   # 显示冻结集合时,有 frozenset 前缀
frozenset({1, 2, 3, 4})
>>> s1.add(5)                            # 冻结后集合不可变
Traceback (most recent call last):
  File "<pyshell#24>", line 1, in <module>
    s1.add(5)
AttributeError: 'frozenset' object has no attribute 'add'
>>> s1 = set(s1)                         # 可以用 set()函数"融化"和"冻结"集合,使其重新可变
>>> s1.add(5)
>>> s1
{1, 2, 3, 4, 5}
>>> s2 = frozenset(range(5))             # 可迭代对象可以是 range 类型
>>> s2
frozenset({0, 1, 2, 3, 4})
>>> s3 = frozenset(map(str, range(5)))  # 可迭代对象可以是 map 类型
>>> s3
frozenset({'2', '4', '0', '3', '1'})
```

5.2.3 集合的生成器推导式

集合也可以利用轻量级循环构成集合推导式,唯独要强调的是没有元组的生成器推导式。

```
>>> import random
>>> lst = [random.randint(10,20) for i in range(10)]   # 列表推导式
>>> lst
[10, 11, 14, 17, 12, 18, 18, 10, 12, 13]
>>> s = {random.randint(10,20) for i in range(10)}     # 集合推导式
>>> s                                                  # 去除了重复元素,集合长度不到 10
{12, 13, 14, 15, 16, 17, 18}
>>> t = (random.randint(10,20) for i in range(10))     # 小括号只有生成器对象
>>> t
<generator object <genexpr> at 0x000001DCDC1FBAC8>
>>> print(list(t))                                     # 生成器对象转换成列表
[10, 17, 20, 17, 16, 19, 12, 15, 11, 19]
>>> print(list(t))                                     # 生成器对象具有一次取值的特点
[]
>>> r = random.randint(10,20) for i in range(10)       # 不加任何括号的轻量级循环报错
SyntaxError: invalid syntax
```

5.3 序列解包

序列解包是 Python 中的一种赋值方法，可以同时对多个变量进行赋值。在 Python 语言中，序列是指一块可以存放多个值的连续内存空间，并可以通过索引号访问序列的元素，是有序的可迭代对象，如列表、元组、字符串。本节介绍的序列解包，更确切地说是可迭代对象解包。也就是只要是一个容器对象，只要有多个元素，都可以将其解包后赋值给多个变量。无论是有序的列表、元组、字符串，还是无序的集合、字典，甚至可以是生成器对象 map、filter、zip、enumerate 等，只要满足赋值号左边的变量数与右边可迭代对象中的元素个数相同，就可以实现序列解包赋值。

```
>>> a, b, c = [4, 5, 6]                 # 列表解包
>>> a
4
>>> x, y, z = 1, 2, 3                   # 元组解包
>>> y
2
>>> m,n = 'ab'                          # 字符串解包
>>> m
'a'
>>> j, k = {'sdf', (1,2,3)}             # 集合解包(注意无序的特点)
>>> k
'sdf'
>>> x,y,z = map(str, range(3))          # 生成器对象解包
>>> z
'2'
```

序列解包是 Python 特有的一种赋值技巧，可以简化代码，使程序更简洁，提高程序可读性，提高效率，在循环遍历中应用广泛。

```
>>> x,y,z = eval(input('请输入三个数: '))  # 一次性输入三个数,简化代码
请输入三个数: 10,20,30
>>> z
30
>>> d = {'zhangsan' : [78, 67], 'lisi' : [99, 98], 'wangwu' : [45, 56]}
>>> for g1,g2 in d.values():             # 解包字典的值,遍历学生两门课的成绩
    print(g1,g2)
78 67
99 98
45 56
>>> for name, grade in d.items():        # 解包字典的键值对,遍历学生的姓名和成绩
    print(name, grade)
zhangsan [78, 67]
lisi [99, 98]
wangwu [45, 56]
>>> x = ['hello', 12, 88, [1, 2, 3], (5, 6)]
>>> for i, v in enumerate(x):            # 解包生成器对象,遍历索引与值
    print('列表中第 %d 个元素是 %s' % (i,v))
列表中第 0 个元素是 hello
```

```
列表中第 1 个元素是 12
列表中第 2 个元素是 88
列表中第 3 个元素是[1, 2, 3]
列表中第 4 个元素是(5, 6)
```

对于序列解包，比较容易出错的是将字符串序列解包赋值给变量，例如：

```
# 错误的序列解包,错误原因: 字符串序列解包是单字符解包
>>> n1, n2, n3 = input('请输入三个人的姓名: ')
请输入三个人的姓名: zhangsan, lisi, wangwu
Traceback (most recent call last):
  File "<pyshell#51>", line 1, in <module>
    n1, n2, n3 = input('请输入三个人的姓名: ')
ValueError: too many values to unpack (expected 3)
# 正确的序列解包,用 split()将输入的字符串按逗号分隔,返回还有三个姓名的列表
>>> n1, n2, n3 = input('请输入三个人的姓名: ').split(',')
请输入三个人的姓名: zhangsan,lisi,wangwu
>>> n1
'zhangsan'
>>> n2
'lisi'
>>> n3
'wangwu'
```

5.4 字典与集合的应用实例

【例 5-8】 某快餐店新推出一款孜然牛肉汉堡，零售价为 21 元。为了促销，推出了人气套餐，主食为该汉堡，配餐二选一，为{'劲爆鸡米花'：15，'葡式蛋挞'：8}，饮料二选一，为{'可乐'：8.5，'九珍果汁'：12.5}，以套餐组合为键，套餐总价的 8 折（取整）为值，以字典形式输出所有套餐组合及套餐数量。

编程思路 本例的难点是需要使用二重循环遍历配餐和饮料两个字典的键值对，要保留所有的价格。

实现代码如下。

```
menus = {}
Catering = {'劲爆鸡米花': 15, '葡式蛋挞': 8}
Drinking = {'可乐': 8.5, '九珍果汁': 12.5}

for c, p1 in Catering.items():
    for d, p2 in Drinking.items():
        menu = ('孜然牛肉汉堡', c, d)          # 必须使用元组构成字典的键
        p = int((21 + p1 + p2) * 0.8)
        menus[menu] = p

print(menus)
print('套餐数量有: ', len(menus))
```

通过例 5-8 不但复习了字典的添加、遍历、函数 len()的应用，还同时复习了二重循环的知识点和函数 int()的概念。另外，在例 5-8 中有个关键的地方就是用三个字符串构成字典

的键时，必须使用元组，不能使用列表。

当然例 5-8 也同样可以采用列表推导式用一条语句来完成二重循环的遍历。

```
print(dict([[('孜然牛肉汉堡', c, d), int((21 + p1 + p2) * 0.8)] for c,p1 in Catering.items() \
for d, p2 in Drinking.items()]))
```

【例 5-9】 输出由数字 1、2、3、4 构建的每位数都不相同的所有三位数。

编程思路 本例的常规思路就是利用三重循环遍历四个数字，只要互不相同就搭建一个三位数。但是学习了集合后，本例显得非常简单。只要集合长度保持为 3，就说明是三个不相同的数字。

实现代码如下。

方法一：采用三重循环确定百位数、十位数和个位数。

```
digits = '1234'
d = []

for bai in digits:
    for shi in digits:
        if bai == shi:
            continue
        for ge in digits:
            if ge == shi or ge == bai:
                continue
            n = int(bai + shi + ge)
            d.append(n)

print(d)
```

方法二：采用对最小数字为 123，最大数字为 432 之间的所有数进行遍历，并判断集合长度是否为 3。

```
digits = '1234'
d = []

for n in range(123, 433):                        # 不包含最后一个 433,所以区间为[123, 432]
    if len(set(str(n))) == 3 and set(str(n)) <= set('1234'):
        d.append(n)
print(d)
```

利用集合可以非常便捷地找出所有结果，这里有两个知识点必须关注：①只有字符串这样的序列数据对象才能转换成集合，不能把数字转换成集合；②在 123～433 中，包含的数字可能会出现 0、5、6、7、8、9，这里巧妙地利用子集和超集的关系，利用关系运算符删除了可能还有其他数字的组合。

【例 5-10】 输入一个字符串，统计每个字符出现的次数，以(字符，次数)为一个元素，构成一个序列，按字符从小到大排序输出。

编程思路 对于一个比较长的字符串，建议首先利用集合转换函数使字符唯一化，这样可以提高效率。

实现代码如下。

```
s = input('请输入一段字符串: ')
d = {}
for c in set(s):                              # 如果直接遍历s,对重复字符就会重复操作
    d[c] = s.count(c)
print(sorted(d.items()))
```

如果例5-10要求按字符出现频率从高到低排序,可以将元组以(次数,字符)的形式构建一个序列,排序自然也可以按字符出现的频率实现,但是这种思路会限制读者对Python的学习。编程不仅是为了完成程序要求的功能,更重要的是熟练应用Python中的各种技巧。例5-10如果要按词频排序,就要使用sorted()函数中排序规则关键字key,对于key的赋值,必须是一个函数,这个函数称为lambda函数,将在第6章中介绍。

【例5-11】 输入一段字符文本,统计其中所有单词的词频,以字典形式输出。

编程思路 本例的难点有两个,首先对于大小写不同的同一单词,如Are和are,必须被认定为一个单词;其次必须去除标点符号后才能判断单词是否相同。

```
import string
myStr = input('请输入一段字符文本: ')
myLowStr = myStr.lower()                      # 将所有字母小写,避免大小写不同影响单词判断
for i in string.punctuation:
    if i in myLowStr:
        myLowStr = myLowStr.replace(i,'')     # 把标点符号改为空格
myWords = myLowStr.split()                    # 注意括号内不要加任何符号,用空格分割
dictWords = {}
for w in set(myWords):                        # 转换为集合,遍历唯一的单词,提高效率
    dictWords[w] = myWords.count(w)
print(dictWords)
```

【例5-12】 输入两段字符文本,将其中共有的单词从小到大按顺序输出,共有的单词不能重复输出。

编程思路 这是在例5-11基础上继续深入,在懂得分词后,寻找共同单词时可以用集合,也可以用列表。本例给出两种方法供读者对比,思考各自的优缺点。

实现代码如下。

```
# 首先将两个字符串分割为两个单词列表,去除标点符号,统一调整为小写
import string
Str1 = input('请输入第一段字符文本: ')
Str2 = input('请输入第二段字符文本: ')
LowStr1 = Str1.lower()
LowStr2 = Str2.lower()
for i in string.punctuation:
    if i in LowStr1:
        LowStr1 = LowStr1.replace(i,'')
    if i in LowStr2:
        LowStr2 = LowStr2.replace(i,'')
Words1 = LowStr1.split()
Words2 = LowStr2.split()
# 方法一:采用将共有的单词添加到列表的方式
w1 = []

for w in set(Words1):
```

```
    if w in Words2 and w not in w1:
        w1.append(w)
print(sorted(w1))
# 方法二：采用将共有的单词添加到集合的方式
w2 = set()
for w in set(Words1):                          # 采用集合遍历唯一的单词，效率更高
    if w in Words2:
        w2.add(w)
print(sorted(w2))
# 方法三：采用集合运算符
print(sorted(set(Words1) & set(Words2)))
```

在例 5-12 中，读者还可以继续深入，如果要比较的不是两个小的字符串，而是两篇英语文献，那么就要考虑效率问题，可以把两个单词列表都改为集合后再进行循环遍历；如果两个字符串大小相差很大，那么可以先比较两个单词列表长度，遍历短的列表效率会更高，这些都是更优的编程思路，需要读者根据实际需要进行调整。

习　题　5

1. 创建字典的方式中错误的是(　　)。

A. d = {1: [2, 3], 4: [5, 6]}　　B. d = {[2, 3]: 1, [5, 6]: 4}
C. d = {(2, 3): 1, (5, 6): 4}　　D. d = {1: {2: 3}, 4: {5: 6}}

2. (　　)不能作为字典的键。

A. ()　　B. 0　　C. ""　　D. {}

3. 字典 d = {'mike': [66, 1.7], 'lucy': 77, 'lily': [88]}，则 len(d)的结果是(　　)。

A. 3　　B. 4　　C. 7　　D. 出错

4. 字典 d1={'cat': 8, 'dog': 9, 'cat': 10}，d2={'sheep': 13, 'dog': 11}，则执行 d1.update(d2)后，d1 是(　　)。

A. {'cat': 8, 'dog': 9, 'sheep': 10}
B. {'cat': 8, 'dog': 11, 'sheep': 13}
C. {'cat': 10, 'dog': 11, 'sheep': 13}
D. {'sheep': 13, 'dog': 11, 'cat': 8, 'dog': 9, 'cat': 10}

5. 表达式(　　)可以为字典 d 添加一个新的键值对{1:2}。

A. d.append({1: 2})　　B. d.insert({1: 2})
C. d.update({1: 2})　　D. d.add({1: 2})

6. 算术运算符"＋"不能用于(　　)数据类型。

A. 整数　　B. 字符串　　C. 元组　　D. 字典

7. 下列四个表达式中，(　　)的计算结果的数据类型不同于其他三个(　　)。

A. set()　　B. {}　　C. {0}　　D. {1, 2}

8. 集合 s = set('abc+123+abc')，则 len(s)的结果是(　　)。

A. 6　　B. 7　　C. 8　　D. 11

9. 给出以下程序的运行结果。

```
d = dict(zip('ZJUT', [3,1,2,4]))
print(d)
print(d.pop('X', None))
print(d.pop('U'))
print(sorted(d.items()))
x = [(d[t], t) for t in d]
print(''.join([v[1] for v in sorted(x)]))
```

10. 编写程序，对用户输入的一段英文进行分析，找出其中出现次数最多的10个单词以及它们出现的次数。

11. 编写程序，对用户输入的一段英文进行分析，对其中的元音字母A、E、I、O、U进行统计(不区分大小写)，输出它们各自出现的次数。要求：不能使用字符串的count()方法。

12. 编写程序，用户输入一系列数值，对这些数值去除重复的数后按从大到小的顺序输出在同一行内。

13. 编写程序，随机产生10个互不相同的两位随机整数，并且奇数个数和偶数个数相同。

14. 编写程序，用户输入一个整数 $n(3\leqslant n\leqslant 7)$ 后，输出由整数 $1,2,\cdots,n$ 构成的所有排列，按字典顺序输出，用逗号间隔。例如，用户输入3，则输出为123,132,213,231,312,321。

第6章　函　　数

一个程序可以不需要任何函数,但是没有函数的程序可以说是没有灵魂的。试想一下,完成一个简单的加法功能,不用 print()函数输出结果,则需要关注硬件接口知识、寻址方式等各种问题,那就不是低级程序员要用的高级语言了,而是高级程序员使用的低级语言了,回归到底层、回归到原始机器语言了,这显然不是我们想看到的。作为一个应用型程序开发者,更多应关注点如何快速地搭建程序,实现其功能。因此,利用函数实现模块化的程序设计显然更优于过程化的程序设计。

Python 解释器和标准库给出了所有开发者都可能需要的常用函数,而第三方库则给出了各个行业领域需要的专用函数。本章将介绍用户常用的、可以代码复用的、可以多人协作的用户定义函数。

6.1　函数概述

函数是一段具有特定功能的程序,用户不需要关心函数的内部结构,只须关注函数需要什么参数,能够完成什么功能,返回什么结果。函数的优点如下。

(1) 代码复用,简化程序。

(2) 可将复杂问题分解为若干子问题,使程序模块化,逻辑更清晰。

(3) 增加程序的可读性。

(4) 降低维护成本,提升多人协作能力。

Python 语言中的函数大致可分为以下四类。

(1) 内置函数,由 Python 解释器自带的函数,可以直接调用,如 max()、len()等。

(2) 标准库函数,由 import 导入的模块中所含的函数,如 math. sin()、random. randint()、常见的标准库有 math、random、time、turtle、calendar 等。

(3) 第三方库函数,Python 因其强大的第三方库而被大家认可,据不完全统计,Python 的第三方库超过 12 万个,涉及领域约 150 个,几乎覆盖全行业。第三方库需要采用 pip install、下载 whl 文件或采用源码等方式来安装使用。对于初学者,笔者认为还是使用 Pycharm 比较简单,因为 Pycharm 中已经有很多第三方库可供选择,直接安装即可。

(4) 用户定义函数,无论哪种程序设计语言,无论有多强大的第三方库函数,都离不开用户定义函数。毕竟编程是一个独立事件,每一个程序都有其特殊性,而对每个程序进行模块化设计是必不可少的。

6.2 函数的定义与调用

对于初学者来说,学习函数需要了解几个专用术语。首先是函数定义。作为一名开发者,需要明白函数就是自己设计的一段具有一定功能的程序,封装后用一个名字来定义这段程序,这就是函数定义。其次是函数调用,就是通过函数名来使用这段程序;调用某个函数的语句称为调用语句,该语句所在的程序段称为调用程序。

6.2.1 定义和调用函数的语法格式

定义函数的语法格式如下。

```
def <函数名> ([形参 1,形参 2,...]):
    ['''注释''']
    <函数体>
```

语法说明如下。

(1) 函数必须用关键字 def 定义,函数名可以是任何有效的 Python 标识符。

(2) 函数体的第一行注释必须是文本内容,多行必须用三引号。

(3) 参数列表用“,”分隔。参数可以是 0 个或多个,用于接收调用程序在调用函数时向函数传递的数据,这个参数列表通常称为形参列表。

(4) 形参只能是变量,只在函数体内有效,函数调用结束后失效。

(5) 即使函数不接收任何参数,也必须保留一对圆括号和冒号。Python 语言中冒号与缩进是同步出现的,有冒号必定有缩进,所有的函数体都必须缩进。

(6) 函数体中可以使用 return 语句返回值。没有返回值时可以不用 return 语句。也可以利用 return 中断函数并返回。

调用函数的语法格式如下。

```
[变量 = ] 函数名([实参 1,实参 2,...])
```

语法说明如下。

(1) 实参是调用时必须传递给函数的确定的实际数值,可以是各种数据类型、表达式。

(2) 多个实参用“,”分隔,实参数量可以与形参数量不等。

(3) 函数调用的形式可以是赋值语句(有返回值时赋值给变量)、函数表达式(返回值为布尔值时可以用在条件表达式中,为数值时可以用在算术运算中)、函数参数(返回值为其他函数的参数)。

(4) 没有返回值时,直接使用函数名和实参就可以调用。

定义函数时,函数体内的算法都是程序控制结构和数据对象,没有新的难点。例如定义一个函数,计算一个数的阶乘,函数定义如下。

```
>>> def fact(n):                    # 此算法不会报错,但对于小于 0 的数阶乘为 1
        jc = 1
        for i in range(2, n + 1):
            jc = jc * i
```

```
        return jc
>>> def fact1(n):                    # 此算法不能计算小于或等于 0 的数的阶乘,会报错
        return eval('*'.join(map(str, range(1, n + 1))))
```

在这两段代码中,计算阶乘的算法无论是利用循环还是利用 eval()都是将这两段代码缩进放在了 def 定义的函数内。然后利用 return 将计算结果返回。对于这两个函数的调用,对于 n 的值是有要求的,不可以小于或等于 0,否则不是计算错误就是报异常。

另外,要注意到一个细节,这两个函数是在交互式窗口的命令提示符下输入的,命令提示符后输入的指令通常只能是一条,但如果有缩进,会在缩进结束后运行整段程序。当然一般不会在命令提示符下写代码,通常都是测试时使用。

在执行上述两个函数定义的程序段后,这两段程序被 Python 解释器运行并认可了,那么可以继续执行函数调用操作。

```
>>> print(fact(10))                  # 在打印语句中调用函数 fact()
3628800
>>> fact1(10)                        # 命令提示符下直接调用函数 fact1()
3628800
>>> jc = fact (3 + 7)                # 在赋值语句中调用函数 fact()
>>> jc
3628800
```

从上面的函数调用不难发现,无论是定义了函数 fact()或是函数 fact1(),只要被 Python 解释器运行认可了,就可以被以各种方式调用。调用时的参数可以是常量 10,也可以是表达式 3+7。之所以将调用函数中的参数称为实参,就是调用函数时需要一个确定值的参数,是一个实际的参数;反之,在函数定义中的参数 n,被称为形参是因为如果没有任何数据传递给 n,n 只是一个形式上的参数,没有任何意义。而命令提示符下的变量 jc 与函数体中的变量 jc 不会矛盾,fact 中的参数 n 和 fact1 中的参数 n 也不会矛盾。因为同名的参数在不同的作用域。

提示:对于初学者而言,学习函数最容易混淆的就是参数和返回值这两个概念。调用函数时,通过将实参传递给形参,从而使函数启动运行;而返回值是通过 return 语句返回的。比如调用语句 print(fact(10))将实参 10 传递给形参 n,在 fact 函数中计算 n 的阶乘就是计算 10 的阶乘,然后用 return 后面的结果替换调用语句 print 后面的"fact(10)"。把握好这个原则,学习函数第一关就过了。

【例 6-1】 计算 $s=1!+2!+3!+\cdots+n!$,要求 n 由用户输入。

编程思路　自然数求和的方法前面已经介绍过,现在只是将自然数改成自然数的阶乘,因此只要有计算阶乘的函数,就可以反复调用该函数,传递不同的自然数,返回相应的阶乘即可。

实现代码如下。

```
def fact(k):
    jc = 1
    for i in range(2, k + 1):
        jc *= i
    return jc

n = eval(input('请输入 n 的值:'))
```

```
s = 0
for i in range(1, n + 1):
    s = s + fact(i)
print(s)
```

通过函数的定义和调用,可以将解决问题变得十分便捷,减少了循环嵌套的复杂逻辑,这就是模块化程序设计的主旨。

【例 6-2】 定义一个函数,完成对素数的判断,调用该函数完成哥德巴赫猜想验证。

编程思路 哥德巴赫猜想的重点是验证两个数 n_1、n_2 同时为素数,且满足 $n=n_1+n_2$ 即可。过程化程序设计要求先判断 n_1 为素数后才能继续判断 n_2 是否为素数,但是利用函数,可以同时判断两个数是否为素数。

实现代码如下。

```
def prime(x):
    for i in range(2, x):
        if x % i == 0:
            return False
    return True


while True:
    n = int(input('请输入一个大于等于 6 的偶数: '))
    if n >= 6 and n % 2 == 0:
        break
for n1 in range(3, n // 2 + 1, 2):
    if prime(n1) and prime(n - n1):
        print('%d = %d + %d' % (n, n1, n - n1))
```

对比例 3-26,本例的逻辑更清晰,对编程者而言,这样的函数设计简化了程序,增加了程序的可读性。

提示:本例中采用 if prime(n1) and prime(n−n1)的语法形式,就是利用函数 prime()返回结果为 True 或 False 替换 if 语句中 prime(n1)和 prime(n−n1)的值,相较于语句 prime(n1)==Trueand prime(n−n1)==True,本例的写法更优。在编程语言里,不需要用 *** ==True 这样的关系式。

【例 6-3】 对斐波那契数列,要求用户给出两个起始值 a、b,同时给出数列长度 n,即可生成含有 n 个数的斐波那契数列。

编程思路 本例要传递的参数不是一个数,而是有三个数,这就要求有三个形参变量接收三个实参,按位置一一对应将实参传递给形参。

实现代码如下。

```
def fib(a, b, n):
    f = [a, b]
    for i in range(2, n):
        f.append(f[-1] + f[-2])
    return f

def demo():
    a, b, n = eval(input('请输入三个数 a、b、n: '))
```

```
    print(fib(a, b, n))

demo()
```

本例定义了两个函数，第一个函数 fib()带有三个形参，并返回一个列表。第二个函数 demo()既没有形参，也没有返回值，这个函数的主要作用是将输入、输出、函数调用等代码封装在一起，使整个程序段看起来更清晰，更简洁。demo()函数相当于许多程序设计语言中的 main()函数，也就是常说的主程序，代码从这里启动。由于 Python 的文本编辑窗口本身被设计为 main 窗口，因此在命令提示符下可以看到以下的输入和输出。

```
>>> __name__
'__main__'
```

正因为文本编辑窗口本身就是一个内置的 main()函数，因此例 6-1 和例 6-2 中可以直接把输入、输出、函数调用等代码写在函数定义下面，与 def 对齐的位置上。但是很明显，这样零散地书写代码，使整个程序看起来凌乱不堪。为了不与这个文本编辑窗口的内置 main()函数冲突，本书在后续的编程示例中，都会采用 demo()函数作为主程序，在文本编辑窗口中只写一条代码，就是 demo()。

在文本编辑窗口，遇到 def 定义的函数，Python 会将其编译好，在后续需要调用该函数时才会运行。因此例 6-3 的程序执行顺序是，先执行最后一行的函数调用 demo()，然后才会往前面去查询这个函数有没有被编译过，如果编译好了，就会直接执行 demo()函数，而在执行 demo()函数中遇到函数 fib()的调用，会再次去查询 fib()函数是否被编译过，如果被编译过，再去执行 fib()函数。

初学者最容易提出的问题之一就是：是否可以把 def demo()的函数定义与 def fib()的函数定义两段程序交换位置？回答是，只要在最后一行调用语句 demo()前定义即可。原则就是先编译，后调用。

6.2.2　函数的返回值

与其他程序设计语言不同的是，Python 语言的所有函数都有返回值。返回值是通过 return 语句返回到调用程序的。返回值可以是任意数据类型。

(1) return 后面只有一个值时，它可以是数字、字符串、列表、元组、字典、布尔值等各种类型的数据。

(2) return 后面有多个值时，每个值之间用逗号分隔，返回结果是一个元组（还是一个值，一个含有多个元素的元组），元组内包含所有返回值，多个值可以加括号，也可以不加，结果都是元组。

(3) 函数中可以出现多个 return 语句，但遇到任意一个就会直接返回调用程序。

(4) 若没有 return 语句，默认在函数的最后一行返回 None。

Python 语言中定义的函数返回只有一个值，可能是单一的数据，也可能是多个数据构成的元组，还可能是 None。比如例 6-1 定义的函数 fact()返回阶乘 jc，例 6-2 定义的函数 prime()返回布尔值 True 或者 False，例 6-3 定义的函数 fib()返回列表 f，函数 demo()没有任何返回值，默认返回 None。读者可以尝试将例 6-3 的最后一行修改为 print(demo())，demo()一样会被调用，返回的斐波那契数列也同样会被输出，而调用结束后，最后一个输出结果是 None。

没有 return 语句的示例如下。

```
>>> def sum(a, b):
    print(a + b)

>>> sum(10,20)
30
>>> print(sum(10,20))
30
None
```

从示例中可以看到，函数 sum()完成了输出两个数之和的操作，并没有把两个数之和通过 return 返回。因此，对于没有 return 的函数调用，只须直接使用“函数名(实参)”的方式调用。如果使用“print(函数名(实参))”的方式，则会将函数 sum()的最后一行默认的 return None 返回，因此会出现除了 30 以外的另一行 None。前面出现的 print(x. sort())道理一样，x 调用了方法 sort()，完成了排序，但是输出的结果不是排序后的 x，而是 None。

```
>>> x = [12,45,67,89,34,56,78,3445,21]
>>> print(x.sort())
None
>>> x                                          # 虽然上面输出的是 None,但还是执行了排序操作
[12, 21, 34, 45, 56, 67, 78, 89, 3445]
```

提示：在 print 语句中，如果参数中遇到函数调用，则会先执行函数调用，最后执行 print 语句要输出的所有内容。这也是上面示例中最后两行先出现 30 再出现 None 的原因。前面的许多方法介绍中，语法说明第一点就强调该方法没有返回值，直接调用即可，如果要将没有返回值的方法进行输出或进行赋值操作，结果都是 None。

```
>>> x = [12,45,67,89,34,56,78,3445,21]
>>> print(x, x.sort())                         # 注意前面输出的 x 是被排序后的结果
[12, 21, 34, 45, 56, 67, 78, 89, 3445] None    # x.sort()返回的是 None,执行的是排序
```

显然 print 语句首先完成了 x 的排序操作，然后才能把所有参数一起输出。虽然第一个参数是 x，但是不会先输出，而是先完成后面的排序，然后一起输出，这时 x 已经被排序了。

【例 6-4】 定义一个函数 decompose()，传递形参 n，返回 n 的所有因子，如 20＝2×2×5，如果是质数，返回自身。在主函数 demo()中输入两个数 x、y，要求判断这两个数是否含有除了 1 以外的共同的因子，如果有则输出不重复的所有因子。

编程思路 本例要求调用两次 decompose()函数，分别返回 x、y 各自的因子，将所有因子唯一化(转换为集合去重)，然后判断是否有共同因子。

实现代码如下。

```
def decompose(n):
    d = []
    k = 2
    while n != 1:
        if n % k == 0:                   # 只要 k 是 n 的因子,就把 k 添加到列表中,再从 n 中剥离
            d.append(k)
```

```
            n = n // k
        else:
            k = k + 1
    return d

def demo():
    x, y = eval(input('请输入两个数 x、y: '))
    dx, dy = decompose(x), decompose(y)  # dx、dy 可以同时赋值,序列解包
    sx = set(dx)                         # sx、sy 也可以分两行分别赋值
    sy = set(dy)
    if sx & sy:                          # 两个集合的交集不为空则为 True
        print(sx & sy)
    else:
        print('两个数没有共同的因子')

demo()
```

本例利用集合运算求两个序列中是否有共同元素,这种思路在很多算法中也得到了应用广泛。同时利用函数分析因子,使程序更简洁。

【例6-5】 判断阿姆斯特朗数(Armstrong number)是编程语言中经典的算法之一。如果一个 n 位正整数等于其各位数字的 n 次方之和,则称该数为阿姆斯特朗数。当 $n=3$ 时,又称水仙花数,如 $1^3+5^3+3^3=153$。编写函数 armstrong(),要求传递一个正整数 n,判断 n 是否为阿姆斯特朗数。主函数 demo()输出 100～100000 的所有阿姆斯特朗数。要求输出保持对齐,一行 5 个数。

编程思路　本例的难点是数据范围包含三位数、四位数、五位数。位数不同,幂次也不同。另外要对齐输出数据,因此要按最长数据保留空位。本例最长为五位数,因此字符串宽度要保留 6 个以上才能对齐。

实现代码如下。

```
def armstrong(n):
    m = len(n)                                  # 形参 n 是字符串,因此可以统计长度,即幂次
    if sum([int(i) ** m for i in n]) == int(n):  # 注意这里字符串与整数的转换
        return True
    else:
        return False

def demo():
    c = 0
    for i in range(100, 100000):
        if armstrong(str(i)):
            c = c + 1
            print('%6d' % i, end = '')
            if c % 5 == 0:
                print()
demo()
```

本例的函数定义中,if 语句的分支 else 不写也可以,因为如果执行完整个 armstrong()函数后依然没有遇到 return 语句,默认返回 None,相当于 False,但是程序的可读性不佳。在函数体内,遇到任何一个 return 就会直接中断函数运行,返回调用程序。

【例 6-6】 统计公司员工的年收入和上交的税款。在主函数 demo()中输入员工工号和税前年收入,调用计税函数,返回税后收入和税款,最终以字典形式输出公司每个员工的工号和税后年收入及公司总的上交税额。计税函数 cal_tax()根据不同收入计算相应的税:年收入在 5 万元(含)以下,不用交税;5 万~12 万元(含),税额为总收入的 3%;12 万~20 万元(含),税额为总收入的 10%;超过 20 万元,税额为总收入的 20%。所有结果保留小数点后两位。

编程思路 计税函数的算法只需要一个多分支选择结构即可完成,本例的难点在于返回的结果不止一个。返回多个数据时,是以一个元组的形式返回的,返回到调用函数后,可以用索引的方式将每个参数取出,也可以用序列解包的方式分别赋值给多个变量。

实现代码如下。

```
def cal_tax(income):
    if income <= 50000:
        rate = 0
    elif income <= 120000:
        rate = 0.03
    elif income <= 200000:
        rate = 0.1
    else:
        rate = 0.2
    tax = income * rate
    after_income = income - tax
    return round(after_income, 2), round(tax, 2)
# return '%.2f' % after_income, '%.2f' % tax    # 思考这种保留小数点的方式是否可行

def demo():
    staff = {1 : 112045, 2 : 45321, 3 : 278900, 4 : 178340, 5 : 153200}
    corp = {}
    total = 0
    for k, v in staff.items():
        i, t = cal_tax(v)                    # 将子函数返回的元组序列解包给两个变量
        corp[k] = i
        total += t

    print(sum(corp.values()))                # 统计税后总额
    print(sum(staff.values()) - total)   # 统计税前总额减去总的税额,上下两行结果一致

    corp.update({'total_tax' : total})       # 更新最后一个键值对,添加公司总的税额
    print(corp)

demo()
```

本例中要求返回的结果保留小数点后两位,如果仅是输出,那么可以使用字符串格式符%或字符串方法 format(),但是如果返回的结果还要在调用函数中参与下一步的运算,比如本例的求和,那么返回结果就不建议用字符串的格式化方法,比较好的方式是采用内置函数 round(),当然也可以用 float()将格式化后的字符串再转回数值型数据。

6.2.3 匿名函数 lambda

在很多程序设计语言中都有匿名函数的语法。所谓匿名函数,就是没有给函数定义一

个函数名。下面先来看一个例子。

【例 6-7】 计算两组数构成的公式 $f_i=2x_i^2+3y_i-1$ 的值，其中 x_i 和 y_i 分别由两组数 $[x_0, x_1, x_2, \cdots]$、$[y_0, y_1, y_2, \cdots]$中对应的值构成。要求定义函数 cal()完成计算，主函数 demo()完成两组数的输入，调用函数返回表达式计算结果，以($x[i]$, $y[i]$, $f[i]$)的形式输出每一组结果，所有结果可以放在一个列表中。

编程思路 本例利用函数返回结果是一个元组的特点，将一组数($x[i]$, $y[i]$, $f[i]$)直接以返回结果的方式返回到调用程序中。

实现代码如下。

```
def cal(xi,yi):
    return xi, yi, 2 * xi ** 2 + 3 * yi - 1


def demo():
    x = eval(input('x:'))
    y = eval(input('y:'))
    if len(x) != len(y):
        print('输入数据长度不等,请重新输入')
    else:
        z = []
        for i in range(len(x)):
            z.append(cal(x[i], y[i]))
        print(z)


demo()
```

在本例中，要注意 xi 与 x[i]的区别，一个是变量名，另一个是列表索引。那么对这么简单的函数定义，为什么不直接在循环中采用代码 z.append(x[i],y[i],2 * x[i] ** 2 + 3 * y[i]-1)呢?

采用直接计算的方式也能完成程序功能，但是如果有了函数定义，程序还可以用如下形式编写。

```
def cal(xi,yi):
    return xi, yi, 2 * xi ** 2 + 3 * yi - 1
def demo():
    x = eval(input('x:'))
    y = eval(input('y:'))
    if len(x) != len(y):
        print('输入数据长度不等,请重新输入')
    else:
        print(list(map(cal, x, y)))        # 采用 map()函数瞬间完成所有计算
demo()
```

通过第二段程序示例不难发现，有了函数定义可以使主函数 demo()变得更加简单明了。但对简单的函数，为什么不将子函数直接写进主程序里面呢? 这就引出了匿名函数 lambda 的概念。

在 Python 语言中，匿名函数的语法格式如下。

```
[变量 = ] lambda 形参 1,形参 2,... : 表达式
```

对于匿名函数语法格式的理解,可以用一个简单的函数定义来说明。

```
def 变量(形参 1,形参 2,...):
    return 表达式
```

语法说明如下。

(1) lambda 表达式只能有一个,且不能包含复杂语句。如果有多个返回数据,必须加括号(函数定义中的 return 后面不需要加括号也能返回多个数据)。

(2) lambda 将表达式赋值给变量,变量相当于函数名,调用时变量后面圆括号内添加实参数值,结果等同于函数调用。

(3) 表达式也可以是函数调用,返回的是函数调用后的返回值。

(4) lambda 形参与函数定义中的形参完全一致。

对 lambda 函数的功能可以如下进行理解。

```
>>> f = lambda x : x ** 2           # 将表达式赋值给变量 f,f 相当于函数名
>>> print(f(10))
100
>>> def f(x):                       # 上面的 lambda 表达式相当于定义一个函数 f
    return x ** 2

>>> print(f(10))
100
>>> (lambda i : 2 * i + 1) (10)    # 将实参 10 传递给形参 i,返回 2 * i + 1 的计算结果
21
```

虽然上面的示例给出了 lambda 函数的功能和使用方法,但是 lambda 更多的应用场合不是将 lambda 表达式赋值给一个变量,然后利用这个变量将一个实参传递给形参,完成函数调用,这就失去了匿名函数的意义。lambda 函数更多的时候是在一组数的批处理中应用。比如例 6-7,有了匿名函数,就不需要定义子函数 cal(),直接可以将代码作如下简化。

```
def demo():
    x = eval(input('x:'))
    y = eval(input('y:'))
    if len(x) != len(y):
        print('输入数据长度不等,请重新输入')
    else:
        print(list(map(lambda xi, yi : (xi, yi, 2 * xi ** 2 + 3 * yi - 1), x, y)))

demo()
```

这里,没有子函数 cal()的定义,利用 map()函数和 lambda 函数可以方便地完成一组数的表达式计算。

事实上,匿名函数非常实用,在一些临时使用的场合,或者写一些执行脚本,又或者只需要调用一两次简单的函数,都可以采用 lambda 函数。下面介绍几个函数 lambda 的常用场合。

(1) 利用 lambda 函数在排序函数 sorted()中指定排序规则。

无论是利用 sorted()函数或 sort()方法进行排序时,都可以利用参数 key 指定排序规则。

```
>>> x = [34,5,678,89,34,65,80,0,45]
>>> s = ['hello', 'Python', 'I', 'love', 'zjut']
>>> sorted(s)                    # 默认列表中的字符串按 ASCII 值比大小
['I', 'Python', 'hello', 'love', 'zjut']
>>> sorted(s, key = len)         # 指定按元素长度比大小
['I', 'love', 'zjut', 'hello', 'Python']
>>> x = [123, 560, 72, 3100]
>>> sorted(x)                    # 默认列表中的数字直接比大小
[72, 123, 560, 3100]
>>> sorted(x, key = str)         # 将 x 中的每个元素转换成字符串以后比大小
[123, 3100, 560, 72]
>>> stu_grade = [['zhangsan',(45, 67, 89)], ['lisi', (99, 98, 87)], ['wangwu', (34, 22, 60)]]
>>> sorted(stu_grade)        # 默认对列表元素比大小,每一个元素第一个内容是姓名,按姓名排序
[['lisi', (99, 98, 87)], ['wangwu', (34, 22, 60)], ['zhangsan', (45, 67, 89)]]
>>> sorted(stu_grade, key = lambda i : sum(i[1]))
                             # 按总分排序,i 是列表的每个元素,i[1]表示三门课成绩
[['wangwu', (34, 22, 60)], ['zhangsan', (45, 67, 89)], ['lisi', (99, 98, 87)]]
>>> sorted(stu_grade, key = lambda i : i[1][1])
                             # 按第二门课排序,i[1]是每个学生的三门课
[['wangwu', (34, 22, 60)], ['zhangsan', (45, 67, 89)], ['lisi', (99, 98, 87)]]
```

(2) 利用 lambda 函数在 map()函数中计算一组数的表达式。

map()函数的主要作用是完成对一组数的函数运算,而函数运算可以使用 Python 的内置函数。例如:

```
>>> list(map(str, range(5)))      # 完成对一组数的字符串转换
['0', '1', '2', '3', '4']
```

但是很多运算没有现成函数可以调用,比如计算列表中每一个数的 x^2+2x+1 的值。在学习 Python 时习惯使用循环或自定义函数来完成,但现在使用匿名函数一条语句就能完成,代码越来越简单。

```
>>> lst = []
>>> x = [1,3,5,7]
# 方法一: 用循环完成每个元素的表达式计算
>>> for i in x:
    lst.append(i ** 2 + 2 * i + 1)
>>> print(lst)
[4, 16, 36, 64]
# 方法二: 将序列 x 作为 map()函数的参数,调用自定义函数 cal()完成所有元素的表达式计算
>>> def cal(i):
    return i ** 2 + 2 * i + 1
>>> print(list(map(cal, x)))
[4, 16, 36, 64]
# 方法三: 利用匿名函数一条语句就能实现所有元素的表达式计算
>>> print(list(map(lambda i : i ** 2 + 2 * i + 1, x)))
[4, 16, 36, 64]
# 方法四: 利用列表推导式
>>> print([i ** 2 + 2 * i + 1 for i in x])
[4, 16, 36, 64]
```

(3) 利用 lambda 函数在过滤函数 filter()中过滤指定的数据。

过滤函数 filter()的特点是将序列中的每个元素传递给指定的函数,只要函数返回结果

为 True,就把元素保留下来;为 False,就滤除该元素。同样很多时候,并没有判断条件并返回布尔值的专属函数。比如例 4-12 中,计算 numbers 中所有被 7 除余 5,被 5 除余 3 的数的和,如果采用 filter 结合 lambda 来完成,用一条语句即可。

```
print(sum(filter(lambda i : i % 7 == 5 and i % 5 == 3, numbers)))
```

【例 6-8】 求两个数 x 和 y 的最大公约数。

```
def demo():
    x, y = eval(input('x, y:'))
    if x > y :
        x, y = y, x                              # 习惯性优化程序
    gys = x                                      # 让公约数为较小的数,这样程序运行效率更高

    # 方法一:利用 while 循环完成
    while x % gys != 0 or y % gys != 0:
        gys = gys - 1
    print(gys)

    # 方法二:利用 for 循环从 x 往下遍历
    for i in range(x, 0, -1):
        if x % i == 0 and y % i == 0:
            print(i)
            break
    # 方法三:利用 filter 与 lambda 结合,一条语句即可完成
    print(max(filter(lambda i : x % i == 0 and y % i == 0, range(x, 0, -1))))

demo()
```

6.3 参数传递

在定义函数和调用函数时,需要用到形参(parameter)和实参(argument)。形参是定义函数时在函数名后面小括号中的参数,形参只能是变量;实参是调用函数时在函数名后面小括号中的参数,实参可以是任意类型的数据形式,但必须是确定了值的数据。

在 Python 语言中,参数的传递只有一种方式,就是将有确定值的实参一一对应地传递给形参。这种参数称为位置参数,除了这类参数外,形参和实参还包含其他类型的参数,具体分类如下。

(1) 形参:位置形参、默认值形参、可变长形参。

(2) 实参:位置实参、关键字实参、可变长实参。

6.3.1 位置参数

无论在形参或者在实参中,都有位置参数。位置实参一一对应传递给位置形参,在数量和顺序上都必须保持严格一致。位置参数是函数定义和函数调用时使用最广泛的一种参数形式。

【例 6-9】 定义函数 nRand(),随机产生 n 个不重复的两位整数并输出,将两位数中所

有 5 的倍数返回到调用函数。n 的值由用户在主函数 demo()中输入。

编程思路 n 个不重复的随机两位数在例 5-7 中已经给出两种算法,本例首先介绍位置参数的传递,然后复述用过滤函数 filter()与匿名函数 lambda 结合,获得所有 5 的倍数并返回的方法。

实现代码如下。

```
import random

def nRand(n):
    lst = []
    while len(lst) < n:
        num = random.randint(10,99)
        if num not in lst:
            lst.append(num)
    print(lst)                          # 本例要求在函数中输出所有随机数
    return list(filter(lambda i : i % 5 == 0, lst))

def demo():
    n = int(input('请输入 n 的值: '))
    print(nRand(n))

demo()
```

【例 6-10】 定义函数 filt5(),去除形参列表 lst 中所有 5 的倍数,将结果返回到调用程序。要求在主函数 demo()中随机产生 n 个不重复的两位整数,调用 filt5()函数,最后输出随机产生的 n 个两位数及子函数返回结果。

编程思路 本例看似类与例 6-9 雷同,但是很有可能出错。因为大多数人看到“去除”两个字,习惯性使用 remove()方法,这在很多场合下会出现各种意想不到的错误,可能调试也不一定能看到错误的地方。

实现代码如下。

```
# 错误代码一: 使用 remove()方法,没有彻底删除所有的 5 的倍数
def wrong1_filt5(lst):
    for i in lst:                   # 应该使用切片访问 for I in lst[::]
        if i % 5 == 0:
            lst.remove(i)
    return lst
# 错误代码二: 实参传递给形参相当于链式赋值,内存地址一致
# 因此,形参列表 lst 采用 remove()方法产生的改变也会造成实参列表 s 的改变
import random

def wrong2_filt5(lst):
    for i in lst[:]:
        if i % 5 == 0:
            lst.remove(i)
    return lst

def demo():
    n = int(input('请输入 n 的值: '))
    s = []
```

```
    while len(s) < 10:
        num = random.randint(10,99)
        if num not in s:
            s.append(num)
    print(s, wrong2_filt5(s))         # 正确代码：传递 s 的切片，即 wrong2_filt5(s[::])

demo()
# 正确代码，算法思路可以如例 6-9 所示，直接用 filter 和 lambda 结合返回一个结果
import random

def filt5(lst):
    return list(filter(lambda i : i % 5 != 0, lst))      # 保留非 5 的倍数

def demo():
    n = int(input('请输入 n 的值：'))
    s = []
    while len(s) < 10:
        num = random.randint(10,99)
        if num not in s:
            s.append(num)
    print(s, filt5(s))

demo()
```

提示：位置参数的传递相当于链式赋值，如例 6-10 中的 lst=s=[...]，因此当形参改变时，实参也会同时改变。对于所有可变数据对象，如列表、字典、集合等，都可能遇到这类问题，在参数传递时务必要留意，如果不希望形参的改变影响实参，则用切片或 copy()的形式传递参数。

再看一个示例，根据利率计算银行每个月存款。

```
>>> def income(money, rate):            # 注意：这个函数定义中没有 return
    for i, m in enumerate(money):
        money[i] = m * (1 + rate)

>>> myMoney = [2000, 5000, 4000]
>>> income(myMoney, 0.04)               # 因为没有返回值，调用函数时也没有输出
>>> myMoney                             # 实参 myMoney 随着形参 money 改变
[2080.0, 5200.0, 4160.0]
```

6.3.2 默认值形参

初学者在学习函数时，很容易混淆默认值参数和关键字参数，为了便于读者理解，本书将默认值参数和关键字参数改为默认值形参和关键字实参。从名称可以看到，默认值形参是在函数定义时对形参的一种设置。

通常在定义函数时，形参是在等待实参的传递。但在有些场合，形参是可以有一些默认的数据。比如函数 sorted()中的参数 reverse 默认为 False；函数 print()中的参数 end 默认为"\n"，参数 sep 默认为空格。这些参数都是默认值形参。在用户自定义函数时，也可以设置默认值形参，对于含有默认值形参的函数调用，可以不传递相应的实参。例如：

```
>>> def meeting(name, city, days = 7):              # 带默认值形参的函数定义
```

```
    print('%s will go to %s for a conference for %d days.' % (name, city, days))

>>> meeting('李老师', '杭州', 10)                # 调用函数,带所有实参
李老师 will go to 杭州 for a conference for 10 days.
>>> meeting('张老师', '北京')                    # 函数调用,缺少实参
张老师 will go to 北京 for a conference for 7 days.
```

对默认值形参的理解,有几个要点需要读者关注。

(1) 函数如果有多个形参,默认值形参后不能有位置形参。

(2) 如果没有实参传递给函数,才能使用默认值形参;如果有实参,则以实参数据为准。

(3) 默认值参数仅在定义时进行一次解释和初始化,因此在多次使用默认值形参时,要注意不要出现逻辑错误,更要谨慎使用可变数据对象。

对于第三点可能很多读者不是很理解,下面给一些出现意想不到结果的示例,供读者参考。

```
>>> i = 1
>>> def f(n = i):                # 解释器已经将 n 的初值赋值为 1,也是唯一一次初始化
    print(n)
>>> for i in range(3):           # 无论 i 的值如何改变,调用函数 f,形参都是 1
    print(i, end = '')
    f()
0 1
1 1
2 1
>>> def addLst(item, Lst = []):  # 定义一个函数,在原列表基础上添加新内容
    Lst.append(item)
    return Lst

>>> print(addLst('青菜', ['鱼', '虾']))  # 带所有实参的函数调用可以正确显示
['鱼', '虾', '青菜']
>>> print(addLst('青菜'))               # 没有原始列表,使用默认值形参即空列表
['青菜']
>>> print(addLst('萝卜'))               # 希望使用默认值形参即空列表,但结果不是
['青菜', '萝卜']
>>> print(addLst('肉'))                 # 继续添加内容,逻辑错误
['青菜', '萝卜', '肉']
```

最后两次函数调用,结果不是在默认值为空列表里面添加元素"萝卜"和"肉",而是在上一次的基础上添加了新元素,这是一个比较严重的逻辑问题,很多时候由于程序多次调用的位置相距甚远,根本检查不到程序错误的原因。

6.3.3　关键字实参

很显然,关键字实参是在调用函数时对实参的一种设置。使用关键字实参的优点是不需要关注实参与形参位置是否一一对应,只要关键字名称与形参变量名称一致即可。比如调用函数 sorted()时,指定 reverse=True,这就是关键字实参;使用 print()函数时,指定 end='***',而不是用默认的换行符。这些都是在调用函数时设置的实参。

在调用时采用关键字实参可以避免位置形参记错引起的语义错误甚至是逻辑错误。

```
>>> def meeting(name, city, days = 7):                      # 带默认值形参的函数定义
    print('%s will go to %s for a conference for %d days.' % (name, city, days))

>>> meeting('Hangzhou', 'Amy', 20)                          # 记错了位置的函数调用
Hangzhou will go to Amy for a conference for 20 days.
>>> meeting(city = 'Hangzhou', days = 10, name = 'Amy')     # 三个关键字实参
Amy will go to Hangzhou for a conference for 10 days.
>>> meeting(city = 'Hangzhou', name = 'Amy')                # 缺一个实参,使用默认值形参
Amy will go to Hangzhou for a conference for 7 days.
```

同样地,对于关键字实参的理解,也有以下两点需要读者关注。

(1) 函数实参中如果有多个实参,关键字实参后不能有位置实参。

(2) 关键字实参必须与形参同名。

6.3.4 可变长参数

在实参与形参的传递过程中,无论是用默认值形参还是关键字实参,实质都是一对一的参数传递。但是在一些函数调用中,我们可以发现参数传递不仅仅是一对一的实参对形参的传递,例如:

```
>>> max([3,45,6,89,31,688,23])                              # 对一个列表求最大值
688
>>> max(3,45,6,89,31,688,23)                                # 对一组数求最大值
688
```

对第一个最大值函数调用,能理解为实参是列表,将它传递给形参求最大值,没什么问题。但对于第二个求最大值函数,如何设置形参呢?很明显,用户都不确定会传递几个参数给函数 max()。那么定义函数时,也不可能设置多个变量等待被传递。

当多个实参同时传递给一个形参时,这个形参称为可变长形参,可以在形参变量前加“*”或“**”。带“*”形参类型为元组,可以收集多个实参到元组中;带“**”的形参类型为字典,只能收集以表达式赋值的变量与值的键值对形式的数据。可变长形参的位置通常在默认值形参右边,而元组类形参(带“*”的形参)必须在字典类形参(带“**”的形参)的左侧。可变长形参不仅左右位置不能出错,而且一个函数定义中只能出现一个带“*”的形参和一个带“**”的形参。星号可以理解为收集剩余的位置参数。也就是多个实参传递到形参时,除了位置形参需要的一对一的数据,剩余的实参都被收集到带“*”的元组形参中;而用类似关键字赋值的表达式,则被收集到带“**”的字典形参中。

```
>>> def func(a, b, c = 4, *aa, **bb):
    print(a, b, c)
    print(aa)
    print(bb)

>>> func(1, 2, 3, 4, 5, 6, 7, 8, xx = 1, yy = 2, zz = 3)
1 2 3
(4, 5, 6, 7, 8)                   # 满足三个位置的形参赋值,剩余实参都被收集到元组中
{'xx': 1, 'yy': 2, 'zz': 3}
>>> func(1, 2, 3, xx = 1, yy = 2, zz = 3)
1 2 3
()                                # 先满足位置形参需求,没有多余实参,则元组为空
```

```
{'xx': 1, 'yy': 2, 'zz': 3}
```

【例 6-11】 利用可变长形参实现求最大值函数 max()的功能。

编程思路 如果只是针对一组数求最大值,那是直接使用带"*"形参即可;如果考虑可能是对一个可迭代对象求最大值,或者对一组数求最大值,那就要判断元组类形参的长度。如果长度为 1,考虑只有一个元素传递给函数,那么这个元素定义为可迭代对象,在可迭代对象中遍历求最大值;如果形参长度超过 1 个元素,那么考虑是一组数求最大值。

实现代码如下。

```
def max( * x):
    if len(x) == 1:            # 元组 x 中可能只有一个元素,如列表
        mx = x[0][0]           # x[0]是列表,x[0][0]是列表的第一个元素
        for i in x[0]:         # 遍历列表的每个元素,求最大值
            if mx < i:
                mx = i
        return mx
    else:
        mx = x[0]              # 如果元组 x 长度大于 1,那么设定第一个元素 x[0]为最大
        for i in x:
            if mx < i:
                mx = i
        return mx
```

当然例 6-11 只是一个模拟,真正内置的 max()函数还包含很多其他内容,本例旨在让读者理解可变长形参的概念。

带"**"的字典类可变长形参示例如下。

```
# 传递每个班级人数,返回所有人数
>>> def cal( ** students):
    return students, sum(students.values())
>>> print('各班人数为 % s, 所有班级总人数为 % d' % cal(class1 = 30, class2 = 29, class3 = 31,
class4 = 32))
各班人数为{'class1': 30, 'class2': 29, 'class3': 31, 'class4': 32}, 所有班级总人数为 122
```

可变长形参的特点是多个实参用一个形参来接收。同样地,一个含有多个元素的可迭代对象的实参也可以分发给多个形参,这其实就是序列解包。多个形参等待被传输数据的概念相当于以下表达式。

```
形参 a,b,c = 实参 x,y,z
```

如果实参变成一个可迭代对象,那就是序列解包。但是如何确定实参是以可迭代对象的形式传递,还是以序列解包的形式传递呢?只要在实参前面带上"*",那就是可变长实参,要以序列解包的形式传递给多个形参。

```
>>> def demo(a, b, c):
    print(a + b + c)

>>> lst = [1, 2, 3]
>>> demo( * lst)
6
>>> dic = {'a' : 1, 'b' : 2, 'c' : 3}
```

```
>>> demo( * dic)                    # 默认为字典的键序列解包给三个形参,构成字符串相连
abc
>>> demo( * dic.values())
6
>>> demo( * dic.items())            # 三个键值对的元组序列解包给三个形参,构成元组融合
('a', 1, 'b', 2, 'c', 3)
```

如果在实参前带上"**",则表示对字典进行序列解包。这个序列解包对字典的键有严格要求,必须使字典的键、形参数量和名字都完全符合,否则会报异常。部分示例如下。

```
>>> def demo(a, b, c = 10):
	print(a, b, c)

>>> demo( ** {'a' : 1, 'b' : 2, 'c' : 3})          # 字典的键必须与形参同名且数量一致
1 2 3
>>> demo( ** {'a' : 1, 'b' : 2})                   # 数量不一致时采用函数定义中的默认值形参
1 2 10
>>> demo(100, * (200, ), ** {'c' : 300})          # 带"*"的序列解包相当于位置参数
100 200 300
>>> demo(100, ** {'b' : 400})
100 400 10
>>> demo(a = 1, * (2, 3))                          # 给定 a 的值后,序列解包再一次赋给了 a
Traceback (most recent call last):
  File "<pyshell#33>", line 1, in <module>
    demo(a = 1, * (2, 3))
TypeError: demo() got multiple values for argument 'a'
>>> def demo(a, * b, c = 10):                      # 形参 b 为可变长形参,且在默认值形参左侧
	print(a, b, c)

>>> demo(10,20,30,40,50)                           # 调用函数后,形参 c 采用默认值
10 (20, 30, 40, 50) 10
>>> demo(10, 20, 30, 40, 50, c = 60)               # 调用函数,利用关键字设置 c 的值
10 (20, 30, 40, 50) 60

>>> def demo(a, * b, c):                           # 注意,这里 c 不是默认值形参
	print(a,b,c)

>>> demo(10,20,30,40,50)                           # 同样调用函数,会因为缺形参 c 而报错
Traceback (most recent call last):
  File "<pyshell#20>", line 1, in <module>
    demo(10,20,30,40,50)
TypeError: demo() missing 1 required keyword-only argument: 'c'

>>> demo(10, 20, 30, 40, c = 50)                   # 如果调用时采用关键字实参 c,则正常运行
10 (20, 30, 40) 50
```

上面的很多知识点平常比较少见,并不建议读者去尝试这些参数设置方式,这里只是提醒大家在遇到相关异常时,可以用这些思路找到问题的源头。对于初学者而言,参数的设置顺序通常建议为:位置形参、默认值形参、"*"可变长形参、"**"可变长形参。实参在调用时可以根据形参顺序设置相关参数。设置原则是尽可能避免多种形参类型混合使用,要以提高程序可读性和可执行性为前提设置参数。

6.4　变量命名空间和作用域

如果一个程序所有代码都写在文本编辑窗口中，而且没有任何函数定义，那么这个窗口中创建的所有变量都称为全局变量。程序运行时，为这些变量开辟的空间称为全局命名空间。这个空间就好像一个大家庭，所有的变量都可以被调用，彼此都认识。

然而，为了追求更简洁的代码、更清晰的逻辑、更便利的代码复用，在文本编辑窗口开始出现了自定义函数。因为有了函数，变量就有了作用域的划分。在函数内创建的变量称为局部变量，如所有的形参或其他在函数体被赋值的变量。调用函数时开辟的局部变量空间称为局部命名空间。这些变量在函数内自成一体，其显著的特点就是函数被调用时，创建这些变量，并在执行函数体时可以识别并使用所有的局部变量。一旦函数调用结束，所有局部变量自动在内存中释放。读者可以简单地将局部变量理解为临时性的载体，只是为了完成函数运行需要这些载体来装载数据完成固定的操作，一旦操作结束，这些载体的使命也结束了，因此局部变量的作用域只局限于能够调用这些变量的固定作用域中，如某个函数体内。

设想一下，如果在文本编辑窗口没有任何零星的语句，只有一个个的函数，那么每个函数都有属于自己的局部命名空间和局部变量，即便函数之间有同名变量，也互不影响，因为只要函数调用结束，变量就自动消失了，不可能与其他同名变量冲突，也不可能被其他函数调用非本函数内的局部变量。

如果函数间需要访问一个共同的变量，这时全局变量就可以起作用了。全局变量的作用域为全局命名空间，即使在函数体内，也可以访问全局变量。

(1) 全局变量也称为外部变量，是在函数外部定义的变量，其可以在程序的任何一个地方，被任意一个函数访问。

```
>>> a = 10                                  # 全局变量 a
>>> def func1(a):                           # 形参 a 为 func1 的局部变量
        print('func1 中的局部变量 a: ', a)

>>> def func2(x):
        print('func2 中的局部变量 x: ', x)
        print('func2 访问的全局变量 a: ',a)   # 函数内没有局部变量 a，则访问全局空间

>>> def demo():
        a = 20                              # demo 内的局部变量 a
        print('demo 中的局部变量 a: ', a)
        func1(a)                            # 实参 a 传递给同名形参 a
        func2(a)                            # 实参 a 传递给形参 x

>>> demo()
demo 中的局部变量 a: 20
func1 中的局部变量 a: 20
func2 中的局部变量 x: 20
func2 访问的全局变量 a: 10
```

通过上面的示例不难发现，形参和实参同名只是巧合。形参必须是变量，而且是属于函

数的局部变量；实参可以是常量、调用函数的局部变量或者全局变量。因此可以想象，形参和实参如果都是变量时，没有规定两个变量名必须一致，这是两个不同作用域的变量。

另外，通过调用 func1()和 func2()两个函数可以看到，Python 解释器遇到变量时，会从局部命名空间、全局命名空间（定义被调函数的模块或程序）、内置命名空间中依次查找，直到找到确定属于哪个层次。如果找不到，只能报 NameError。因此本例的 func1()找到的 a 是局部变量形参的值，而 func2()由于其函数体内找不到变量 a，只能到全局空间搜索全局变量 a 并输出。因此不建议读者用内置函数名字定义变量名（不是不允许）。比如定义变量 max=100，Python 解释器会直接在局部空间保留变量 max 的信息，当再次利用 max 求最大值时，会报异常，因为解释器会首先在局部空间找寻 max，确认这是一个 int 类型，不是一个函数。

(2) 在不考虑嵌套函数的前提下，局部变量作用域只在当前函数体内可以被调用，不能被其他函数调用，也不能在函数外被调用。

```
>>> def func(x):
        if x >= 5:
            f = x + x
        elif x >= 3:
            f = x * x
        elif x >= 0:
            f = x ** x
        else:
            f = abs(x)
        return f, x

>>> def demo():
        n = 2
        x = 7
        print(func(n), x)

>>> demo()
(4, 2) 7
>>> print(x)                                   # 在函数外访问局部变量会报异常
Traceback (most recent call last):
  File "<pyshell#55>", line 1, in <module>
    print(x)
NameError: name 'x' is not defined
```

在上面的示例中，最容易理解的错误就是变量 x。两个函数中都定义了变量 x，实际上这两个变量除了同名外，没有任何关系，也不会互相影响。在函数 demo()中调用了函数 func()，func()中的形参 x 是由实参 n 传递的，跟 demo()中的 x 没有任何联系，这就是局部变量的特点。同样，在函数外访问变量 x，会出现 NameError 的问题，因为函数调用一旦结束，局部变量将自动消失并释放空间。

(3) 在函数体内只能访问全局变量，不能修改全局变量。修改操作会被视为修改同名的局部变量。

```
>>> a = 10                        # 全局变量 a

>>> def func1(x):
```

```
    x = x + a                        # 在函数内访问全局变量 a
    print(x)

>>> func1(100)
110

>>> def func2(x):
    a = x + 100                      # 定义一个新变量,与全局变量同名的局部变量 a
    print(a)

>>> func2(100)
200

>>> def func3(x):
    a = a + 100                      # 在已有的 a 的基础上修改 a,则为修改全局变量,报错
    print(a)

>>> func3(100)
Traceback (most recent call last):
  File "<pyshell#17>", line 1, in <module>
    func3(100)
  File "<pyshell#16>", line 2, in func3
    a = a + 100
UnboundLocalError: local variable 'a' referenced before assignment
>>> def func4(x):
    print(a)                         # 运行时本行报异常,a 没有赋值
    a = x + 10                       # Python 解释器先确定局部空间及局部变量 a
    print(a)

>>> func4(100)                       # 执行函数中的第一次输出,会报错,局部变量 a 没有赋值
Traceback (most recent call last):
  File "<pyshell#62>", line 1, in <module>
    func4(100)
  File "<pyshell#61>", line 2, in func4
    print(a)
UnboundLocalError: local variable 'a' referenced before assignment
```

(4) 如果要在函数内修改函数外定义的全局变量,或者在函数外访问或修改函数内定义的变量,又或者在函数内定义的变量允许被其他函数访问或修改,则必须在函数体内将该变量声明为 global。

```
>>> a = 1
>>> def func1(x):
    global a, b
    a = a + 10
    b = a + x
    print(a, b)

>>> func1(100)
11 111
```

注意,调用结束后,局部变量 x 消失,但是 a 和 b 都还保留着最新的值。

```
>>> def func2(y):
    global a, b
    a = a + y
    b = b + a
    print(a, b)

>>> func2(200)                    # 此函数必须在 func1()被调用后才能执行,否则 b 没有初值
211 322

>>> print(a, b)                   # 在函数外可以访问函数内用 global 声明的变量
211 322
>>> a = a + 100                   # 在函数外修改函数内的全局变量
>>> b = b + 200
>>> a, b
(311, 522)

>>> func1(1)                      # 全局变量 a、b 的值一直在更新
321 322
```

如果函数 func2()中没有声明 b 为 global,执行下面的 func2()报异常。

```
>>> def func2(y):
    global a
    a = a + y
    b = b + a                     # 修改全局变量 b,但是 func2()内没有声明为 global
    print(a, b)

>>> func2(1)
Traceback (most recent call last):
  File "<pyshell#15>", line 1, in <module>
    func2(1)
  File "<pyshell#14>", line 4, in func2
    b = b + a
UnboundLocalError: local variable 'b' referenced before assignment
```

如果函数 func2()中没有声明 b 为 global,可以访问 func1()中声明的全局变量 b。

```
>>> def func2(y):
    global a
    a = a + y
    print(a, b)                   # 仅仅访问全局变量 b,并没有修改

>>> func2(1)
323 322
```

总之,在函数外部定义的全局变量或者在函数内部用 global 声明的全局变量,其作用域是整个程序。无论某个函数调用是否结束,全局变量都不会消失。全局变量的特点是随时可以被访问,甚至被修改。当然其缺点也显而易见,全局变量要整个程序结束才会被释放,始终占用内存空间,随时可能被修改的特点也使其安全性较差。而局部变量作用域只是某个函数内,函数之间的同名局部变量互不影响,函数调用结束后,局部变量自动消失,占用空间被释放。

6.5　递　归

6.5.1　递归的基本概念

递归属于一种编程技巧,任何一种程序设计语言都可以使用递归算法。函数可以被其他函数调用,也可以在自己的函数体内调用自己。

相信每个孩子小时候都会有这种经历：经常缠着父母讲故事,而父母就会很耐心地讲如图 6-1 所示的故事,直到孩子放弃。

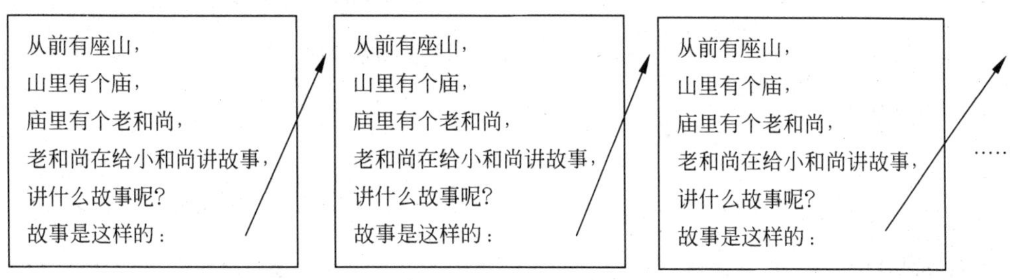

图 6-1　童话故事《从前有座山》

这是一个死循环,不属于真正的递归,但含有递归的第一要素：就是在运行的过程中不断地调用自己。

而递归的第二要素是解决死循环的问题,老和尚讲故事,只有“递”的过程,没有“归”的过程,因此会造成一去不归。而递归的第二要素就是既有“递”,又有“归”,递归函数要有边界条件。设定正确的“归”的条件才能保证递归是否可以正常结束。

递归原理：每一次函数调用都包含对本函数的调用请求,也就是子问题必须携带原始问题,且一次一次缩小范围,最终找到结果。

需要注意的是,执行递归函数时,不是每一级函数执行完了就返回,而是执行了一半要去下一级。首先把所有的“递”过程都执行完,到最后一级函数才会因为达到边界条件执行到函数体最后一行,然后回归到前一个调用函数的位置,再往下执行到该函数的最后一行,继而回归到前一级调用函数的位置,如此一级一级回归到最初的第一级调用位置。

6.5.2　递归函数的经典应用

【例 6-12】　利用递归算法计算 $n!$。

编程思路　利用递归算法计算一个数的阶乘,可以将阶乘的递归公式如下。

$$n!=\begin{cases}1 & n=1\text{(终止条件)}\\ n(n-1)! & n>1\text{(递归步骤)}\end{cases}$$

实现代码如下。

```
def fact(n):
    if n == 1:
        return 1
```

```
    else:
        return fact(n - 1) * n

print(fact(10))                                    # 调用递归函数求 10 的阶乘

print(eval('*'.join(map(str, range(1, 11)))))      # 直接计算 10 的阶乘
```

【例 6-13】 利用递归算法实现序列求和：$s=1+\frac{1}{2}+\frac{1}{3}+\frac{1}{4}+\cdots+\frac{1}{n}$。

编程思路 递归函数的设计关键就是找到终止条件和递归步骤，序列求和的递归公式如下。

$$s_n=\begin{cases}1 & n=1\text{（终止条件）}\\ \frac{1}{n}+s_{n-1} & n>1\text{（递归步骤）}\end{cases}$$

实现代码如下。

```
def s(n):
    return 1 if n == 1 else 1 / n + s(n - 1)       # 复习一下三元组

print(s(10))                                       # 调用递归函数
print(sum([1 / i for i in range(1, 11)]))          # 列表推导式直接求和
```

【例 6-14】 用递归的思路完成例 3-14 中求两个数的最大公约数。

编程思路 当需要用递归算法完成最大公约数的求解时，需要采用欧几里得算法，又称辗转相除法：两个整数的最大公约数等于其中较小的那个数和两数相除余数的最大公约数。这句话理解文字可能比较抽象，可以用计算过程来解释：两个数 a 和 b，不需要关注哪个更小，如果其余数 $r=a\%b$ 等于 0，那么最大公约数就是 b；如果 $z\neq0$，那么让新的 $a=b$，$b=r$，重新执行 $r=a\%b$ 的操作。直至 r 为 0 时，最大公约数为 b。

对辗转求余的递归算法可以如下理解。

$$\text{gys}(a,b)=\begin{cases}a & b=0\text{（终止条件）}\\ \text{gys}(b,a\%b) & a\%b\neq0\text{（递归步骤）}\end{cases}$$

实现代码如下。

```
def gys(a, b):                    # 采用递归算法
    if b == 0:
        return a
    else:
        return gys(b, a % b)
def gys1(a, b):                   # 采用循环方式
    while b != 0:
        a, b = b, a % b           # 思考：如果这个式子分成两行写，会有什么问题
    else:
        return a
```

这个示例跟前两个不同的是，无论递归多少层，到最后一层满足余数为 0 时，返回公约数 a，一级级往回传递的都是 a，不需要跟前一层的结果累计表达式的值。

连续看了三个示例，很多初学者会有这样的疑惑：一个简单的循环或者一个列表推导

式就能完成的工作,为什么要用递归这样复杂的算法来解决问题?的确,从这三个示例来看,不熟悉递归的读者肯定更偏爱用熟悉的循环来实现程序功能。而这里采用递归是为了让读者可以通过一些简单易懂的示例来学习递归算法。对于一些利用循环能完成的程序功能,笔者也不建议用递归去实现,因为递归需要系统堆栈,数据要入栈出栈,占用大量空间。但是掌握了递归原理后,很多人就会放弃循环而选择使用递归。因为递归算法使程序更简洁,可读性更好,更有利于维护。可以这么说,用递归,是方便了程序员,为难了计算机。

下面这个示例是最经典的递归函数应用,如果采用循环来实现,程序的可读性会变得很差。如果读者有兴趣,也可以采用循环来实现一下。

【例6-15】 用递归算法完成汉诺塔游戏。汉诺塔源于印度,是一个源于古老传说的益智玩具。传说大梵天在创造世界的时候做了三根金刚石柱子,在一根柱子上从下往上按照大小顺序摞着64片黄金圆盘。大梵天命令婆罗门把圆盘从下面开始按大小顺序重新摆放在另一根柱子上。并且规定,在小圆盘上不能放大圆盘,在三根柱子之间一次只能移动一个圆盘。

编程思路 汉诺塔游戏是学习编程语言或数据结构与算法类课程中非常经典的一个应用。要将一个实际问题抽象出计算机可以分析的计算问题,首先要把问题厘清思路,根据游戏规则,可以将汉诺塔问题归结为三个要点。

(1) 设定三根柱子A、B、C,所有的圆盘都在柱子A上。

(2) 每次移动一个圆盘,小的只能叠在大的上面。

(3) 利用三根柱子,将所有圆盘从柱子A移动到柱子C上,游戏结束。

根据问题分析,提出递归算法思路。

(1) 如果只有一个圆盘,直接把该圆盘从柱子A移动到柱子C即可。(终止条件)

(2) 如果有n个圆盘,只要把$n-1$个圆盘移动到临时柱子上,把最后的圆盘移动到柱子C上,再把前$n-1$个圆盘移动到柱子C上即可。(递归步骤)

```
def hanoi(n, a, b, c):
    if n == 1:
        print(a, '->', c)          # 如果只有一层,直接从a移动到c
    else:
        hanoi(n - 1, a, c, b)      # 先将n-1个圆盘从a移动到b
        hanoi(1, a, b, c)          # 将最大的圆盘从a移动到c
        hanoi(n - 1, b, a, c)      # 再将n-1个圆盘从b移动到c

n = int(input('请输入汉诺塔的层数: '))
hanoi(n, 'A', 'B', 'C')
```

6.6 函数定义和调用的应用实例

【例6-16】 在主函数中随机产生30个学生的Python成绩,然后调用子函数,传递所有学生的成绩,返回元组。要求元组的第一个元素是班级平均分,其他元素分别是成绩为90～100分的学生人数及成绩构成的列表,80～89分的学生人数及成绩构成的列表,以此类推,最后一个列表是小于60分的学生人数及成绩。要求主函数输出平均成绩、每一档的所有成绩,五个一行,必须对齐。显示结果如下。

```
这个班级的 Python 平均成绩为：74.70
90 分以上的学生有 7 个,分别是：
 91  97  97  93  93
 93  90
80 分以上的学生有 7 个,分别是：
 85  83  86  84  84
 83  89
70 分以上的学生有 2 个,分别是：
 78  79
60 分以上的学生有 8 个,分别是：
 69  66  60  69  62
 60  68  66
低于 60 分的学生有 6 个,分别是：
 58  55  51  50  51
 51
```

编程思路 本例的算法难度并不高，但是如何简化程序，巧妙设计是关键。可利用 for 循环将不同于其他成绩输出格式的不及格学生信息放入 else 模块，在函数 grade_count()中采用循环的方式将学生人数直接统计后插入列表第一项，而空列表赋初值的是为了强调不能采用链式赋值使用了分别赋值，更好的方式是利用循环赋初值。

实现代码如下。

```
import random
def grade_count(students):
    avg = sum(students) / len(students)
    A = []                              # 注意 4 个空列表不可以用链式赋初值
    B = []                              # 为了说明不能用链式赋值,这里使用了 5 条赋值语句
    C = []
    D = []
    E = []
    for g in students:
        if g >= 90:
            A.append(g)
        elif g >= 80:
            B.append(g)
        elif g >= 70:
            C.append(g)
        elif g >= 60:
            D.append(g)
        else:
            E.append(g)
    for i in [A, B, C, D, E]:           # 上面 5 个空列表可以采用这种循环赋值方法
        i.insert(0, len(i))

    return avg, A, B, C, D, E

def demo():
    Python_grade = [random.randint(50,100) for i in range(30)]
    avg, A, B, C, D, E = grade_count(Python_grade)
    print('这个班级的 Python 平均成绩为: %.2f' % avg)
    for i in [(A, 90), (B, 80), (C, 70), (D, 60)]:
        print('%d 分以上的学生有 %d 个,分别是: ' % (i[1], i[0][0]))
        c = 0
        for s in i[0][1:]:
```

```
            print('%3d' % s, end = '')
            c = c + 1
            if c % 5 == 0:
                print()
        print()
    else:
        print('低于 60 分的学生有 %d 个,分别是: ' % E[0])
        c = 0
        for s in E[1:]:
            print('%3d' % s, end = '')
            c = c + 1
            if c % 5 == 0:
                print()
```

【例 6-17】 设计一个打字游戏,随机产生长度为 30～50 的字符序列并显示到屏幕上。用户根据该序列输入相同内容。如果用户输入的字符序列与随机字符序列长度不等,则输出"字符串长度不一致,请重新输入";如果长度一致,则传递原始字符序列与用户输入字符序列到子函数,根据两个字符串内容匹配程度,返回准确率(正确的字符数/总字符长度)。

编程思路 本例的难点在于如何在子函数中根据原始字符序列与用户输入字符序列进行匹配。可以利用索引号定位每个字符,也可以利用 zip 组合两个字符串,然后进行比较。

实现代码如下。

```
import random
import string

def rate_cal(origin, playerInput):
    right1 = right2 = 0
    n = len(origin)
# 方法一: 利用索引号完成匹配
for i in range(n):
        if origin[i] == playerInput[i]:
            right1 += 1
# 方法二: 利用 zip 先组合再匹配
    for o, p in zip(origin, playerInput):
        if o == p:
            right2 += 1
# 方法三: 一条语句完成统计
    right3 = sum([1 for o, p in zip(origin, playerInput) if o == p])

    return right1 / n, right2 / n, right3 / n

def game():
    n = random.randint(30,50)
    origin = ''.join([random.choice(string.ascii_lowercase) for i in range(n)])
    print(origin)
    playerInput = input('请根据上面的字符内容顺序输入: ')
    if len(playerInput) == n:
        r1, r2, r3 = rate_cal(origin, playerInput)
        print('本次输入的准确率三种计算结果均为{:.2%},{:.2%}'.format(r1, r2))
    else:
        print('输入字符串长度不一致,请重新输入')
```

这是一个最基础的打字游戏算法,读者可以在此基础上继续深入,比如利用 time 模块统计每次打字的时间,如果在规定时间内完成,可以增加难度,比如随机产生的字符出现大写、标点符号等。

【例 6-18】 定义两个子函数,分别利用循环和递归算法完成 50 个斐波那契数的计算并返回结果,主函数要求每输出 10 个数换一行。

编程思路 斐波那契数列的递归算法形式如下。

$$\text{fib}(n)=\begin{cases}1 & n=1 \quad (\text{终止条件}) \\ \text{fib}(n-1)+\text{fib}(n-2) & n\geqslant 3 \quad (\text{递归步骤})\end{cases}$$

本例采用两种方法完成,建议读者测试时将循环函数的调用放在前面,可以发现,递归函数的调用速度在 n 大于 30 以后就显得非常慢。

```
def fib_loop(n, f):              # 这个函数利用列表参数完成结果传递,不需要 return 语句
    for i in range(2, n + 1):
        f.append(sum(f[ - 2 :]))

def fib_recursion(n):
    if n == 1 or n == 2:
        return 1
    else:
        return fib_recursion(n - 1) + fib_recursion(n - 2)

def demo():
    n = 50
# 方法一:调用循环函数
    f = [1, 1]
    fib_loop(n, f)                       # 没有 return 语句的函数调用
    for i in range(n):
        print(f[i], end = '')
        if (i+1) % 10 == 0:              # 思考此处为何要加 1
            print()
# 方法二:调用递归函数
    for i in range(1,n + 1):
        print(fib_recursion(i), end = '')
        if i % 10 == 0:
            print()
```

【例 6-19】 编写函数,计算并输出表达式 $a+aa+aaa+\cdots+aa\cdots aaa$ 的值,其中 a 为小于 10 的自然数,最后一个数字的长度为 a,如 3+33+333。

编程思路 本例常规思路是利用循环累加,由于累加特殊性,需要两个变量才能完成算法。但在 Python 语言中,可以利用 eval 快速实现计算。

实现代码如下。

```
def cal(a):
    s = 0
    t = 0
    for i in range(a):                                  # 其他编程语言的思路
        t = t * 10 + a
        s = s + t
    print(s)
    print(sum([eval(str(a) * i) for i in range(1, a + 1)]))    # Python 的思路
```

【例 6-20】 编写函数,返回一组考试成绩中的不及格人数,主函数根据不及格人数输出全班都过,或者不及格率为多少,保留小数点后两位。

编程思路 本例是一个非常简单的程序判定算法,这里给出两种算法思路,常规判定和利用 Python 语言的函数与方法判定。

实现代码如下。

```
def judge1(grades):
    c = 0
    for g in grades:
        if g < 60:
            c += 1
    return c

def judge2(grades):                    # 实参必须是列表的切片,因为函数修改了列表内容
    grades.append(60)
    grades.sort()
    return grades.index(60)

def demo():
    grades = list(eval(input('请输入一组成绩: ')))  # 用 list 转换保证输入是列表
# 方法一: 调用循环函数完成
    fail = judge1(grades)
    if fail == 0:
        print('恭喜全班通过')
    else:
        print('本班的不及格率为{:.2%}'.format(fail / len(grades)))
# 方法二: 调用 Python 的内置函数完成
    if min(grades) >= 60:
        print('恭喜全班通过')
    else:
        print('本班的不及格率为{:.2%}'.format(judge2(grades[:]) / len(grades)))
```

习 题 6

1. 函数 f 的定义如下:

```
def f(x = 10):
    return x + 1 if x % 2 == 0 else x - 3
```

则 f(f(f()))的值为(　　)。

A. 8　　B. 9　　C. 10　　D. 11

2. 下列关于函数定义的描述,正确的是(　　)。

A. 函数定义中必须有 return 语句

B. 函数定义中可以出现多个 return 语句

C. 函数定义中,必须有形参

D. 使用 function 关键字来自定义函数

3. 若 g=lambda x, y: x ** y,则 g(2, 3)的值是(　　)。

A. 5　　B. 6　　C. 8　　D. 10

4. 给出下列程序的运行结果。

```
def f(a, b = 1, c = []):
    a,b = b, a
    c = [] if c is None else c
    c.append(a)
    return c
print(f(1,2,[]))
print(f(3,4,[5]))
print(f(6, c = [7,8]))
print(f(0,1))
print(f(2,3))
```

5. 给出下列程序的运行结果。

```
def f(a,b = 1, *p, **q):
    print(a,b,p,q)
f(10)
f(20, 30)
f(c = 1,b = 2,a = 3)
f(1, 2, 3, 4, d = 5)
```

6. 给出下列程序的运行结果。

```
def f(a, b):
    global x
    a, b = b, a
    print(f"a,b = {(a,b)}")
    x.append(b - a)

def g( ):
    global a, b
    a = a + 1
    b = b - 1
    f(a,b)

x = []
a, b= 2, 3
for i in range(2):
    f(a, b)
    print(x)
for i in range(2):
    g()
print(x)
```

7. 给出下列程序的运行结果。

```
x = [33, -70, -65, 10, 59]
```

```
print(sorted(x))
print(list(map(abs, x)))
print(list(map(lambda x: x % 10 * 10 + x//10, x)))
print(list(filter(lambda x:x % 2, x)))
```

8. 给出下列程序的运行结果。

```
k = 41
def f(x = k):
    x += 1
    return x

k = f(k)
print(k)
print(f())
```

9. 编写函数,计算并返回一个整数的各位数字之和。

10. 编写函数,计算并返回一个正整数的阶乘值。

11. 编写程序,要求输入一个大于 1 的正整数,返回这个数的最大质因子。

12. 编写程序,由用户逐个录入学生的姓名和成绩(使用英文逗号分隔,所有学生的姓名都不相同),直到不再输入数据直接按 Enter 键输入结束录入。对录入的学生成绩按成绩从高到低排序,并输出学生姓名和对应的成绩。要求不使用字典存储学生的姓名和成绩信息。

13. 编写程序,对用户输入的一段英文(由小写英文单词与标点符号构成)进行分析,找出其中出现次数最多的 10 个单词以及它们出现的次数。对于出现次数相同的单词,则按单词的字母顺序排列。要求利用 lambda 表达式设置排序规则实现。

第7章　文　件

用 Python 语言编写的程序可以在交互式窗口中一行行地执行,也可以在文本编辑窗口中以整段的程序运行。两者的区别是：在交互式窗口中编写的程序无法保存,也无法再次编辑后运行；在文本编辑窗口中编写的程序可以保存后多次编辑、调试、运行。事实上,计算机的 CPU 只能操作计算机内存中的数据,而内存的数据是临时的,一旦程序结束或关机后内存中的数据就会丢失。比如我们熟悉的 Word 软件,如果不保存,一旦关闭窗口或者断电,文档中的数据会丢失。因此,无论是程序本身,还是由程序运行产生的数据都需要一个能以数据集合形式保存的存储介质,如硬盘、U 盘、光盘等,而这种数据集合的形式称为文件。

除了文件的读写操作外,本章还提供了两个第三方库的相关知识,这是因为全国计算机等级考试内容涉及这两个库,因此相关知识放在本章介绍。

7.1　文件的基本概念

文件是可以长期独立存储在外部介质(如磁盘、U 盘、光盘、云盘等)上,以文件名标识的数据集合,其内容是一个线性的数据序列,由计算机的操作系统(如 Windows、Linux、iOS 等)负责管理。

任何一个文件都包含路径和文件名两个属性。路径指明了文件在计算机硬盘上的位置,由盘符(如 C 盘、D 盘、E 盘等)和目录路径构成。Windows 操作系统以“\”作为路径分隔符,而 Linux 操作系统以“/”作为路径分隔符。文件名包含文件名和扩展名。每一种文件都有特定的扩展名,如 Python 的源程序文件的扩展名为. py,Word 文件的扩展名为. docx,文本文件的扩展名为. txt,图片文件的扩展名有. jpg、. bmp、. png、. gif 等,可执行文件的扩展名为. exe 等。扩展名不仅可以让操作系统决定当用户想打开这个文件的时候用哪种软件运行,还可以用于一些简单的加密。当某些文件不希望被其他用户随意打开时,最简单的保护方法是将其扩展名修改为别的名称。

根据文件存储时的编码格式不同,可以将文件分为文本文件和二进制文件。

1. 文本文件

文本文件是基于字符编码存储的文件,常见的编码有 ASCII、GB 2312 及适用于各国语言的 Unicode 等。文本文件存储的是字符串,由若干文本行组成,以换行符'\n'结尾。常见的文本文件有记事本、文本编译器(或文字编辑器)。大多文本编译器都用于编写程序的源代码,如 Pycharm、VIM、Sublime Text、VScode、Notepad++、EditPlus、MikTeX(latex 文本编辑器)等。

2. 二进制文件

二进制文件是基于值编码存储的文件。比如数字 129,如果保存为文本文件,则分别以字符1、2、9对应的ASCII值保存为三个字节；而保存为二进制文件，则只需要一个字节10000001。简单地说，二进制文件以内存数据在内存中的实际存储形式输出至外部介质存放。不能用普通的文本编辑器或普通文本处理软件对二进制文件进行编辑，需要用专门的解码软件解码后才能读取、显示、修改等。常见的二进制文件有图形/图像文件、音频/视频文件、可执行文件、资源文件等。所有的Office文件都属于二进制文件。

有不少人认为文本文件最终也是以二进制形式存储的，跟二进制文件没有区别。事实上，文本文件跟二进制文件的区别不在于两者的物理存储，而在于两者对所存储二进制数的逻辑解释，更确切地说是彼此的编码逻辑不同。文本文件是一种定长编码，存储与读取基本上是个逆过程，译码容易；而二进制文件是一种变长编码，存取更灵活，存储利用率更高，但译码要难一些。不同的二进制文件格式有不同的译码方式，需要特定的解码软件。

提示：在Python语言中，文件与列表、元组、字典等数据对象一样，也是一种数据类型。

7.2 文本文件的读/写操作

如果程序运行时需要使用外部介质(本节以计算机硬盘为例)中保存的文件数据，则称该操作为读操作；反之，如果程序运行后产生的数据需要保存到硬盘中，则称该操作为写操作。无论是哪种操作，首先必须与硬盘的某个存储区域建立联系，这个联系过程为文件的打开过程。任何一个文件的读写操作都可以分为以下三个步骤。

(1) 用open()函数打开(或建立)文件，返回一个文件对象。

(2) 对文件对象执行读或写的方法调用，实现对文件数据的操作。将数据从内存传输到外存的过程称为写操作，从外存传输到内存的过程称为读操作。

(3) 通过调用文件对象的close()方法关闭文件，或直接利用上下文管理语句自动关闭文件。

7.2.1 文本文件的打开与关闭

如果内存中有一个数据为123，要对该数据进行操作需要一个变量与之绑定，然后对该变量进行操作。同样地，如果需要对硬盘中的文件数据进行读写操作，也需要类似的变量与文件数据绑定，然后对该变量进行操作。在文件操作中，该变量称为文件对象。文件对象的命名方式与变量的命名方式相同。建立一个文件对象可以建立文件(硬盘中的数据)与内存数据存储区的联系，读取文件数据是将该文件中的数据读到内存数据存储区，而向硬盘写数据是将内存数据存储区的数据以一定格式存入对应的文件存储区中。

Python语言提供了open()函数来建立文件对象，建立对象的同时完成对文件的打开操作。

open()函数的语法格式如下。

```
文件对象 = open(file_name[,mode = 'r'][,buffering = -1][,encoding = None])
```

语法说明如下。

(1) 文件对象就是一个变量名，用open()函数打开它的同时建立了文件与内存数据存储区的联系，后续要对文件数据进行读/写操作时都需要通过这个文件对象的相关方法来实现。

(2) file_name 是保存在外部存储介质(如磁盘、U盘、光盘或云盘、网盘、快盘等)的文件名称。新建的文件若没有指定路径，将与.py文件保存在同一路径下。如果已有的文件不在默认路径下，必须指出文件的路径，包括盘符和路径。

(3) mode 为打开模式，该参数决定了对文件数据的处理方式，可以是只读、只写、追加写入等，不写明该参数，默认为只读模式'r'。具体打开模式和功能描述见表 7-1。

表 7-1 文本文件打开模式及功能描述

模式	功能描述
'r'	以只读方式打开文件。这是 open()函数的默认模式。运行时，文件指针指向文件头。如果该文件不存在，则报异常
'w'	以只写方式打开文件。如果该文件已经存在，则先清空文件内容，文件指针指向文件头。如果该文件不存在，则新建一个空文件
'a'	以追加写入方式打开文件。如果该文件已经存在，文件指针指向原文件的末尾(后续写入的内容从文件指针开始在原文件基础上继续添加)。如果该文件不存在，则新建一个空文件，功能等同模式'w'
'r+'	以读/写方式打开文件。如果该文件已经存在，文件指针指向文件头，可以从头开始读，也可以从头开始覆盖写。如果该文件不存在，则报异常
'w+'	以读/写方式打开文件。如果该文件已经存在，则先清空文件内容，文件指针指向文件头，在文件写入新内容后，通过调整文件指针位置，可以访问文件内容执行读操作。如果该文件不存在，则新建一个空文件
'a+'	以追加读/写入方式打开文件。如果该文件已经存在，文件指针指向原文件的末尾(后续写入的内容从文件指针开始在原文件基础上继续添加)，也可以调整指针位置对文件内容执行读操作。如果该文件不存在，则新建一个空文件，功能等同模式'w+'

(4) buffering 为缓冲控制模式。采用 open()打开文件时，会在内存中为它分配一个缓冲存储区(缓存)作为数据和文件之间的中介。为了提高读写效率和速度，可以根据程序要求设定不同的缓冲模式。缓冲模式有全缓冲、行缓冲、无缓冲。将 buffering 设置为大于 1 的整数 n 时为全缓冲，n 为缓冲区大小。将 buffering 设置为 1 时为行缓冲，将以内存代替硬盘，每次缓存以行为单位；将 buffering 设置为 0 时为无缓冲，读/写操作直接针对外设。当 buffering 设置小于 0 时，采用系统默认缓冲区大小，可以通过 import io; print(io.DEFAULT_BUFFER_SIZE)显示系统的默认值，一般为 4096B 或 8192B。写简单程序时，不需要关注此参数，可以直接采用默认值。

(5) encoding 为编码方式，有中文时一般采用 UTF-8 或 GBK 编码。如果在读写中文时没有指定编码方式，则以平台默认的编码模式，否则必须按指定编码模式读取。

在函数中被打开的文件在函数调用结束或整个程序运行结束后会自动关闭，但是良好的编码习惯要求文件操作结束后要调用关闭文件的方法，语法格式如下。

```
文件对象.close()
```

对于执行过写操作的文件，一定要将其关闭，因为 Python 可能缓存要写入的数据(将数据暂时存储在某个地方，以提高效率)。因此如果程序因某种原因崩溃，数据可能根本不会写入文件中。把不再使用的文件对象关闭，一是避免因开启文件过多导致服务异常，降低系统性能；二是由于计算机中可打开的文件按数量是有限的，及时关闭不用的文件对象能节约系统资源。

为了更好地保证文件被及时关闭，可以采用上下文管理语句 with，其语法格式如下。

```
with open((file_name[,mode = 'r'][,buffering = -1][,encoding = None]) as 文件对象:
    # 缩进内容为文件操作模块,缩进结束,文件自动关闭
```

以下是文件打开和关闭操作示例。

```
fr = open('D:\\test.txt', 'r')
fw = open('D:\\new.txt', 'w')
    # 省略内容: 执行对文件 fr 的读数据操作,并将处理后的数据写入 fw
fr.close()
fw.close()
```

使用上下文管理语句完成以上功能的代码如下。

```
with open('D:\\test.txt', 'r') as fr, open('D:\\new.txt', 'w') as fw:
    # 省略内嵌模块执行对文件 fr 的读数据操作,并将处理后的数据写入 fw 中
# 内嵌模块结束,文件自动关闭
```

在实际开发过程中，应优先考虑使用上下文管理语句实现文件操作。

在 Windows 平台下使用 Python 内置函数 open()时发现，当不传递 encoding 参数时，会自动采用 cp936 编码方式保存或读取文件数据。cp936 是指 Windows 系统里第 936 号编码格式，为 GBK 编码，示例如下。

```
>>> f = open('F:\\test.txt', 'w')
>>> print(f)
<_io.TextIOWrapper name = 'F:\\test.txt' mode = 'w' encoding = 'cp936'>
```

而当下很多文件都是采用 UTF-8 编码，因此在利用 Python 处理这些文件时读者需要注意及时设置 encoding 参数，否则会出现读取数据时的乱码。本章采用默认编码格式，不再赘述。

7.2.2　文本文件写操作

用 open()函数以具有写操作的打开模式建立文件对象后，可以调用该文件对象的方法对外存中绑定的文件实现写入操作。如果外存中没有事先保存过 open()函数中指定的文件，则在执行 open()函数后会自动建立一个新文件，使文件对象与新文件进行绑定，并将文件指针放置在文件头，等待数据的写入。如果外存中已经有指定文件，则根据含有'w'或'a'的不同打开模式将指针位置在文件头或文件尾。Python 语言提供了 write()方法和 writelines()方法实现文本文件的写操作。

1. write()方法

write()方法用于将一个字符串写入文件相应位置，语法格式如下。

```
文件对象名.write(字符串)
```

语法说明如下。

(1) 字符串可以是字符串常量或字符串变量,字符串写入的位置为当前文件指针位置。当写入数据后,指针指向字符串最后一个字符后面,等待后续内容写入。通常为了与后续内容分行,被写入的字符串后面需要手动添加一个换行符。

(2) 调用此方法后会返回被写入字符串的字符数。

【例 7-1】 不断输入学生的姓名到文件 D:\Python\test\ students.txt 中,直到用户输入为空(直接按 Enter 键)时停止输入操作。

编程思路 本例要求不断输入,输入数量未知,比较好的方式是采用 while True 循环模式。

实现代码如下。

```
def demo():
    ch = 0
    with open(r'D:\Python\test\students.txt', 'w') as fw:            # 取消"\"转义符
        while True:
            if input('是否继续输入,是输入 1,否则按 Enter 键: '):   # 只要输入不为空
                name = input('请输入学生姓名: ')
                ch = ch + fw.write(name + '\n')            # 利用返回值统计写入的字符数
            else:
                break
    print('共写入字符数(含换行符): ', ch)
demo()
```

提示: 如果写入的姓名为中文,打开文本文件时可能会出现编码格式不一致而造成不能读取的问题,可以在 open()函数中设置 encoding='UTF-8',也可以在打开文件出现编码提示时输入 cp396 进行转换。系统不同可能设置的默认编码格式不同。

【例 7-2】 打开例 7-1 中创建的文件 students.txt,统计文件中总的学生数量,并在该文件的最后一行输入统计结果:"本文件中共有学生×××人"。

编程思路 本例要求文件 students.txt 不仅能被读取数据,还能被写入,因此采用'r+'或'a+'打开模式。不能采用'w+'打开模式,因为使用该模式首先会清空文件。根据表 7-1 的功能描述,本例采用'r+'模式更方便,因为文件打开后指针指向文件头,便于先读取数据,再写入数据。

实现代码如下。

```
def demo():
    with open(r'D:\Python\test\students4.txt', 'r+') as frw:
        names = len(frw.readlines())
        frw.write('本文件中共有学生 %d 人\n' % names)
demo()

def demo():
    with open(r'D:\Python\test\students4.txt', 'a+') as frw:
        frw.seek(0)                        # 如果采用'a+'打开模式,必须先调整指针到文件头
        names = len(frw.readlines())
        frw.write('本文件中共有学生 %d 人\n' % names)
demo()
```

2. writelines()方法

writelines()方法用于将一个字符串构成的可迭代对象写入文件,语法格式如下。

```
文件对象名.writelines(可迭代对象)
```

实现代码说明如下。

(1) 列表、元组、字符串、字典、映射、过滤器对象等任何可迭代对象都可以成为写入的数据对象,唯一的要求是可迭代对象中的元素数据类型必须是字符串类型。

(2) 可迭代对象中的每一个元素后面必须添加换行符才能保证换行保存多行内容。

(3) 当可迭代对象为一个字符串时,如果字符中没有换行符,则该方法的功能等同于write()方法。

以可迭代对象格式写入文件的示例如下。

```
def demo():
    with open('students.txt', 'w') as fw:
        fw.writelines(['张三\n', '李四\n'])
        fw.writelines(('王五\n', '小明'))                # 注意"小明"后面忘了加换行符的结果
        fw.writelines({'小张\n', '小李\n', '小陈\n'})  # 注意集合无序的写入结果
        fw.writelines('单一字符串也能写入\n')            # 这个功能等同于write()
        d = {'abc':'aaa', 'efg':'eee'}
        fw.writelines(d)                                  # 默认写入字典的键,但是没有换行符
        fw.writelines(map(lambda i : i + '\n', d.values()))    # 解决换行符问题
demo()
```

运行后,打开文本文件 students.txt,其内容如图 7-1 所示。

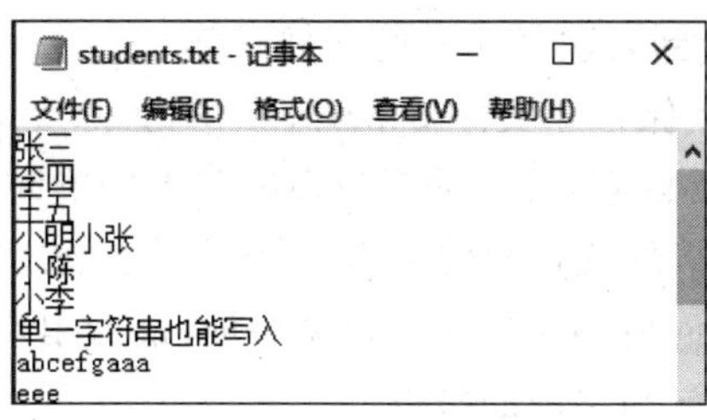

图 7-1 文件 students.txt 的内容

【例 7-3】 用 write()方法和 writelines()方法写入 5 个学生的姓名到文件 students.txt 中。

```
def demo():
    # 方法一:利用write()方法循环写入5个学生姓名
    with open('students.txt', 'w') as fw:
        for i in range(5):
            name = input('请输入学生姓名:')
            fw.write(name + '\n')
    # 方法二:利用writelines()方法将循环输入姓名的列表一次性写入
    stuNames = []
    with open('students.txt', 'a') as fw:
        for i in range(5):
            name = input('请输入学生姓名:')
            stuNames.append(name + '\n')
        fw.writelines(stuNames)
    # 方法三:利用writelines()方法结合列表推导式,用一条语句完成
    with open('students.txt', 'a') as fw:
        fw.writelines([input('请输入学生姓名:') + '\n' for i in range(5)])
```

```
demo()
```

为了便于读者运行后看到文件写入数据后的效果，后两种方法都采用了追加写入的模式。

7.2.3 文本文件读操作

文件能够执行读操作的前提是文件已经存在，这也是本章先介绍文件写操作的原因。在外存中如果已经有保存好的文件，采用 open()函数，并以具有读操作的打开模式建立文件对象后，可以调用该文件对象的相关方法对外存中绑定的文件实现数据的读取操作。Python 语言提供了三个方法实现文本文件的读操作。

1. read()方法

read()方法用于将文件中的数据以指定字符数的方式读出，语法格式如下。

```
文件对象名.read([字符数])
```

语法说明如下。

(1) 此方法返回一个字符串对象，字符串长度由指定的字符数决定，从文件指针当前位置开始。如果未指定字符数则默认读取文件所有内容，包含换行符。

(2) 此方法运行后，文件指针会停留在最后一个被读取的字符后面，因此在操作时要时刻关注读取的字符数。将文件内容一次性全部读取后，若要再次读取该文件，则须采用 seek(0)方法重新将指针放置到索引号为 0 的文件头部。

【例 7-4】 一篇英文文献保存在文件 paper.txt 中，去除 a、the、I、of 四个常见单词和所有的数字如 2022-10-1 之类的内容，统计词频最高的前十个单词及其词频。

编程思路 首先需要在读取文件后将所有的标点符号、数字去除，可以采用空格替代这些内容，然后用切片分词，分词后再删除四个常见单词，最后用字典统计单词及出现的词频，排序截取词频最高的十个单词和出现的次数。

实现代码如下。

```
import string
def demo():
    with open('paper.txt', 'r') as fr:
        paper = fr.read()
        paper = paper.lower()                # 字符串不可变,全部变小写后要重新赋值
        chrs = string.punctuation + string.digits
        for c in chrs:                       # 用空格替换标点符号和数字
            paper = paper.replace(c, ' ')    # 字符串不可变,替换后必须重新赋值

        paper = paper.split()

        for word in paper[:]:                # 删除常见单词
            if word in ['a', 'the', 'of', 'I']:
                paper.remove(word)
        # 方法一:用集合完成单词唯一化,遍历集合,采用 count 统计 paper 中的单词
        setPaper = set(paper)

        freqs = {}
        for word in setPaper:                # 统计词频
```

```
            freqs[word] = paper.count(word)

        print((sorted(freqs.items(), key = lambda i:i[1], reverse = True))[:10])
        # 方法二：直接遍历列表 paper，采用逐一累加的方式
        freq = {}
        for w in paper:
            if w not in freq:
                freq[w] = 1
            else:
                freq[w] += 1
        print((sorted(freq.items(), key = lambda i:i[1],reverse = True))[:10])
        # 上面的整个循环体还可以改为一条语句：freq[w] = freq.get(w, 0) + 1
demo()
```

提示：用指定长度读文件中的字符串时，换行符也是其中字符之一。而用 read()方法读取全部的字符内容时，也取决于文件中指针的开始位置。

【例 7-5】 分析以下两段程序后的输出结果。

```
def demo_w():
    with open('test.txt', 'w') as fw:
        fw.write('Python 是计算机语言\n 我爱 Python!')
demo_w()

def demo_r():
    with open('test.txt', 'r') as fr:
        r1 = fr.read(15)              # 读取 15 个字符，一个汉字为一个字符
        print('r1 的内容为：\n' + r1)
        r2 = fr.read()                # 从文件指针当前位置开始读文件中的剩余所有字符
        print('r2 的内容为：\n' + r2)
        r3 = fr.read()                # 此时文件指针在文件尾，因此读不到任何内容
        print('r3 的内容为：\n' + r3)

        fr.seek(0)                    # 重置指针位置到索引号为 0 的位置
        r4 = fr.read()
        print('r4 的内容为：\n' + r4)
demo_r()
```

两段程序运行后，文件 test.txt 中写入的内容如图 7-2 所示。

屏幕输出结果如下。

```
r1 的内容为：
Python 是计算机语言
我爱
r2 的内容为：
Python!
r3 的内容为：

r4 的内容为：
Python 是计算机语言
我爱 Python!
```

test.txt - 记事本
文件(F) 编辑(E) 格式(O) 查看(V) 帮助(H)
Python是计算机语言
我爱Python!

图 7-2 文件 test.txt 的内容

由于文件中有换行符，因此输出 r1 时会自动换行，字符总数为 15 个(含换行符)。第二次读取 r2 时，文件指针在"爱"后面，因此 r2 的内容只有"Python!"。r3 的文件指针在文件

最后,因此没有读到内容。

2. readlines()方法

readlines()方法用于将文件中的数据以每行为一个元素构成的列表读出,语法格式如下。

```
文件对象名.readlines()
```

语法说明如下。

(1) 此方法返回一个列表对象,列表中的每个元素为文件中的一行数据,每个元素都是含有换行符的字符串类型。

(2) 文件对象的数据类型与 readlines()返回的类型一致,但是文件对象只能被遍历,不能显式输出,属于生成器对象,且文件对象被赋值后文件指针也会到移到文件尾。

利用已经生成的文件 text.txt,执行以下程序。

```
with open('test.txt', 'r') as fr:
    print(fr)                          # 不能显式输出
    print(list(fr))                    # 利用文件对象读取文件内容
    print(list(fr))                    # 二次输出没有内容,因为文件指针到文件尾了
    fr.seek(0)                         # 调整文件指针位置
    print(list(fr))

    fr.seek(0)                         # 再次调整文件指针到文件头
    f = fr.readlines()                 # 用 readlines()方法读取文件内容
    print(f)
print(f)                               # 读取结果赋值给变量 f,不用担心指针问题

fr.seek(0)                             # 同样的内容再执行一遍,注意观察输出结果
    f = fr
    print(list(f))
    print(list(f))
```

程序的运行结果如下。

```
<_io.TextIOWrapper name = 'test.txt' mode = 'r' encoding = 'cp936'>
['Python是计算机语言\n', '我爱Python!']
[]
['Python是计算机语言\n', '我爱Python!']
['Python是计算机语言\n', '我爱Python!']
['Python是计算机语言\n', '我爱Python!']
['Python是计算机语言\n', '我爱Python!']
[]
```

从上面的示例可以看到,读取文件时要时刻关注文件指针位置,为了防止文件指针在前一次读取文件时发生偏移,建议将读取内容赋值给固定变量,便于反复使用。但是当使用文件对象名 fr 直接赋值给变量 f 时,由于 fr 具有一次性取值的特点,因此上面示例中最后一行输出内容为空。此特点类似 map、filter、enumerate 等生成器对象。因此建议读者使用 readlines()方法读取文件内容,而不要直接使用文件对象名,防止出现类似的错误。

【例 7-6】 文件 grade.txt 中保存有部分学生姓名、学号和三门课成绩,如图 7-3 所示。读取文件数据,输出总分最高的学生姓名、学号、三门课成绩及总分,同时将两门课以上不及格的学生保存到文件 fail.txt 中。

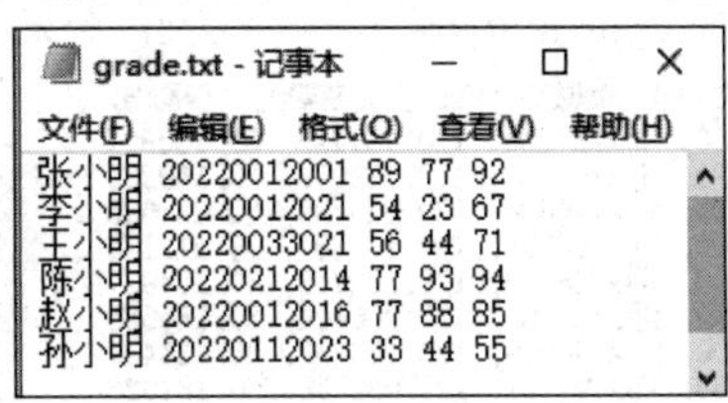
张小明 20220012001 89 77 92
李小明 20220012021 54 23 67
王小明 20220033021 56 44 71
陈小明 20220212014 77 93 94
赵小明 20220012016 77 88 85
孙小明 20220112023 33 44 55

图 7-3　文件 grade.txt 内容

编程思路　首先要把所有学生信息读入一个列表，然后对列表的每个元素（每一行）用 split()方法进行字符串分割，分割后的成绩必须转换为数字后才能进行计算和判断。

实现代码如下。

```
def demo():
    with open('grade.txt', 'r') as fr, open('fail.txt', 'w') as fw:
        strGrades = fr.readlines()
        lstGrades = [v.split() for v in strGrades]  # 将每一行内容分割成一个列表
        maxGrade = 0

        for info in lstGrades:                    # info 是由字符串元素构成的学生信息列表
            g = list(map(int, info[2:]))          # 将三门课成绩转换为数值
            if maxGrade < sum(g):
                maxGrade = sum(g)
                name = info[0]
                threeGrade = g
            c = 0
            for v in g:
                if v < 60:
                    c = c + 1
            if c >= 2:
                fw.write(' '.join(info) + '\n')  # 由列表元素组合成一个字符串

        print('总分最高的学生是{0},三门课成绩分别为{1[0]},{1[1]},\
            {1[2]},总分为{2}'.format(name, threeGrade, maxGrade))
demo()
```

程序的运行结果如下。

```
总分最高的学生是陈小明,三门课成绩分别为 77,93,94,总分为 264
```

fail.txt 文件内容如图 7-4 所示。

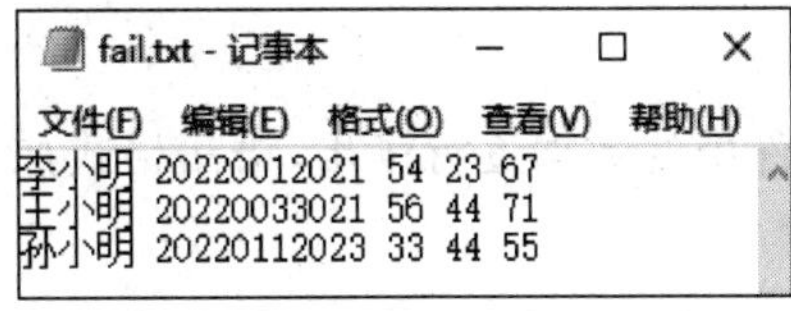
李小明 20220012021 54 23 67
王小明 20220033021 56 44 71
孙小明 20220112023 33 44 55

图 7-4　文件 faile.txt 内容

【例 7-7】　某出租车公司部分车辆在某日将 GPS 记录的经纬度位置保存在文件 car_data.txt 中，数据以英文逗号为分隔符，对应列分别是时间、车牌号、经度、纬度，如图 7-5 所示。编写程序，输入某个经纬度区间，如经度区间为[120.165116-120.177997]，纬度区间为[30.259871-30.264113]，查询并按指定格式输出出现在该区域内的所有车辆信息。

```
car_data.txt - 记事本
文件(F) 编辑(E) 格式(O) 查看(V) 帮助(H)
0:00, 浙AT27985, 120.187125, 30.156917
0:00, 浙AT66772, 120.189979, 30.169334
0:00, 浙AT46886, 120.124786, 30.233695
0:00, 浙AT50884, 120.121837, 30.212175
0:00, 浙AT48814, 120.192702, 30.204927
0:00, 浙AT82968, 120.206124, 30.185656
0:00, 浙AT40669, 120.186360, 30.216407
0:00, 浙AT97771, 120.082778, 30.187023
0:00, 浙AT56915, 120.105888, 30.184673
0:00, 浙AT95325, 120.183218, 30.227825
1:00, 浙AT27985, 120.133767, 30.236928
1:00, 浙AT66772, 120.183119, 30.254902
1:00, 浙AT46886, 120.206082, 30.161202
1:00, 浙AT50884, 120.192044, 30.187962
1:00, 浙AT48814, 120.153331, 30.138515
1:00, 浙AT82968, 120.106032, 30.169986
1:00, 浙AT40669, 120.108354, 30.257399
1:00, 浙AT97771, 120.080138, 30.239223
```

图 7-5 文件 car_data.txt 部分内容

编程思路 首先需要将文件中的所有经纬度数据读出，由于文件中的数据以逗号分隔，而采用 split(', ')时无法去除换行符，因此需要先去除整行字符串中的最后一个换行符，再使用 split()进行分割，分割后经纬度需转换为数值型数据才能判断。

实现代码如下。

```
def search():
    min_j, max_j = 120.165116, 120.177997
    min_w, max_w = 30.259871, 30.264113
    with open('car_data.txt', 'r') as fr:
        car_info = fr.readlines()
        car = [c[:-1].split(', ') for c in car_info]      # 切除每一行换行符后分割成列表
        print('当日出现在指定区域的车辆有:')
        for i in car:
            if min_j <= eval(i[2]) <= max_j and min_w <= eval(i[3]) <= max_w:
                print('时间:{0[0]:>5} 车牌:{0[1]} 北纬:{0[2]} 东经:\
                    {0[3]}'.format(i))
search()
```

程序的运行结果如下。

```
当日出现在指定区域的车辆有:
时间: 1:00  车牌:浙 AT55243  北纬:120.173062  东经:30.260872
时间: 5:00  车牌:浙 AT40722  北纬:120.174023  东经:30.263372
时间: 13:00 车牌:浙 AT10688  北纬:120.170825  东经:30.261097
时间: 21:00 车牌:浙 AT40722  北纬:120.166532  东经:30.261009
```

3. readline()方法

readline()方法用于将文件中的数据逐行读出，语法格式如下。

```
文件对象名.readline()
```

语法说明如下。

(1) 此方法每次只能返回文件指针所在位置到换行符的所有字符串。

(2) 如果文件指针位置在文件尾，此方法将返回空字符串，不会报异常。

继续使用文件 test.txt 中的两行内容进行测试，观察执行以下代码后的输出结果。

```
with open('test.txt', 'r') as fr:
```

```
    s = fr.read(5)
    h = fr.readline()
    print(s)
    print(h)
    print(fr.readline())
Pytho                           # 读取 5 个字符后文件指针停留在字符 n 的位置
n是计算机语言                   # 读取一行,从文件指针位置到换行符结束
                                # 这里有空行是因为上面输出的字符串中含有换行符
我爱 Python!
```

读者可以继续测试多输出几行 readline()的返回结果,不难发现文件已经被读到文件尾,readline()返回结果为空。每次输出都是一个空行,相当于执行 print()函数而没有任何参数,不会报错。通常利用此方法访问文件时,都会结合 while True 的模式,如果读到的数据为空,则结束文件读取。

【例 7-8】 利用 readline()方法完成例 7-6 的内容:在文件 grade. txt 中保存有部分学生姓名、学号和三门课成绩,如图 7-3 所示。读取文件数据,输出总分最高的学生姓名、学号、三门课成绩及总分,同时将两门课以上不及格的学生保存到文件 fail. txt 中。

```
def demo():
    with open('grade.txt', 'r') as fr, open('fail2.txt', 'w') as fw:
        maxGrade = 0
        while True:
            strGrade = fr.readline()
            if strGrade == '':
                break
            else:
                lstGrade = strGrade.split()
                g = list(map(int, lstGrade[2:]))
                if maxGrade < sum(g):
                    maxGrade = sum(g)
                    name = lstGrade[0]
                    threeGrade = g
                c = 0
                for v in g:
                    if v < 60:
                        c = c + 1
                if c >= 2:
                    fw.write(strGrade)
        print('总分最高的学生是{0},三门课成绩分别为{1[0]},{1[1]},\
{1[2]},总分为{2}'.format(name, threeGrade, maxGrade))
demo()
```

程序的运行结果同例 7-6。可以看到,本例使用 readline()方法逐行读取后,可以避免大数据放入一个列表中进行处理,减轻数据存储对内存的压力。

7.3　第三方库 jieba

书写英文时通常以空格作为每个单词的分隔符,因此英文文本的词频统计相对比较简单。而中文句子中字词间没有分隔符,并且中文词汇语义差别大,字词长度不一,虽然前面

在访问文件时也会有中文内容，但是都是简单的姓名并用空格分隔，确切地说都是已经被分割好的词汇。下面介绍第三方库 jieba，该库中的函数可以高效完成中文字词的分割，返回一个分割后的词汇列表。

由于 jieba 不是 Python 自带的函数库，因此需要读者自行安装，安装步骤非常简单。使用 Python 的包管理工具 pip 可以对 Python 包进行查找、下载、安装、卸载等各种操作，通常在安装 Python 时已经有了 pip. exe 文件，具体安装步骤如下。

(1) 测试计算机中是否已经安装 pip。单击“开始”按钮，输入 cmd 命令，当然可以直接按 Win+R 组合键。在命令行中输入 pip -V(注意 pip 后面的空格和大小写)，如果弹出如图 7-6 所示界面，说明 pip 已经配置成功。

```
C:\Users\longsc>pip -V
pip 19.2.3 from c:\users\longsc\appdata\local\programs\python\python37\lib\site-packages\pip (python 3.7)
```

图 7-6　pip 已经配置成功

如果运行后显示 pip 不是内部或外部命令，也不是可运行的程序或批处理文件，说明 pip 没有被配置过，则进入下一个步骤。

(2) 打开 Python 的运行环境，输入 import os，然后运行 print(os. getcwd())，可以得到 Python 当前的工作目录，例如：

```
'C:\Users\longsc\AppData\Local\Programs\Python\Python37'
```

打开资源管理器，将上面的路径复制到地址栏中，能看到如图 7-7 所示文件夹。打开文件夹 Scripts 查看其中是否有 pip. exe。通常下载 Python 后都带有该文件，如图 7-8 所示。

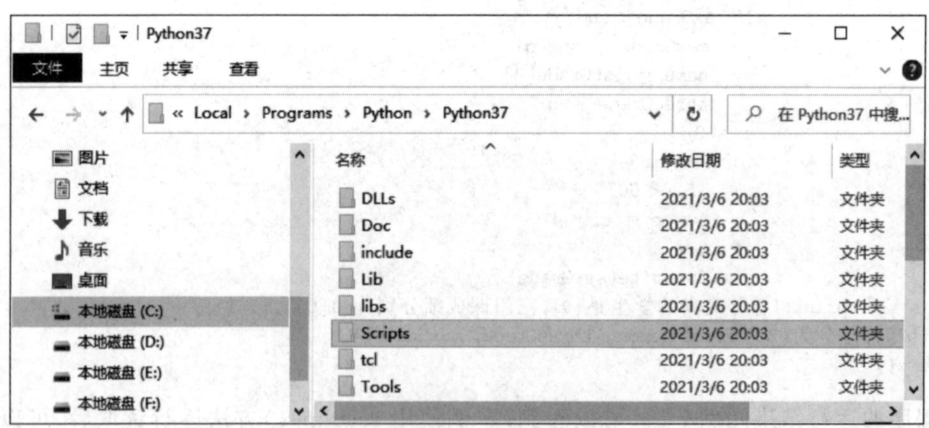

图 7-7　双击 Scripts 文件夹

(3) 右击图 7-8 左侧的“此电脑”，单击“属性”→“高级系统设置”→“环境变量”按钮，出现如图 7-9 所示界面。

其中有两个变量设置栏。通常自用计算机建议设置用户变量，公用计算机建议设置系统变量，系统变量可以让任意用户使用配置环境。如果要设置系统变量则选择 Path，单击“编辑”按钮后，出现如图 7-10 所示界面。

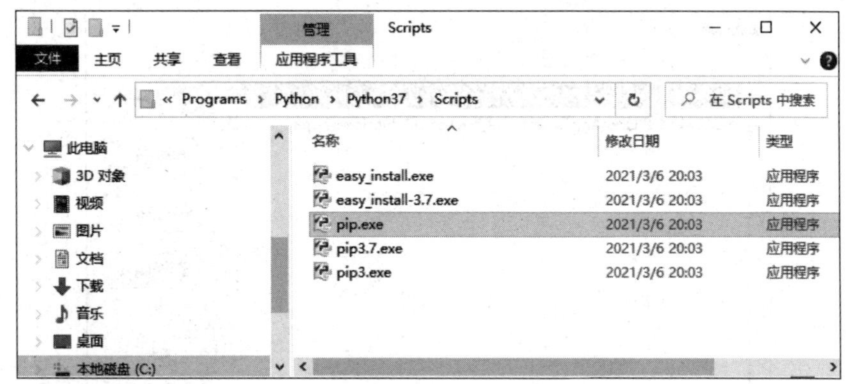

图 7-8　文件夹 C:\Users\longsc\AppData\Local\Programs\Python\Python37\Scripts 的内容

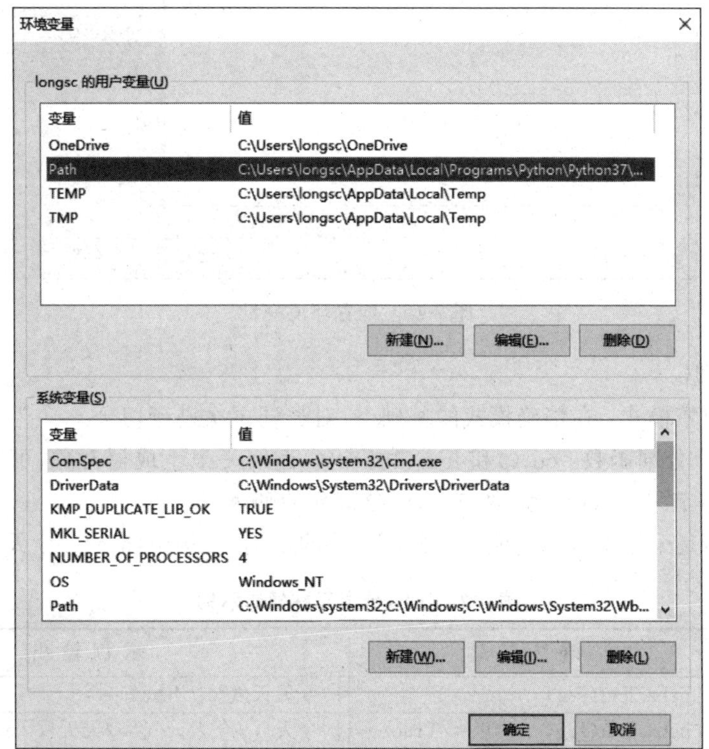

图 7-9　环境变量设置界面

单击"新建"按钮，将 pip.exe 所在的路径粘贴到对话框中即可。

(4) 配置完成后返回步骤(1)，再次检查 pip 是否安装成功，如果成功，则可以直接执行 pip install jieba 命令。如果在 Python 环境中运行 import jieba 能正常工作，则说明 jieba 库安装成功。

jieba 是一款优秀的 Python 第三方中文分词库，支持三种分词模式：精确模式、全模式和搜索引擎模式，它们的特点如下。

(1) 精确模式：试图将语句最精确的切分，不存在冗余数据，适合做文本分析。

(2) 全模式：把句子中所有可以成词的词语都扫描出来，速度非常快，但是不能解决歧

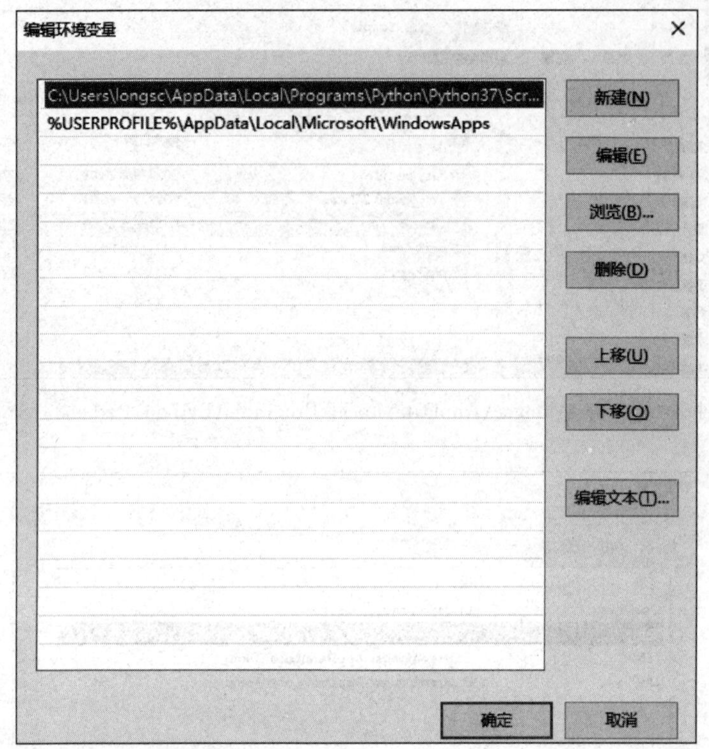

图 7-10　配置环境变量

义，存在冗余数据。

(3) 搜索引擎模式：在精确模式的基础上，对长词再次进行切分。

jieba 有两个分词函数：cut()和 lcut()。cut()返回一个生成器对象，可以遍历，但是不能显式输出。本节采用 lcut()函数，它返回分词后的列表。

表 7-2 所示是采用 lcut()实现三种分词模式的示例，示例中，seg='今天天气不太好'。

表 7-2　jieba 分词三种模式示例

分 词 模 式	语 法 格 式	示 例 输 出
精准模式	jieba. lcut(seg)	['今天天气', '不太好']
全模式	jieba. lcut(seg,cut_all = True)	['今天', '今天天气', '天天', '天气', '不太好']
搜索引擎模式	jieba. lcut_for_search(seg)	['今天', '天天', '天气', '今天天气', '不太好']

【例 7-9】 将散文《春》保存在文件 spring. txt 中，统计文中词汇出现的频次。去除中文虚词、代词表中的所有词汇后，将排序结果保存到文件 result. txt 中，格式如图 7-12 所示。中文虚词、代词保存在文件 xuci. txt 中，如图 7-11 所示，每行单词之间用顿号分割，为了方便统计，把中文标点符号罗列在此文档的最后一行。

编程思路 读取 xuci. txt 文件数据后，首先把虚词表中的所有字符分词形成一个单一的停用词列表，列表中不仅包含虚词、代词、副词等，还包含标点符号和换行符，然后将 sprint. txt 文件中所有对应的停用词用空格代替，再利用 jieba 模块的分割函数实现分词，并去除其中的空格，最后统计词频。

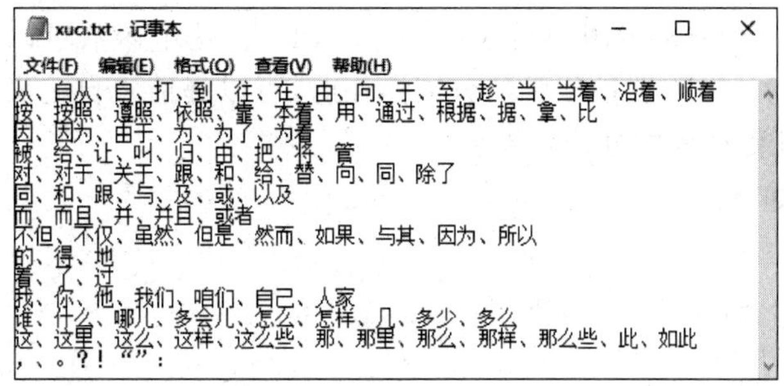

图 7-11　文件 xuci.txt 中部分虚词、代词等中文词汇表

实现代码如下。

```
import jieba
def demo():
    with open('spring.txt', 'r',encoding = 'utf-8') as fw1, \
        open('xuci.txt', 'r',encoding = 'utf-8') as fw2:
        stop_words = fw2.readlines()
        stop_words1 = [w.strip().split('、') for w in stop_words[:-1]]
        total_stop_words = list(stop_words[-1]) + ['\n']
        for w in stop_words1:                    # 把所有停用词统一放入总列表
            total_stop_words += w

        article = fw1.read()
        for w in total_stop_words:               # 把原文中所有的停用词用空格代替
            if w in article:
                article = article.replace(w, ' ')
        words = jieba.lcut(article)
        for w in words[:]:                       # 去除分词后所有的空格单词
            if w == ' ':
                words.remove(w)
        set_words = set(words)
        dict_words = {}
        for w in set_words:
            dict_words[w] = words.count(w)
        new_words = sorted(dict_words.items(), \
                        key = lambda i : i[1], reverse = True)
    with open('result.txt', 'w') as fw:
        for w,c in new_words:
            fw.write(w + '\t' + str(c) + '\n')
demo()
```

程序运行后，文件 result.txt 的内容如图 7-12 所示。

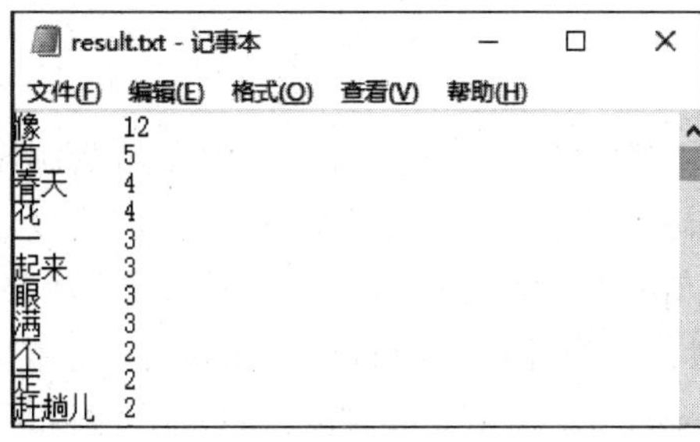

图 7-12　result.txt 文件中的分词结果

jieba 库中还有一个非常好用的函数：add_word()。这个函数可以将新的词语添加到分词词典中。在进行一些专业性很强的分词操作时，可以提前将自定义的专业词汇添加到 jieba 库中，从而保证更准确的分词效果。

具体操作示例如下。

```
import jieba
sentence = "王教授是大数据和云计算专业的负责人"
word = jieba.lcut(sentence)
print(word)
```

程序的运行结果如下。

```
['王', '教授', '是', '大', '数据', '和', '云', '计算', '专业', '的', '负责人']
```

如果添加一些自定义专业词汇：

```
jieba.add_word('王教授')
jieba.add_word('大数据')
jieba.add_word('云计算')
word = jieba.lcut(sentence)
print(word)
```

则程序的运行结果如下。

```
['王教授', '是', '大数据', '和', '云计算', '专业', '的', '负责人']
```

很明显，使用 add_word()添加自定义的专业词汇后分词效果更佳。

7.4 第三方库 turtle

turtle 库最早起源于 20 世纪 60 年代后期，最初用于幼儿编程。取名“海龟”是联想一只小海龟，尾巴上系着笔在纸上爬行。驱动海龟移动的同时，利用海龟的尾巴方向向上、向下、向左或向右旋转、移动，从而绘制一幅图形。在 Python 3.7 版以后，小海龟图标被箭头取代，在任意时刻，箭头所在位置用坐标(x,y)表示，海龟绘图坐标系为标准的笛卡儿坐标，窗口正中位置为坐标起始点(0,0)，箭头初始方向为正东方(表示为 0°)，箭头左转 90°时，指向正北方。

turtle 库是 Python 内置的图形绘制库，不需要安装，可以直接使用 import turtle 语句导入。

1. 画布设置

turtle 包含画布、画笔和绘图指令三部分内容。画布是绘制图形的区域，可以首先使用 setup()设置窗体的大小及初始位置，参数包含窗体的宽度、高度、画布在屏幕上的水平和垂直起始位置。如 turtle.setup(500,600,200,200)表示在屏幕(200,200)的位置开始创建一个 500 像素×600 像素的窗体。窗体内可以设置一个画布，使用 screensize()可以设置画布的大小和颜色，如 turtle.screensize(200,200,"green")。当画布尺寸小于窗体尺寸时，以窗体尺寸为画布尺寸，当画布尺寸大于窗体尺寸时，窗体会出现滚动条。默认画布大小为 400

像素×300 像素。

2. 画笔设置

画笔设置主要包括设置画笔的粗细和颜色。可以用 pensize()或 width()设置笔触的粗细,两个方法没有区别,习惯使用哪个都可以。例如,turtle. pensize(2)表示笔触为 2 像素粗细,等同于 turtle. width(2)。

color()方法或 pencolor()方法可以设置画笔颜色,如 t. pencolor('red')可以将画笔颜色设置为红色,画出的线条就是红色。对画笔颜色要求更高的读者可以将 pencolor()中的参数设置为 RGB 的三元组颜色,前提是设置 colormode()方法中的参数为 255。color()方法中的参数有两个,第一个为画笔颜色(即线条颜色),第二个为填充颜色。

画笔在刚启动时默认为落笔状态,调用移动画笔的指令就可以画线。当需要提笔移动时可以用 penup()方法或用别名 pu()、up(),再次落笔画线时可以用 pendown()方法或用别名 pd()、down()。

3. 绘图指令

turtle 有很多绘图指令,包括移动指令、画笔控制指令及全局控制指令。表 7-3 列出了一些常用的绘图指令,读者可以在 Python 的交互式窗口下导入 turtle 后输入 help(turtle)查询所有内容。

表 7-3 turtle 常用绘图指令

指令(方法)	功能说明
turtle. forward(distance)或 fd()	沿着当前画笔方向移动指定的像素长度
turtle. backward(distance)或 bk()	沿着当前画笔反方向移动指定的像素长度
turtle. left(degree)	画笔逆时针旋转指定角度
turtle. right(degree)	画笔顺时针旋转指定角度
turtle. circle(n)	以 n 为半径画圆
turtle. goto(x,y)	画笔移动到指定坐标(x,y)处
turtle. fillcolor(color)	设置图形的填充颜色
turtle. begin_fill()	准备开始填充图形颜色
turtle. end_fill()	结束图形颜色填充
turtle. speed(speed)	以指定速度移动画笔,默认速度为 3,speed 参数所在区间为[0,10]。也可以用字符串常量 fastest、fast、normal、slow、slowest 指定,对应速度为 0、10、6、3、1
turtle. pos()	以元组形式返回当前画笔坐标,为二维矢量(复数)
turtle. reset()	重置画布
turtle. home()	将画笔移动到画布中心(0,0),并指向正东方
turtle. write(string)	在画布上写文本

【例 7-10】 在画布上绘制一个蓝色的正方形和一个填充颜色为红色的圆。

实现代码如下。

```
import turtle
def draw():
    turtle.pu()
    turtle.setup(400,200)
    turtle.pencolor('blue')
```

```
    turtle.goto(-150, -50)
    turtle.pd()
    for i in range(4):
        turtle.forward(100)
        turtle.left(90)
    turtle.pu()
  # turtle.fillcolor('red')
  # turtle.pencolor('red')              # 两句可以合成一句为 turtle.color('red','red')
    turtle.color('red','red')
    turtle.goto(100, -50)
    turtle.pd()
    turtle.begin_fill()
    turtle.circle(50)
    turtle.end_fill()
draw()
```

程序的运行结果如图 7-13 所示。

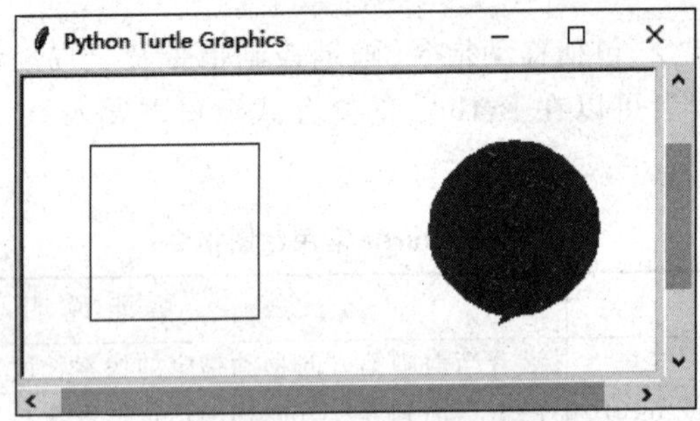

图 7-13　绘制蓝色正方形和红色填充圆

【例 7-11】　绘制一个五角星,用红色填充。

实现代码如下。

```
import turtle
def demo():
    turtle.fillcolor("red")
    turtle.speed(1)
    turtle.begin_fill()
    turtle.pencolor('red')
    while True:
        turtle.forward(200)
        turtle.right(144)
        if abs(turtle.pos()) < 1:        # 函数 abs()作用于复数坐标即为求欧氏距离
            break
    turtle.end_fill()
    turtle.hideturtle()                  # 画完后隐藏画笔
demo()
```

读者可以尝试调整右转角度。旋转 72°时,绘制一个正五边形,旋转 50°可以绘制一个齿轮图形。

程序的运行结果如图 7-14 所示。

【例 7-12】　绘制一朵边界为红色,填充颜色为黄色的太阳花。

实现代码如下。

```
import turtle
def demo():
    # turtle.fillcolor("yellow ")
    turtle.color('red','yellow')
    # 方法 color()中的第一个参数为边界颜色,第二个参数为填充颜色
    # 如果只用 fillcolor("yellow ") ,则表示默认边界颜色为黑色,填充为黄色
    turtle.begin_fill()
    while True:
        turtle.forward(200)
        turtle.left(165)
        if abs(turtle.pos()) < 1:
            break
    turtle.end_fill()
    turtle.hideturtle()
demo()
```

程序的运行结果如图 7-15 所示。

图 7-14 绘制五角星

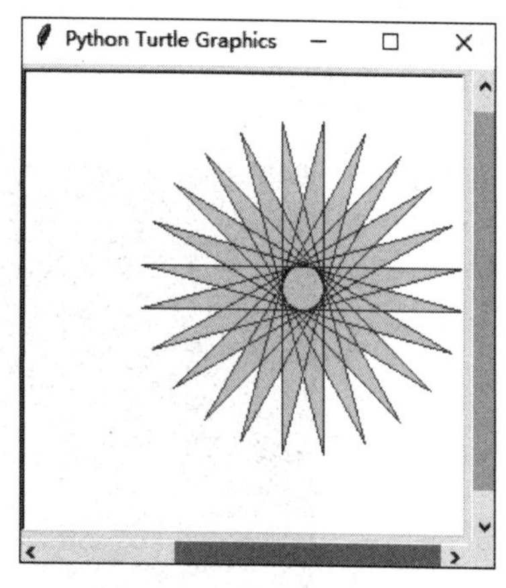

图 7-15 绘制太阳花

【例 7-13】 绘制一个彩色的螺旋线。

实现代码如下。

```
import turtle
def demo():
    turtle.pensize(2)
    # turtle.speed("fastest")
    turtle.bgcolor("black")
    colors = ["red", "yellow",'purple','blue']
    turtle.tracer(False)
    # turtle.tracer(False)表示不需要把画笔轨迹跟踪出来,这样图片就会直接显示
    # 可以注释 tracer,把上面 speed 放进去,可以看到画笔绘制轨迹
    for x in range(400):
        turtle.forward(2 * x)
        turtle.color(colors[x % 4])
        turtle.left(91)
        # 可以尝试把 left 后面角度改成 90°,则是一个方形; 角度为 191°则是一个美丽的烟花
demo()
```

程序的运行结果如图 7-16 所示。

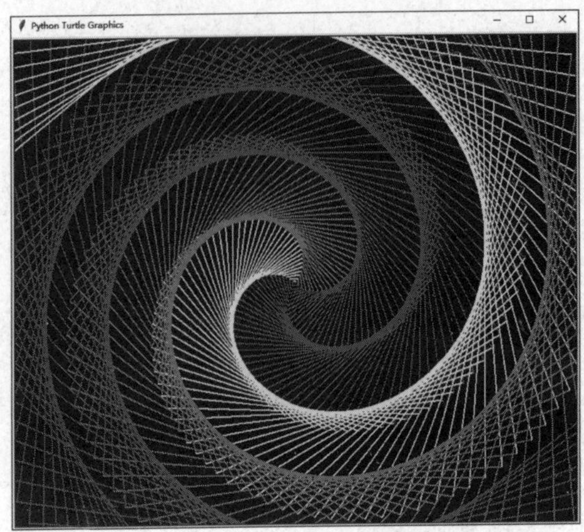

图 7-16　绘制彩色螺旋线

将旋转角度替换为 191°后，为一个绚丽的烟花，如图 7-17 所示。

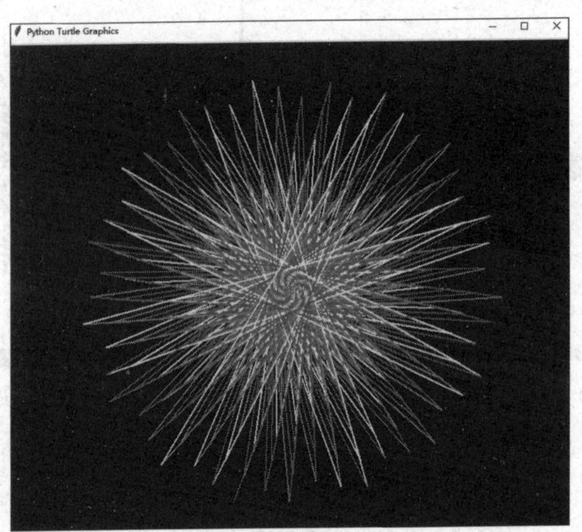

图 7-17　绘制烟花

【例 7-14】 绘制一棵有夜色特效的花树。

实现代码如下。

```
from turtle import *
from random import *
from math import *
def tree(n,l,x):
    pd()
    t = cos(radians(heading() + 45)) / 8 + 0.25
    pencolor(t, t, t)
    pensize(n / 4 + x)
    x = x - 2
    forward(l)                              # 画树枝
    if n > 0:
```

```
        b = random() * 15 + 10           # 右分支偏转角度
        c = random() * 15 + 10           # 左分支偏转角度
        d = l * (random() * 0.35 + 0.6)  # 下一个分支长度
        right(b)                         # 右转一定角度,绘制分支
        if x < 0:
            x = 0
        tree(n - 1, d, x)
        left(b + c)                      # 左转一定角度,绘制分支
        tree(n-1, d, x)
        right(c)                         # 转回来
    else:
        right(90)                        # 绘制树叶
        n = cos(radians(heading() - 45)) / 4 + 0.5
        pencolor(n, n, n)
        circle(2)
        left(90)
    pu()
    backward(l)                          # 退回

def demo():
    bgcolor(0,0,0)
    ht()
    speed(0)
    tracer(0, 0)
    left(90)
    pu()
    backward(300)
    tree(13, 100, 10)
demo()
```

程序的运行结果如图 7-18 所示。

图 7-18　绘制有夜色特效的花树

7.5　异常处理

在 Python 的交互环境下输入数据时,往往由于用户操作不当,会造成程序出现异常而被强制停止的现象。除了用户输入的数据,还有一些程序运行过程中产生的数据结果也可

能导致程序崩溃，这类现象被称为异常。程序设计语言中的异常不等价于人们平时理解的错误，异常是指程序正常而运行不正常的现象。

7.5.1 程序中的错误

为了方便读者理解异常与错误的区别，本节首先介绍程序设计中的错误。

Python 语言中错误可以分为以下三类。

(1) 语法错误(SyntaxErroer，也称为解析错误)。这是初学者开始写代码时最常遇到的一种错误。每一种语言都有自己的语法格式，如果不遵循相关规则，程序无法正常编译。

常见的语法错误有：程序中出现中文字符的逗号、括号、冒号，或丢失括号、冒号、逗号等符号，或错误的缩进，或错误的表达式书写格式、错误的关键字等。

语法错误的特点是语句不能被 Python 解释器识别为合法，因此这类错误在调试时就能被直接发现，不需要后续捕捉。

(2) 逻辑错误。这是由编程者的思维逻辑错误造成的程序运行后结果错误。这类错误在程序运行时无法被发现，主要表现为运行后结果与预期不符。例如下面的示例中，输入两个数，并计算两数之和。

```
x = input('x = ')
y = input('y = ')
print('两数之和为: ', x + y)
```

输入两个数分别为 10 和 20 后，输出结果不是 30，而是 1020。

再比如已知变量 d 为每个月的天数，判断如果是 2 月且为闰年则让 d 增加一天，正确的代码如下。

```
if m == 2:
    if y % 4 == 0 and y % 100 != 0 or y % 400 == 0:
        d = d + 1
```

逻辑错误的代码如下。

```
if m == 2 and y % 4 == 0 and y % 100 != 0 or y % 400 == 0:
    d = d + 1
```

当两个 if 语句合并时，由于没有考虑逻辑运算符的优先级，造成错误代码中只要是 400 倍数的年份，每个月都被加了一天。

在程序中出现由于编程者自身思维逻辑问题造成的错误，是无法被捕捉到的。Python 还没有强大到可以智能化理解编程者的需求，自动帮助修改逻辑错误。这类错误也是通常所说的 bug。

(3) 运行时错误。运行时错误是指程序被 Python 解释器正常编译后，开始执行语句，但在运行过程中出现错误，这类错误会导致程序被强制停止运行并退出，通常称为程序崩溃。在 Python 语言中，运行时错误被称为异常。

Python 语言中的三种错误，前两种可以由编程者自行解决，但是对于第三种可能由用户输入数据或内部数据交互时触发的不可控的运行错误，可以通过异常捕捉和适当的处理来增加程序稳定性。

除了像 NameError、TypeError 这类耳熟能详的异常名称，还有很多其他种类的异常，有兴趣的读者可以用语句 dir(__builtins__)在交互式窗口看到所有的异常名称(共计 49 个)。表 7-3 给出了常见的异常名称及相关描述。

表 7-4　常见的异常名称及相关描述

异常名称	异常描述
AttributeError	当访问一个属性失败时引发该异常，如错误的方法调用
FileNotFoundError	当要访问的文件或目录不存在时引发该异常
ImportError	导入模块/对象失败时引发该异常(路径或名称出现问题)
IndexError	当访问序列数据的下标越界时引发该异常，如 range(5)[6]
KeyError	当访问映射对象(如字典)中不存在该键时引发该异常
NameError	当引用未赋值的标识符时引发该异常
OverflowError	当数值运算超出最大限制时引发该异常
RuntimeError	当出现其他所有类别以外的异常时引发该异常
TypeError	对数据类型操作无效时引发该异常
UnboundLocalError	当引用未赋值的局部变量时引发该异常
ValueError	当传递无效参数时引发该异常，如 x=[1, 2]，执行 x.index(3)报异常
ZeroDivisionError	当除法(或求余)运算的第二个参数为零时引发该异常

7.5.2　异常的捕捉与处理

为了防止程序运行时由于运行错误引起的程序被强制性停止运行并退出，可以在编写程序时对相应的异常进行捕捉与处理，从而增加程序的容错性与健壮性。

1. try-except 结构

使用 try-except 结构可以捕获到程序中出现的各种异常，并按对应异常问题给出相应的处理，语法格式如下。

```
try:
    内嵌语句：需监测异常的程序段
except 异常类型 1:
    内嵌语句：出现异常类型 1 后的处理语句块
except 异常类型 2:
    内嵌语句：出现异常类型 2 后的处理语句块
...
except:
    内嵌语句：出现非上述异常的其他异常问题时的处理语句块
```

语法说明如下。

(1) 需要被监测异常的程序段放在 try 下面的内嵌语句块中，如果出现符合 except 后面对应的异常类型，则跳转到该异常对应的内嵌语句块。如果没有出现这些异常，则在执行完 try 下面的所有程序后，直接跳出 try-excepy 结构。

(2) 如果不了解程序可能出现的异常类型，可以直接使用 except 异常类型为空的结构，不指定任何异常类型，只要出现异常，就直接跳转到 except 下面的内嵌语句进行异常处理。

(3) 如果对于多种异常类型，处理功能一致，则可以在 except 后面使用元组的方式，将多个异常类型放在一个元组中，统一处理。

【例 7-15】 输入一个三位整数，将其三位数倒序，然后计算并输出该倒序数据的倒数。例如，输入 123，输出 1/321。要求：输入的数不足三位时，输出"输入的数据长度有误"；输入的数不是数字时，输出"输入的数据类型有误"。

编程思路 本例的关键在于程序的算法设计。常规的算法是利用算术运算符获取个、十、百位，然后重新产生新的三位数。也可以直接输入字符，采用切片或 reverse()方法直接倒序，但在这个过程中都可能出现输入数据的类型与相应算法不符的问题，这时可以采用异常捕捉并处理。

实现代码如下。

```
def demo():
    # 方法一：输入数字
    try:
        x = eval(input('请输入一个三位数：'))
        if x >= 1000 or x < 100:                     # 数据长度有误，属于逻辑错误
            print('输入的数据长度有误!')
        else:
            g = x % 10
            s = x // 10 % 10
            b = x // 100
            x = g * 100 + s * 10 + b
            print(1 / x)
    except:                                          # 所有可能的异常都在下面的语句中统一处理
        print('出现异常!')

    # 方法二：输入字符串
    try:
        x = input('请输入一个三位数：')
        if len(x) != 3:
            print('输入的数据长度有误!')
        else:
            x = x[::-1]
            print(1 / int(x))                        # 思考如果这里使用 eval()会出现什么问题
    except SyntaxError:
        print('输入的数据类型有误!')
    except:
        print('出现其他异常!')
demo()
```

在例 7-15 中，用方法二输出倒数时，如果采用 eval()转换，则可能出现程序发现不了的逻辑问题。例如，当输入 1.2 这样的小数时，能够正常输出该小数的倒数，但不是程序的正确功能。对于方法一，输入三个 0 时能够判断长度发现问题，但方法二不能发现长度问题，但在计算时由于分母为 0，会被捕捉到 ZeroDivisionError 异常。这种小概率异常，也能在最后一个 except 中进行处理，从而增加程序健壮性。

对于数据长度有误的逻辑错误，虽然 Python 没有相应的异常错误提示，但是用户可以自定义一个错误类型，然后在判断长度有误后采用 raise()方法主动抛出自定义异常，再由 except 捕捉该异常，从而进行相应的异常处理。

2. else

完整的 try-except 结构中还包含了一个 else 选项。当 try 语句块中没有出现异常，正

常执行完后，会进入到 else 语句块中执行相应的语句。如果出现异常，则会跳转到 except 语句块中，执行相应语句后，直接跳出整个 try-except 结构，不会执行 else 下面的语句块。

一个简单的示例如下。

```
try:
    x = eval(input('请输入一个数: '))
    print(1 / x)
except:
    print('出现异常!')
else:
    print('程序没有异常')
print('继续运行其他程序')
```

程序运行后，输入不同的数据，会产生不同的运行结果。例如：

```
请输入一个数: 0
出现异常!
继续运行其他程序

请输入一个数: 10
0.1
程序没有异常
继续运行其他程序
```

可能有读者认为，既然 Python 解释器按照顺序执行代码，那么 else 语句块就没有什么存在的必要了。直接将 else 语块中的代码编写在 try-except 结构的后面，不是一样吗？这是有区别的，下面用一个简单的示例进行解释。

```
try:
    读大学(读书,考试,...)
except (违法乱纪,没有达到毕业要求):        # 多个异常类型组合成元组
    拿不到毕业证书
else:                                      # 只有 try 正常执行,才跳转到 else
    拿毕业证书
人生还是要继续……                          # 从 except 或 else 退出 try except 结构,都要执行
```

3. finally

finally 语句块同 else 语句块一样，也属于 try except 结构中的一个选项，其特点是无论是否出现异常，最终都会被执行。那么，直接把 finally 语句块写在 try except 语句块的后面，功能是否相同呢？的确，对一个常规的 finally 语句块，写不写 finally 都能被执行，但是有一种特殊情况，finally 的作用是不同的。

在定义函数时，只要在函数中遇到 return，这个函数就会结束，返回调用该函数的语句。实际上，还有一种特殊情况，那就是在函数中遇到 try-except 结构时，无论 try 的语句块、except 语句块或 else 语句块中，执行时遇到 return，也不会妨碍最后执行 finally 语句块。

一个含有 return 的 try-except 结构示例如下。

```
def test():
    try :
        a = 10 / 0
        print('输出: 我是 try')
```

```
        return 0
    except :
        print('输出: 我是 except')
        return 1
    else :
        print('输出: 我是 else')
        return 2
    finally :
        print('输出: finally')
        return 3

print('test: ', test())                    # 调用 test 函数
```

程序的运行结果如下。

```
输出: 我是 except
输出: finally
test: 3
```

不难发现，由于分母为 0，程序出现异常，执行 try 语句块第一行后，将跳转到 except 语句块。虽然 except 语句块中有返回值为 1，但程序并没有结束，而是执行了 finally 语句块，最终将 3 返回调用语句。同样，如果 try 语句块正常运行，则在执行 else 语句块后，也会执行 finally 语句块，示例如下。

```
def test():
    try :
        a = 10 / 2
        print('输出: 我是 try')
        return 0
    except :
        print('输出: 我是 except')
        return 1
    else :
        print('输出: 我是 else')
        return 2
    finally :
        print('输出: finally')
        return 3

print('test: ', test())                    # 调用 test 函数
```

程序的运行结果如下。

```
输出: 我是 try
输出: finally
test: 3
```

如果 finally 语句块中没有返回结果，将以其他内嵌语句块中的返回值为准。例如：

```
def test():
    try :
        a = 10 / 2
        print('输出: 我是 try')
```

```
        return 0
    except :
        print('输出: 我是 except')
        return 1
    else :
        print('输出: 我是 else')
        return 2
    finally :
        print('输出: finally')

print('test: ',test())
```

程序的运行结果如下。

```
输出: 我是 try
输出: finally
test: 0
```

从这段代码中可以看到,在 try 语句块遇到 return 语句后不会再执行 else 语句块,但是会执行 finally 语句块。

在实际开发中应尽量避免在 finally 语句块中使用 return 语句返回。finally 语句块常用于做清理工作,如在某些情况下,当 try 语句块中的程序打开了一些物理资源(文件、数据库连接等)时,由于这些资源必须手动回收,因此回收工作通常放在 finally 语句块中。Python 的垃圾回收机制只能帮我们回收各种对象占用的内存,而无法自动完成类似关闭文件、数据库连接等工作。

读者可能会问,回收这些物理资源,必须使用 finally 块吗?当然不是,但使用 finally 语句块是比较好的选择。首先,try 语句块不适合做资源回收工作,因为一旦 try 语句块中的某行代码发生异常,则其后续的代码将不会得到执行。其次,except 语句块和 else 语句块也不适合,如果没有异常,或在 try 语句块中遇到 return 语句,except 语句块和 else 语句块都可能不会得到执行。而 finally 语句块中的代码,无论 try 语句块是否发生异常,该语句块中的代码都会被执行。

习　题　7

1. 下列关于文件的描述中,正确的是(　　)。

   A. open()创建文件对象(不用 with),在完成文件读写操作后可以不必关闭文件

   B. 使用 open()打开文件时候,必须指定文件对象的打开模式

   C. 使用 with open()创建的文件对象,可以不使用 close()方法关闭

   D. Python 只能对文本文件进行读写处理

2. (　　)不是文件对象的读/写方法。

   A. readline()　　　B. readlines()

   C. writeline()　　　D. writelines()

3. Python 中对异常的处理不会用到(　　)关键字。

A. try　　　　　　B. except　　　　　　C. if　　　　　　D. else

4. 文件 scores.txt 中包含了学生在期中考试中三门课程的成绩记录，每条记录占一行，分别是学生的学号以及三门课成绩，并用英文逗号分隔。编写程序读取该文件，输出每个学生的学号及三门课程的平均成绩(精确到小数点后 2 位)。

5. 编写程序，不断接收用户输入的学号和姓名，两者之间采用空格间隔。当用户不输入任何内容，即直接按 Enter 键后数据录入结束。程序对输入的数据按学号从大到小的顺序将对应的前 3 个学生的姓名写入文件 result.txt 中(一行一个姓名)。

6. 编写程序，从文件 jisuan.txt 中读入任意多行。每一行中有一个两个操作数参加的加法运算式或减法运算式。分析每一行中的运算式，完成运算，把运算结果写入 jieguo.txt，每行放置一个对应的运算式以及运算结果(保留两位小数)。

7. 文件 price.txt 中存储了水果零售价格，如下所示(单位为元/500g)。

苹果 5.0

山竹 55.0

西瓜 10.0

每种水果如果购买超过 2500g 则有优惠：2500(含)～5000g(不含)打九九折，5000g(含)及以上打九五折。编写程序，对用户输入的水果及重量(逗号分隔)进行总价计算，精确到小数点后 1 位。程序的运行示例如下。

```
1000g苹果,4500g西瓜
总费用:99.1元
```

第 8 章　面向对象程序设计

面向对象程序设计(object oriented programming,OOP)是一种计算机编程架构。OOP 的一条基本原则是计算机程序由单个能够起到子程序作用的单元或对象组合而成。OOP 达到了软件工程的三个主要目标:复用性、灵活性和扩展性。OOP 的核心概念是类和对象。面向对象程序设计方法是尽可能模拟人类的思维方式,使得软件的开发方法与过程尽可能接近人类认识世界、解决现实问题的方法和过程,也使得描述问题的问题空间与问题的解决方案空间在结构上尽可能一致,把客观世界中的实体抽象为问题域中的对象。

本章以任务驱动的理念按应用需求将相关数据与操作封装在一起,设计各种类和对象,通过创建实例介绍面向对象程序设计的结构。

8.1　基本概念

在前面的学习中采用的程序设计思想可以称为面向过程的,以针对问题的求解过程进行编程设计。首先需要使用变量或者常量表示数据,然后设计相应的算法或者处理步骤来对数据进行操作。例如需要计算某个学生的语、数、外科目考试的总分,该过程可以分为 3 步进行求解:①由用户分别输入语、数、外三门课的成绩,分别存放到变量 x、y 和 z 中;②将变量 x、y 和 z 的值相加,并将求和结果存放到变量 mysum 中;③输出变量 mysum 的值。从这个过程中可以看到学生的成绩和求和操作是分离的,我们需要先将所有参与计算的数据准备好后再进行计算。

现在,将该问题扩展到多个学生的语、数、外成绩处理,就会遇到一些问题。例如,怎么保存每个学生的语、数、外成绩?如果每个学生都使用 3 个简单变量来存储,那 100 个学生就需要 300 个简单变量,这显然不是一个妥当的方法。按照面向过程的思路,如果使用 3 个列表 list_x、list_y 和 list_z 分别来存储所有学生的语、数、外成绩,不难发现这种方案首先可以解决成绩的存储问题,第 i 个学生的语数外成绩分别是 list_x[i]、list_y[i]和 list_z[i],这个时候如果需要计算出该学生的三门课程总分,需要对这三个列表的元素进行操作。因此,采用这种方案,学生成绩数据和计算总分依然是分离的。因为每个学生的成绩数据放在了 3 个列表中,因此计算这个学生的总分需要分别操作这三个列表。这样的操作不仅繁杂,更觉得需要的数据都支离破碎,分散在不同的地方,不集中。

再来考虑日常使用计算机或手机 App 的时候,我们接触的都是带有图形界面的程序。对于这类程序,通常都是进行某种操作后,程序会针对这种操作产生相应的反馈动作。例如在一个网页上,滚动鼠标滚轮会让页面滚动,点击某个超链接会打开这个链接的关联网页。可见,这类程序并没有明确的执行流程,往往是由一些用户的操作动作等事件的发生来产生对应的动作反馈。

因此,对于面向过程的程序设计,应主要以操作为中心,将数据和操作进行分离。这时往往需要先将数据表示出来,然后针对操作过程设计执行流程。然而这并不适合带图形界面的应用需要,也可能与日常实际的一些思维方式不相契合。

再回到学生成绩计算的例子上,换个考虑问题的角度。如果可以将每个学生的语、数、外成绩跟这个学生关联到一起,那么计算总分的时候就可以直接对这三个成绩求和。类似于使用列表,如果每个学生都对应一个类似于列表的数据类型,不妨称之为“学生”类型,使用这个“学生”数据类型的变量 xx,在 xx 里面存放语、数、外成绩,则计算这个学生的总分就可以类似于 sum(xx)的形式直接得到。这里的“学生”类型就是将学生的语、数、外成绩和对这些成绩的求和操作进行了整合(称为封装)后形成的一种新的数据类型,这就满足了实际应用的需求。在日常生活中,还有大量类似的场景,都可以通过定义新的数据类型来描述,这就是面向对象的程序设计思想。

在前面章节中介绍数据类型的时候,其实已经隐含了这种面向对象的思想。例如,对于列表这个数据类型,它本身具有数据,也即列表元素,同时它直接支持对这些数据进行一系列操作,如列表的 sort()方法可以对这些数据元素进行排序。再如对于列表和字符串这两种数据类型,对于“+”操作的结果是不一样的,因为操作对应的数据是不同的。

Python 是一门面向对象的程序设计语言。所谓对象,是指客观世界中存在的事物,每个对象都有自己内在运行规律和状态,可以用属性和行为进行描述。属性表明这个对象所具有的特征,行为代表了这个对象所具有的能力或者可以进行的操作。

例如,对于一个人,其属性包括姓名、性别、年龄等,其行为包括走路、吃饭、跑步等。再如求学生三门课总分时,可以将学生看成对象,其属性就是学生所具有的特征,即语、数、外三门课的成绩,其行为就是可以对这个学生对象进行的操作,即计算出这个学生的三门课的总成绩。

8.2 类和对象

在面向对象程序设计中,使用属性和行为来描述一个对象,这个对象属于某种类型(或者称为类),属于同一个类型的不同对象都具有相同的属性(或者特征)和行为(或者操作,也被称为方法)。属性使用变量进行定义,方法使用函数进行定义。

例如,可以定义一个“学生”数据类型(或者“学生”类),所有的学生对象都是属于这个类型的,不同的学生对象具有语、数、外 3 个成绩属性,以及计算总成绩的操作。将具体一个学生对象叫作学生类的一个实例(或者实例对象),语、数、外三个属性可以使用三个变量来分别定义,而计算总成绩可以使用一个自定义函数来定义。

类和对象之间,类就相当于是一个模板,而这个类对应的对象就是基于这个模板做出来的一个实体。

8.2.1 创建类和对象

Python 使用关键字 class 来创建类,语法格式如下。

```
class <类名>:
    <类体>
```

类名即类的名字，后面有个冒号。类体为内嵌语句块，里面可以对类的属性和操作进行定义。

例如，在交互模式下定义一个学生类：

```
>>> class Student:
    pass
```

这里的 pass 关键字是一个空语句，实现"占位"的目的。

这等同于采用关键字 def 定义函数后，还需要调用该函数，才能让函数真正有意义。使用 class 语句定义了一个类之后，还需要创建这个类的实例对象，需要通过类名后面加小括号来完成。例如：

```
>>> s1 = Student()
>>> type(s1)
<class '__main__.Student'>
```

通过 type()函数可以获知被创建的学生对象 s1 数据类型为__main__.Student，这跟变量 x 被赋值为一个整数时，type(x)显示其类型为 int 是一个道理。因此 class 关键字其实就是自定义了一个新的数据类型。下面通过内置函数 instance()来判断这个学生实例对象是不是 Student 数据类型，可以看到符合预期。

```
>>> isinstance(s1, Student)
True
```

8.2.2　类的构造方法

类是对象所属的类型，通过属性和操作进行描述。其中的操作，通常被称为方法。类似于定义函数，每个类在创建的时候，可以用关键字 def 定义很多方法，方法名由用户自定义。但其中只能定义一个名为 __init__ 的方法，该方法被称为构造方法。init 是 initialize(初始化)的缩写，需要注意在 init 前后分别有两个下画线(下画线之间没有任何空格)。区别于其他方法的调用，构造方法的最大特点就是当使用类创建实例对象时，该方法会被自动调用。

例如，构建一个学生类，在该类中定义一个构造方法，需要注意这个方法需要有一个形参 self，该形参需要接收对应的实例对象，表明是为该实例对象进行初始化工作的。参数 self 也可以选择任何符合 Python 语言标识符命名规则的变量名，但通常不建议使用别的名字，默认都使用 self。定义一个含有构造方法的学生类的示例如下。

```
>>> class Student:
    def __init__(self):
        print("学生类 Student 的实例对象创建了!")
```

利用上面构建的类创建一个实例对象 s2 的代码如下。

```
>>> s2 = Student()              # 注意创建类的对象时必须加括号
学生类 Student 的实例对象创建了!
```

与前面创建学生对象 s1 相比，在交互界面中多了一行输出，这就是因为在创建对象 s2 的时候自动调用构造方法，执行了其中的 print 语句。

根据构造方法的这个特性，可以在__init__方法中完成对实例对象的一些初始化工作。

提示：这里提到的类和实例对象的关系，可以理解为如果定义 x=[1,2,3]，那么类就是列表，实例对象就是 x。对象的抽象是类，类的具体化就是对象。

8.3 属 性

面向对象程序设计中使用属性来描述类和对象的特征，根据描述对象的不同，可以分为类属性和实例属性，其中类属性表示同一个类的共同特征，实例属性只表示对应的实例对象的特征。不论哪一种，在 Python 中，属性是用变量的形式来表现的。

8.3.1 实例属性的创建和使用

实例属性是属于特定实例对象的属性，该属性的创建跟普通变量的创建方法类似，通过赋值语句进行赋初值即可。语法格式如下。

```
实例对象.属性名 = 属性值
```

在创建了实例属性后，对实例属性的使用与其他变量的使用方式也相同，只是需要通过“实例对象名.属性名”来进行引用。

需要注意的是，实例属性是属于实例对象的，不同实例对象的实例属性是不一样的，哪怕是同名的实例属性。

例如，前面已经通过 class 关键字成功创建了学生类 Student，并基于学生类创建出学生对象 s1。假设该学生的语文成绩为 99，则以下代码将为 s1 添加一个语文成绩属性，值为 99，并输出到屏幕上。

```
>>> class Student:
    pass

>>> s1 = Student()              # 创建学生实例对象 s1
>>> s1.Chinese = 99             # 为实例对象 s1 添加一个实例属性 Chinese,赋初值为 99
>>> print(s1.Chinese)           # 输出实例对象 s1 的实例属性 Chinese
99
```

下面再创建学生对象 s2，观察 s2 是否有实例属性 Chinese。

```
>>> s2 = Student()              # 创建学生实例对象 s2
>>> print(s2.Chinese)           # 尝试输出实例对象 s2 的实例属性 Chinese
Traceback (most recent call last):
  File "<pyshell#12>", line 1, in <module>
    print(s2.Chinese)
AttributeError: 'Student' object has no attribute 'Chinese'
```

可以看到学生对象 s2 并没有实例属性 Chinese，这是因为 s2 并没有创建过实例属性 Chinese。虽然同一类型的学生对象 s1 有实例属性 Chinese，但这是属于 s1 本身的，并不是

s2 的。这也是为什么称之为实例属性的原因，它是附属在确定的实例对象上的属性，通过实例对象名来进行访问使用。同一个类型的不同实例对象，可以有各不相同的实例属性。

除可以直接通过实例对象对其属性变量赋值外，还可以利用类的构造方法实现实例对象在创建时自动完成相关实例属性的初始化动作。这个时候，在构造方法中，第一个形参 self 就接收了对应的实例对象，因此直接通过“self. 属性名＝属性值”即可为具体的实例对象添加对应的实例属性。例如：

```
>>> class Student:
        def __init__(self, a):          # 第一个形参 self 接收实例对象，第二个形参 a 接收年龄
            self.age = a                # 为实例对象添加一个实例属性 age，其值为形参 a

>>> s3 = Student()
Traceback (most recent call last):
  File "<pyshell#12>", line 1, in <module>
    s3 = Student()
TypeError: __init__() missing 1 required positional argument: 'age'
```

由于构造方法中第二个形参 a 需要赋值，因此创建实例对象失败。

```
>>> s3 = Student(18)                    # 实参 18 传递给构造方法的第二个形参 a
>>> print(s3.age)
18
```

在上述代码中，Student 类的构造方法有两个形参，第一个是 self，代表实例对象本身；第二个形参是 a，通过 self. age＝a 的赋值操作，会将传递进来的形参 a 的值作为实例属性 self. age 的值，也由此为该实例对象添加实例属性。

而在创建实例对象的时候，由于构造方法中需要为第二个形参 a 提供具体值，因此直接通过 Student()并不能创建实例对象，必须为该形参提供对应的实参。通过 Student(18)创建实例对象，该实例对象名作为具体值自动传递给构造方法的第一个形参 self，同时将实参 18 传递给构造方法的第二个形参 a。

在创建出实例对象 s3 后，即可通过 s3. age 来使用对象 s3 的实例属性 age。

8.3.2　类属性的创建和使用

类属性区别于实例属性，是被所属类的所有实例对象所共享的。类属性的创建可以在定义类的时候在方法外进行。类属性创建后，可以被这个类的所有实例对象共享和使用。使用方式采用“类名. 属性名”的方式。例如：

```
>>> class Student:
        school = "ZJUT"                 # 定义类属性 school，是学生类的所有实例对象的共同属性
        def __init__(self, name):
            self.xm = name
```

创建完这个学生类后，可以通过类名来查看类属性 school。

```
>>> print(Student.school)
ZJUT
```

再创建两个学生对象，看看这两个实例对象能否共用所在学生类的类属性。

```
>>> s1 = Student('张三')          # 创建学生类的实例对象 s1,姓名设置为"张三"
>>> s2 = Student('李四')          # 创建学生类的实例对象 s2,姓名设置为"李四"
>>> print(s1.school, s2.school)
ZJUT ZJUT
>>> Student.school = "ZJU"   # 修改类属性 school 的值
>>> print(s1.school, s2.school)
ZJU ZJU
```

从上面的代码中可以看到,Student 类的两个对象 s1 和 s2 都可以使用类属性 school。当类属性的值变化后,实例对象引用到的值也同样变化了。

8.3.3 属性的同名问题

虽然可以通过类名或者实例对象两种方法来引用类属性,但是需要注意的是,如果实例对象本身具有一个和类属性同名的实例属性,这时实例属性会覆盖类属性。即如果实例属性和类属性同名的时候,通过实例对象去引用类属性,其实是引用了实例属性,只有在该实例属性不存在的时候,才会去引用同名的类属性。例如:

```
>>> class Student:
        school = "ZJUT"
        def __init__(self, name):
            self.xm = name
>>> s1 = Student('张三')          # 创建学生类的实例对象 s1,姓名设置为"张三"
>>> s2 = Student('李四')          # 创建学生类的实例对象 s2,姓名设置为"李四"
>>> print(s1.school, s2.school) # 输出 s1 和 s2 的实例属性
ZJUT ZJUT
>>> s1.school = "zjut_s1"       # 为 s1 添加一个实例属性 school
>>> Student.school = "zjut"     # 修改类属性 school 的值
>>> s1.school                   # 查看 s1 的实例属性 school
'zju_s1'
>>> s2.school                   # 查看 s2 的实例属性 school
' zjut '
```

在上述代码中,创建学生类的实例对象 s1 和 s2 后,可以看到起初通过 s1 和 s2 去引用的属性 school,都是类属性 school,因此值都是"ZJUT",之后给 s1 添加了一个实例属性 school 并赋值为"zjut_s1",同时将类属性 school 的值修改为"zjut"。此时再看 s1 的属性 school,由于 s1 有同名的实例属性,因此 s1. school 是 s1 的实例属性,值为"zjut_s1",而 s2 并没有名为 school 的实例属性,因此 s2. school 是引用了类属性 school,其值为修改后的"zjut"。

8.4 方　法

面向对象程序设计中使用方法来描述类和对象的行为操作或者能力,通过在类中定义函数来体现,与普通函数的区别在于方法的第一个形参有特殊含义。

根据描述对象和应用方式的不同,可以分为实例方法、类方法和静态方法。

8.4.1　实例方法

实例方法是关联到实例的函数，通过实例方法可以访问到实例的属性。实例方法只能由实例对象来调用。在实例方法中，第一个形参表示实例本身，通常用 self 命名。

例如，下面的代码定义了一个学生类，对应的学生对象具有一个实例属性表示数学成绩，并提供了设置和查询数学成绩的实例方法。

```
class Student:
    def __init__(self, name):
        self.name = name
    def setMathScore(self, score):
        self.math = score
    def getMathScore(self):
        return self.math

s = Student('张三')          # 创建实例对象 s
s.setMathScore(88)
print(s.getMathScore())
```

在 Student 类的定义中，除了构造方法外，还定义了两个实例方法，分别是 setMathScorehe() 和 getMathScore()。这两个实例方法的第一个形参都是 self，关联到它所属的实例对象。因此在创建出实例对象 s 后，语句 s.setMathScore(88)通过调用 s 的 setMathScore()方法将 s 传递给第一个形参 self，并将 88 传递给第二个形参 score。在方法体内，通过 self.math= score 赋值操作为实例对象添加了一个实例属性 math，即设置了学生对象的数学成绩。

同理，通过 s.getMathScore()就可以获得 s 的实例属性 math，得到数学成绩。

实例方法必须在指定实例对象后才可以使用。如果通过类名来使用实例方法，则必须给出实例对象本身。例如，以下代码将实例对象 s 的实例属性 math 的值修改为 90。

```
>>> Student.setMathScore(s, 90)
>>> print(s.getMathScore())
90
```

8.4.2　类方法

类方法也是定义在类中的函数，通过类方法可以访问类属性，还可以修改类属性。类方法可以由类或者实例对象进行调用。在定义类方法时，第一个形参表通常用 cls 命名，同时，还需要在函数定义之前加上@classmethod。例如：

```
class Student:
    school = "ZJUT"            # 类属性 school()
    @classmethod
    def getSchool(cls):        # 类方法 getSchool(),获取类属性 school 的值
        return cls.school

    @classmethod
    def setSchool(cls, name):  # 类方法 setSchool(),设置类属性 school 的值
        cls.school = name
```

```
s = Student()                   # 创建实例对象
print(Student.getSchool())      # 通过类名调用类方法 getSchool()
print(s.getSchool())            # 通过实例对象 s 引用类方法 getSchool()
Student.setSchool("zjut")       # 通过类名调用类方法 setSchool()修改类属性
print(Student.school)           # 直接输出类属性 school
s.setSchool("zjut_s")           # 通过实例对象引用类方法 setSchool 修改实例属性
print(Student.school)           # 直接输出类属性 school
```

在上述这段程序中，在定义类的时候设置了类属性 school 的初值为"ZJUT"。在类中还分别定义了两个类方法 getSchool()和 setSchool()，分别用于获取和设置类属性 school 的值。可以看到，setSchool()的第一个形参是 cls，第二个形参是 name，而在方法内部通过 cls. school＝name 语句，将传入的 name 值作为类属性的值。

程序运行后，首先创建出实例对象 s，然后通过类名和实例对象都可以调用类方法 getSchool()。然后通过类名来调用 setSchool()方法，将类属性 school 值设置为"zjut"，之后还通过实例对象来调用 setSchool 方法，将类属性 school 值改为"zjut_s"。

程序的运行结果如下。

```
ZJUT
ZJUT
zjut
zjut_s
```

【例 8-1】 创建一个 Student 类，可以自动记录创建出的学生实例个数，并编写相应的方法来获取实例个数。

实现代码如下。

```
class Student:
    stu_num = 0
    def __init__(self, name):
        self.name = name
        Student.stu_num += 1            # 每创建一个学生实例，学生总数增加 1
    @classmethod
    def getStudentNumber(cls):          # 类方法，获得类属性 stu_num
        return cls.stu_num

s1 = Student('张三')
print(Student.getStudentNumber())       # 通过类名调用类方法 getStudentNumber()
print(s1.getStudentNumber())            # 通过实例对象 s1 引用类方法 getStudentNumber()
s2 = Student('李四')
print(Student.getStudentNumber())       # 通过类名调用类方法 getStudentNumber()
print(s2.getStudentNumber())            # 通过实例对象 s2 引用类方法 getStudentNumber()
print(s1.getStudentNumber())            # 通过实例对象 s1 引用类方法 getStudentNumber()
```

程序的运行结果如下。

```
1
1
2
2
2
```

例 8-1 中，Student 类中有一个类属性 stu_num，在构造方法中将这个类属性的值增加

1,使得每创建一个学生实例,都会加一,从而使得这个类属性记录了当前已经创建的学生实例个数。

同时还有一个自定义方法 getStudentNumber( ),在方法定义上一行有一个 @classmethod,表明它是一个类方法,因此这个方法的第一个形参是 cls 代表类本身,在方法里面通过 cls.stu_num 获取类属性 stu_num,返回学生实例个数。

在程序运行后,分别创建 s1 和 s2 两个学生实例对象,每创建一个实例对象就通过类名来调用类方法 getStudentNumber()获得当前学生实例个数。

8.4.3　静态方法

静态方法也是在类中定义的方法,但是需要在方法定义上加上@staticmethod。相比于实例方法和类方法,它不需要加 self 形参或 cls 形参,实际上跟类没有多少联系。静态方法可以由类或者类的实例对象进行调用。静态方法可以访问类属性。

下面的代码是一个示例,和 8.4.2 小节中类方法的实例类似,但是将 getSchool( )和 setSchool()方法设置为静态方法。这两个方法的参数中就没有 cls 形参,同时在方法内也需要通过类名 Student 来对类属性进行访问和修改。

```
class Student:
    school = "ZJUT"                   # 类属性 school

    @staticmethod
    def getSchool():                  # 静态方法 getSchool(),获取类属性 school 的值
        return Student.school

    @staticmethod
    def setSchool(name):              # 用静态方法设置类属性 school 的值为 name 的值
        Student.school = name

s = Student()
print(s.getSchool())                  # 通过实例对象调用静态方法 getSchool()
s.setSchool("zjut")                   # 通过实例对象调用静态方法 setSchool()
print(Student.getSchool())            # 通过类名调用静态方法 getSchool()
```

程序的运行结果如下。

```
ZJUT
zjut
```

8.4.4　方法小结

下列对实例方法、类方法和静态方法从定义方式、对类属性或者实例属性的访问情况,以及调用方式上进行对比。

(1) 实例方法的第一个形参用来联系实例对象本身,通常设置形参名为 self,而类方法需要使用 @classmethod 修饰。方法的第一个形参通常取名为 cls,关联到类。静态方法需要使用 @staticmethod 修饰,没有 self 或 cls 形参。

(2) 实例方法通过第一个形参 self 可以获得对实例属性的访问和修改。类方法通过第一个形参 cls 可以访问和修改类属性。静态方法由于本质上只是一个普通方法,并没有特

殊的 self 形参或者 cls 形参，无法通过 self 或者 cls 来访问类属性或者实例属性，但是可以通过类名对类属性进行访问和修改，但是也不能通过类名来访问实例属性。

(3) 实例方法只能被实例对象调用，类方法和静态方法都可以被类或者类的实例对象调用。

8.5 访问保护

在 8.4 节中介绍了属性和方法的定义与使用，可以看到，方法提供了对属性的一种访问方式，借助于方法可以访问相应的属性。例如，实例方法可以通过第一个形参 self 对实例属性进行访问，而类方法可以通过第一个形参 cls 对类属性进行访问。静态方法尽管不能采用同样的方式来访问实例属性或者类属性，但是可以通过"类名.属性"来访问类属性。

而在 8.3 节中，虽然没有使用方法，也可以直接通过"类名.属性"来访问类属性，通过"实例对象.实例属性"来访问实例属性。这看上去似乎定义类方法、实例方法和静态方法有点多余，然而在实际中，有时并不希望直接将对象的属性向外部暴露。一方面担心遭到外部的修改，另一方面也希望是对外部的操作权限做一定的限制。例如，Student 类的每个实例对象都有语、数、外成绩，每个学生实例对象并不希望自己的成绩可以被其他人访问或者修改，因此需要限制外部对属性的访问，限制外部对方法的调用。这就是属性和方法的访问保护。

8.5.1 私有属性和公有属性

Python 对属性的访问保护是通过属性名来体现的。在属性名前面加两个下画线(没有空格间隔)，该属性就成了私有属性，否则就是公有属性。对于私有属性，只能通过实例对象的公有方法或者特殊的方式来访问，不能被外部直接访问。

下面对私有属性和公有属性进行比较。

```
>>> class Student:
        def setMath(self, score):          # 通过 self 对私有的实例属性 __math 进行设置
            self.__math = score            # 使用私有的实例属性保存学生的数学成绩
        def getMath(self):                 # 通过 self 获取私有实例属性 __math 的值
            return self.__math
        def setAge(self, age):
            self.age = age                 # 使用公有的实例属性保存学生的年龄
        def getAge(self):
            return self.age
```

在上述 Student 定义中，类的实例对象有两个属性，其中 __math 是私有属性，age 是公有属性。类中分别定义了设置和获取这两个实例属性的实例方法。

创建一个学生实例对象，先看对公有属性 age 的访问。

```
>>> s = Student()
>>> s.setAge(18)                           # 调用实例方法设置公有属性 age 的值
>>> print(s.getAge())                      # 调用实例方法获取公有属性 age 的值
18
>>> s.age                                  # 直接访问 s 的公有属性 age
```

```
18
>>> s.age = 20                          # 直接修改 s 的公有属性 age 的值
>>> print(s.age)                        # 查看 s 的公有属性 age 的值
20
>>> s.getAge()                          # 调用实例方法获取公有属性 age 的值
20
```

可以看到，通过实例对象 s 的 setAge()和 getAge()方法都可以访问 s 的公有实例属性 age，而直接通过 s.age 也可以访问到这个属性。

再来观察私有属性的访问。

```
>>> s.setMath(89)                       # 调用实例方法设置私有属性 __math 的值
>>> print(s.getMath())                  # 调用实例方法获取私有属性 __math 的值
89
>>> s.__math                            # 直接访问 s 的私有属性 __math 会出错
Traceback (most recent call last):
  File "<stdin>", line 1, in <module>
AttributeError: 'Student' object has no attribute '__math'
>>> s.__math = 90                       # 直接对 s.__math 赋值
>>> print(s.__math)                     # 将 s.__math 的值输出
90
>>> print(s.getMath()) # 再次调用实例方法获取 s 的私有属性 __math
89
```

可以看到，在创建学生实例对象 s 之后，通过调用实例方法 setMath()和 getMath()都可以正常访问用于存储学生数学成绩的私有属性。但是直接用 s.__math 去访问会报错，提示实例对象并没有这个属性。之后，尝试给 s.__math 赋值，并没有出错，并且存储了 90 这个数值，但是通过调用实例方法 getMath()可以看到实例对象的私有的实例属性仍然是原来设置的值，为 89。

这是由于 s.__math=90 这条语句是通过实例对象新添加了一个实例属性的，其名为 __math，并不是 Student 类中在 setMath()方法中创建的私有的实例属性。Python 对私有属性的处理是简单地将形式为 __xxx 的标识符(至少带有两个前缀下画线，至多一个后缀下画线)的文本替换为 _classname__xxx。其中 classname 为去除了前缀下画线的当前类名称。即对于 Student 类的实例对象 s 而言，它的私有属性真正的名字为 _Student__math，而且这个替换后的属性名是可以被外部直接访问的，如下所示。

```
>>> print(s._Student__math)
89
```

因此，在 Python 中并不存在严格意义上的私有属性，可以在外部通过“实例对象._类名__属性名”的方式访问实例对象的私有属性。

此外，类属性也可以称为私有属性或者公有属性，通过修改类属性名即可。对于私有的类属性，可以通过在公有方法中使用“类名.__属性名”进行访问，也可以通过特殊方式访问。

8.5.2　私有方法和公有方法

在定义方法的时候，如果在方法名的前面添加两个下画线(没有空格间隔)就是私有方法，否则就是公有方法。私有方法不能由实例对象直接调用，只能在其他公有方法中通过

self 进行调用或者采用特殊方式调用。例如：

```
>>> class Student:
        def __modifyMath(self, score):
            self.__math = score
        def setMath(self, score):
            if 0 <= score <= 100:
                self.__modifyMath(score)
                return 0
            else:
                return -1
        def getMath(self):
            return self.__math
```

在定义 Student 类的时候，有一个私有方法 __modifyMath()对私有的实例属性 __math 进行设置；还有一个公有方法 setMath()通过调用私有方法 __modifyMath()完成数学成绩的设置。而公有方法 getMath()则用来获取私有的实例属性 __math。

下面的代码创建实例对象 s。可以看到，通过 s 直接调用私有方法 __modifyMath 会报错，只能通过公有方法 setMath 设置数学成绩。

```
>>> s = Student()
>>> s.__modifyMath(90)
Traceback (most recent call last):
  File "<stdin>", line 1, in <module>
AttributeError: 'Student' object has no attribute '__modifyMath'
>>> s.setMath(90)
0
>>> s.getMath()
90
>>> s.setMath(120)
-1
>>> s.getMath()
90
```

如果在定义 Student 类的时候，将私有方法 __modifyMath()去掉方法名前面的两个下划线，变为公有方法 modifyMath()，那么 s 就可以直接调用这个方法来设置数学成绩了。但是只允许 s 调用 setMath()方法，而在 setMath()内部再通过 self 去调用私有方法 __modifyMath()是为了在 setMath 内对设置的成绩 score 值进行判断，防止出现不在正常成绩区间内的数值，通过返回值 0 或者 −1 可以表示是否设置成功。

上述示例主要对私有和公有的实例方法进行了对比，对于类方法也可以通过方法名的设置变为私有方法或者公有方法。

此外，本示例中的私有方法仍然可以采用特殊方式由外部进行访问，即通过“实例对象._类名__属性名”的方式进行访问。由于实例方法还可以由类对象进行调用，因此也可采用“类对象._类名__属性名”的方式访问。

```
>>> s._Student__modifyMath(100)
>>> s.getMath()
100
>>> Student._Student__modifyMath(s, 70)
>>> s.getMath()
70
```

8.6　继承和多态

继承和多态作为面向对象程序设计的重要特性，能基于已有的类进行快速开发，实现代码复用，提高效率。

8.6.1　类的继承

在定义一个类的时候，如果在类名后面带小括号，并在小括号内填入另外一个类名，则新定义的这个类就是子类，类名后面小括号内的类就是它的父类。子类继承了父类的属性和方法。

定义子类的语法格式如下。

```
class <子类名>(<父类名>):
        <类体>
```

例如，已经有一个 Person 类，表示普通人的类型。

```
class Person:
    def __init__(self, name, age):
        self.name = name
        self.age = age
    def showInfo(self):
        print("姓名:{} 年龄:{}岁".format(self.name, self.age))
```

这时如果还需要创建一个学生类，就不需要重新定义，只需要基于 Person 类进行定义即可。

```
class Student(Person):
    pass
```

创建一个 Student 类的学生实例后，也会具有父类 Person 的属性和方法。

```
>>> s = Student("张三", 18)
>>> s.showInfo()
姓名:张三 年龄:18 岁
```

在此基础上，还可以为 Student 类添加自身所特有的属性和方法。

```
>>> class Student(Person):
    school = "ZJUT"
    def setMath(self, score):
        self.math = score
    def getMath(self):
        return self.math

>>> s = Student("张三", 18)
>>> s.setMath(88)
>>> print(s.getMath())
88
```

```
>>> p = Person("李四", 19)
>>> p.setMath(99)
Traceback (most recent call last):
  File "<pyshell#20>", line 1, in <module>
    p.setMath(99)
AttributeError: 'Person' object has no attribute 'setMath'
```

在Person类的子类Student的定义中添加了一个类属性school，以及两个实例方法对数学成绩进行设置和获取。当创建Student类的实例对象s后，s可以调用setMath()方法和getMath()方法。而父类的实例对象p并不能调用子类的setMath()方法和getMath()方法。

8.6.2 多态

多态特性来自继承。例如，定义两个Person的子类，都各自重新定义了showInfo()方法。

```
>>> class Student(Person):
    def showInfo(self):
        print("学生信息\n姓名:{} 年龄:{}".format(Student.school, self.name, self.age))

>>> class Teacher(Person):
    def showInfo(self):
        print("教师信息\n姓名:{} 年龄:{}".format(self.name, self.age))
```

由于Student类和Teacher类都继承自Person类，父类Person中已经有showInfo()方法，而在两个子类中也定义了showInfo()方法，其实是重写了这个方法。此时，如果Student类和Teacher类的实例对象调用showInfo()方法，会使用各自的实例方法，而不会采用父类的showInfo方法。这就是多态性。下面代码的运行结果说明了这一点。

```
>>> s = Student("张三", 18)
>>> s.showInfo()
ZJUT的学生
姓名:张三 年龄:18
>>> t = Teacher("李四", 30)
>>> t.showInfo()
教师信息
姓名:李四 年龄:30
```

习 题 8

1. 下列有关面向对象说法中错误的有(　　)。

   A. 使用class关键字自定义类

   B. 创建类的时候，必须要给出构造方法 __init__ 的定义

   C. 面向对象程序设计的主要特点有封装、继承和多态

   D. 对象是由描述对象属性的一组数据以及操作这些数据的函数所构成的统一体

2. 给出下列程序的运行结果。

```
class F:
    def __init__(self, count = 0):
        self.count = count

def g(c, n):
    c = F(n)
    n = 3

def h(c):
    global n
    c.count += n
    n = n + 2

c = F()
n = 3
h(c)
print(c.count)
print(n)
g(c, n)
print(c.count)
print(n)
```

3. 给出下列程序的运行结果。

```
class F:
    a = 10
    b = 20
    def __init__(self):
        self.a = 0

    def show(self):
        print(self.a, self.b)
f = F()
print(F.a, F.b)
f.show()
f.a, f.b = F.b, F.a
f.show()
F.a, F.b = f.b, f.a
print(F.a, F.b)
```

4. 给出下列程序的运行结果。

```
class Person:
    count = 0
    def __init__(self, name, age):
        self.name = name
        self.age = age
        Person.count += 1
    def display(self):
        print(self.name, self.age)

class Student(Person):
    university = "ZJUT"
```

```
    def display(self):
        print(self.name, self.university)

names = ['Mike', 'Lucy', 'Lily']
ages = [18, 18, 19]
students = []
for name, age in zip(names, ages):
    s = Student(name, age)
    s.display()
print(Student.count)
```

参考文献

[1] Y Daniel Liang. Introduction to Programming Using Python[M]. 李娜，译. 北京：机械工业出版社，2017.

[2] 小甲鱼. 零基础入门学习 Python[M]. 北京：清华大学出版社，2016.

[3] Cay Horstmann，Rance Necaise. Python for Everyone[M]. 董付国，译. 北京：清华大学出版社，2018.

[4] 王恺，王志，等. Python 语言程序设计[M]. 北京：机械工业出版社，2019.

[5] 董卫军. Python 程序设计与应用——面向数据分析与可视化[M]. 北京：中国工信出版集团，2022.

[6] 张红，胡坚，等. Python 程序设计案例教程[M]. 杭州：浙江大学出版社.

[7] Kenneth A Lambert. Fundamentals of Python First Programs[M]. 刘鸣涛，孙黎，甘靖，译. 北京：机械工业出版社，2019.

[8] 赵璐，孙冰，等. Python 语言程序设计教程[M]. 上海：上海交通大学出版社，2019.

[9] 何庆新，解姗姗，等. Python 程序设计教程[M]. 北京：中国铁道出版社，2019.